强化学习实战

——从零开始制作AlphaGo围棋 微课视频版

刘 佳◎著

清華大学出版社
北京

内 容 简 介

本书通过基础理论和算法实践相结合，循序渐进地介绍了人工智能领域中的常见算法，并以围棋游戏作为媒介，全面、系统地介绍了人工智能算法的实现方法，并通过 Keras 和 PyTorch 框架实践人工智能算法中的深度强化学习内容。全书共 10 章，分别介绍围棋的基础知识、如何制作围棋软件、传统棋类智能算法、神经网络入门知识、如何实现围棋智能体程序、通用化围棋智能体程序、策略梯度算法、基于价值的深度学习网络(DQN)算法、Actor-Critic 算法、如何实践 AlphaGo 和 AlphaZero 等知识，书中的每个知识点都有相应的实现代码和实例。

本书主要面向广大从事数据分析、机器学习、数据挖掘或深度学习的专业人员，从事高等教育的专任教师，高等学校的在读学生及相关领域的广大科研人员。

图书在版编目(CIP)数据

强化学习实战：从零开始制作 AlphaGo 围棋：微课视频版/刘佳著. —北京：清华大学出版社，2023.4 (2024.5 重印)

ISBN 978-7-302-62969-6

Ⅰ. ①强…　Ⅱ. ①刘…　Ⅲ. ①人工智能－程序设计　Ⅳ. ①TP18

中国国家版本馆 CIP 数据核字(2023)第 039902 号

责任编辑：陈景辉　薛　阳
封面设计：刘　键
责任校对：焦丽丽
责任印制：刘海龙

出版发行：清华大学出版社
　网　　址：https://www.tup.com.cn，https://www.wqxuetang.com
　地　　址：北京清华大学学研大厦 A 座　　**邮　　编**：100084
　社 总 机：010-83470000　　**邮　　购**：010-62786544
　投稿与读者服务：010-62776969，c-service@tup.tsinghua.edu.cn
　质量反馈：010-62772015，zhiliang@tup.tsinghua.edu.cn
　课件下载：https://www.tup.com.cn，010-83470236

印 装 者：三河市龙大印装有限公司
经　　销：全国新华书店
开　　本：185mm×260mm　**印　　张**：12.5　**字　　数**：305 千字
版　　次：2023 年 4 月第 1 版　**印　　次**：2024 年 5 月第 2 次印刷
印　　数：1501～1800
定　　价：69.90 元

产品编号：095389-01

PREFACE 前言

近年来，随着深度强化学习在诸多复杂的博弈对抗、序贯决策等问题中取得巨大突破，人工智能俨然成为当今社会的关注焦点。而棋类游戏在人工智能发展中一直占据着重要地位。2016 年，AlphaGo 战胜李世石引起了社会各界的广泛关注，大量的报道与文献争相介绍了有关 AlphaGo 在围棋领域的发展状况，这些都使得人们对其背后的"奥秘"产生了前所未有的学习热情，也让越来越多的人对人工智能技术抱有新的期望。人工智能被称为第四次科技革命，人工智能技术已成为世界各国角逐的技术高地。未来人工智能产业必将成为经济发展和产业变革的重要驱动力量。

本书主要内容

本书可视为一本以解决实际问题为导向的书籍，非常适合具备一定数学基础和 Python 基础的读者学习。读者可以在短时间内掌握本书中介绍的所有算法。

全书共分为三大部分，共有 10 章。

第一部分介绍计算机围棋的基础知识和传统的智能算法，包括第 1～3 章。第 1 章围棋：黑白的世界，包括什么是围棋、围棋的规则、围棋的胜负判定方法以及围棋棋手棋力的介绍。第 2 章实现一个围棋软件，包括本书使用的应用软件版本、围棋软件建模概述、佐布里斯特散列算法、实践围棋智能体、实践围棋棋盘、实践围棋规则判定和实践完整的围棋软件。第 3 章传统的棋类智能，包括极小化极大算法的原理和应用举例、Alpha-Beta 剪枝算法的原理和应用举例、棋类局面评估、蒙特卡罗模拟的原理和应用举例、传统监督学习的简要介绍以及对传统方法的讨论。

第二部分介绍基于神经网络的机器学习，包括第 4～6 章。第 4 章机器学习入门，包括人工神经网络的基础知识介绍、优化神经网络和对其他人工智能方法的简介。第 5 章第一个围棋智能体，包括对计算机围棋棋谱的介绍、对 HDF5 大数据存储文件格式的介绍、围棋智能体的数据模型、如何获取训练样本以及应用示例代码的演示。第 6 章通用化围棋智能体程序，包括如何搭建自己的围棋对弈网络平台、如何让围棋智能体支持第三方围棋程序的调用，如何让围棋智能体在公开的网络平台上下棋。

第三部分介绍强化学习，包括第 7～10 章。第 7 章策略梯度，包括原理、应用举例，并以此为基础实践围棋智能体。第 8 章深度价值网络，包括传统 Q-Learning、Sarsa 及 Sarsa-λ 算法的原理、应用举例，并以此为基础实践围棋智能体。第 9 章 Actor-Critic 算法，包括算法原理及如何实践围棋智能体。第 10 章 AlphaGo 和 AlphaZero，包括 AlphaGo 算法和 AlphaZero 算法原理，指导实践深度强化学习与蒙特卡罗树搜索相结合的算法。

本书特色

(1) 问题驱动，由浅入深。

本书通过分解问题，由浅入深，逐步地对如何实践超越人类大师级水平的计算机棋类智能体的重要概念及原理进行讲解与探究，为读者更好地掌握其背后的计算机强化学习原理提供便利和支持。

(2) 突出重点，强化理解。

本书结合作者多年的教学与实践经验，针对应用型本科的教学要求和学生特点，突出重点，深入分析，同时在内容方面全面兼顾知识的系统化要求。

(3) 注重理论，联系实际。

本书为重要的知识点均配备了代码讲解，采用 Python 语言结合 Keras 和 PyTorch 工具库，通过对围棋智能体的代码实践，加深读者对机器学习，特别是强化学习的再认识。

(4) 风格简洁，使用方便。

本书风格简洁明快，对于非重点的内容不做长篇论述，以便读者在学习过程中明确内容之间的逻辑关系，更好地掌握深度强化学习的内容。

配套资源

为便于教与学，本书配有微课视频(280 分钟)、源代码、软件安装包。

(1) 获取微课视频方式：读者可以先扫描本书封底的文泉云盘防盗码，再扫描书中相应的视频二维码，观看视频。

(2) 获取源代码、软件安装包、彩色图片和全书网址方式：先扫描本书封底的文泉云盘防盗码，再扫描下方二维码，即可获取。

源代码

软件安装包

彩色图片

全书网址

(3) 其他配套资源可以扫描本书封底的“书圈”二维码，关注后回复本书书号，即可下载。

读者对象

本书主要面向广大从事数据分析、机器学习、数据挖掘或深度学习的专业人员，从事高等教育的专任教师，高等学校的在读学生以及相关领域的广大科研人员。

作者在编写本书过程中，参考了诸多相关资料，在此对相关资料的作者表示衷心的感谢。限于个人水平和时间仓促，书中难免存在疏漏之处，欢迎广大读者批评指正。

作　者

2023 年 1 月

CONTENTS 目录

第一部分　计算机围棋的基础知识和传统的智能算法

第二部分 基于神经网络的机器学习

第三部分　强化学习

第一部分

计算机围棋的基础知识和传统的智能算法

第1章

围棋：黑白的世界

1.1 什么是围棋

视频讲解

围棋被称为“弈”，也有人称它为“手谈”。“烂柯”“黑白”和“坐隐”这些术语也都曾被用来指代围棋。古代“琴棋书画”中的“棋”指的也是围棋。两个人下围棋叫作对弈。中国有“尧造围棋”的说法，虽然是后人想给围棋争取一个“正统”的出生地位，但是也间接地说明了围棋起源于中国的事实。

有人认为围棋发明之初仅仅是为了用于观测天文，而不是为了一争高下。但是随着它在人们日常生活中逐渐普及，围棋已经发展为一项博弈游戏，并且也演变成人们日常生活中一个非常重要的文化娱乐活动。《左传·襄公二十五年》中就有关于围棋对弈的记载：“卫献公自夷仪使与宁喜言……弈者举棋不定，不胜其耦。”这段记载也说明了当时在淇水流域的卫国，围棋活动已经有了良好的群众基础和影响。

当今围棋作为一种国际通行棋种流行于东亚（中、日、韩），在欧美国家也逐渐风行。围棋的英语名称是 Go，来源于日本对围棋的称呼“囲碁”中的“碁”（日语中发类似 Go 的音）。日常生活中的围棋棋具如图 1-1 所示。

图 1-1　日常生活中人们使用的围棋棋具

一套围棋的棋具由棋子与棋盘组成。棋子的颜色分为黑、白两种，材料多为树脂，形状多为扁圆形。在中国，棋子一般一面平整，一面凸起。行棋时，平整的一面向下落在棋盘上。在日本，棋子两面通常都是凸起的。一副棋子的数量一般是黑子 181 枚，白子 180 枚，由于人类棋手几乎不会有把棋盘下满才分出胜负的情况，所以这个数量在实际的日常使用中是完全足够的。围棋的棋盘一般由一块正方形的木板制成，木板上刻有横竖各 19 条等距离、垂直交叉的平行线。纵横交错的 38 根直线共构成 19×19＝361 个交叉点。棋盘最中间的位置会专门画上一个点，这个点称为天元。在其他地方还会额外再画上 8 个小圆点，称为星位。由天元和星位这 9 个点把棋盘分隔成角、边和中腹这三类区域。虽然角、边这些概念在下棋时非常重要，但是星位和天元只是棋盘上 9 个点的名称，在行棋时并没有实际意义。

如果进行围棋比赛，人们有时还会使用到一种称为“棋钟”的棋具，如图 1-2 所示。棋钟其实就是一种计时器，在正式的比赛中使用棋钟对双方选手思考和落子的时间进行限制。

随着互联网的普及，越来越多的人喜欢在网络上与别人下棋。在中国，“弈城围棋网”是一个比较著名的围棋对弈网站。在国际上，KGS 是最为热门的围棋对弈站点，它是完全免费的，来自世界各地的人们在上面相互切磋技艺。

围棋软件 Sabaki 的棋盘如图 1-3 所示，几乎所有网上围棋对弈游戏的棋盘都是这种标准的二维形式。双方的棋子用白色和黑色的圆点表示，这一点和实物棋盘没有什么区别。除了通过互联网站下棋，一些围棋软件在棋友中使用也十分广泛。这些软件可以为围棋学习提供便利，也方便他们与亲朋好友进行对弈。常见的围棋软件有 GNUGo 和 Pachi。这两款软件除了能够提供常规功能以外，还自带围棋智能体程序（也称为智能体引擎），通过装载它们便可以实现简单的人机对战。在 DeepMind 团队的 AlphaGo 出现之前，这两款软件自带的围棋智能程序曾一度是围棋领域所能实现的人工智能水平的典型代表。还有一些围棋软件仅具备图形界面，通常用来帮助棋友打谱或者方便人与人的对战。这些软件本身不带下棋的智能体引擎，围棋软件 Sabaki 就是其中的典型代表。Sabaki 自己不带有围棋智能程序，但是它可以通过装载其他围棋智能体引擎实现人与计算机的对弈。值得称道的一点是，它可以同时装载两种不同的智能体引擎，使得黑棋与白棋可以自动对弈，这有点像金庸先生在武侠小说《神雕侠侣》里提到过的武功——“左右互搏术”。Sabaki 的这个功能常常被用来评估两个不同的围棋智能程序棋力的强弱。

图 1-2 电子棋钟

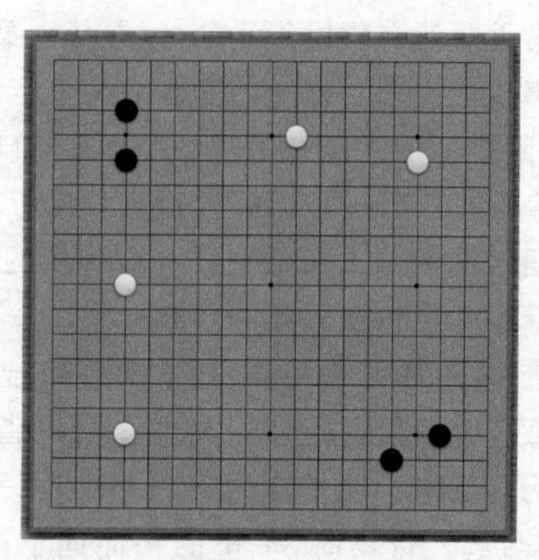

图 1-3 围棋软件 Sabaki 的棋盘

1.2 围棋的规则

对于计算机科学家来说，不是必须成为围棋高手后才能做出一个高水平的围棋人工智能，不过了解围棋的基本规则却是必不可少的。《论语》中记载了孔子的言论，其中提到“学而时习之，不亦乐乎”的道理，因此读者即便深谙围棋之道，还是建议不要跳过本节，本节会从让计算机实现围棋人工智能的角度来阐述它的游戏规则。

围棋通常有两名对弈者，分别执黑子与白子，称为黑方和白方。按现代围棋规则，双方以空盘开局，由黑方先行棋。开局后，双方轮流在空点处着子，每次最多只能落一枚棋子，棋子只能下在棋盘上的交叉点上，一旦落子就不能反悔，而且棋子下定后不可以在棋盘上移动棋子向其他位置运动。落子是行棋者的权利，如果愿意，行棋者可以选择不落子，跳过自己的回合，称为“虚着”或者“弃着”，即放弃行棋的权利。当双方连续都跳过自己的回合，此局便告结束，如果双方无人认输，则棋局进入胜负判定环节。

棋盘上相互连接的相同颜色的棋子称为“棋串”，棋串的最小单位是一个棋子，只含有单个棋子的棋串人们也用棋子来称呼它。本书里对棋盘上所有棋子的思考方式都以棋串为基础。棋串能够存在于棋盘上，是依赖于“气”。所谓气，就是紧邻棋串周围的空点集合。气的个数就是这个集合元素的个数。如果棋串周围紧邻 5 个空点，就称这串棋有 5 口气。没有气的串棋不能存在于棋盘上。图 1-4 中用数字标识的 4 个点便是这颗黑色棋串的气。由于黑子周围没有被白子占领，所以这颗黑子一共有 4 口气。如果气的空子位被对方的棋子占领，则己方就减少一口气。如果图 1-4 中的空子位 1 被白子占领，黑子就只剩下了 3 口气。当白方通过在棋盘上落子使得空子位 1、2、3 和 4 都被白子占领时，这颗黑子的气变为 0，称为无气或者气绝，黑子成为一颗死子。死子不能在棋盘上存在，需要从棋盘上挪走，这种将对方的棋串移出棋盘的行为称为“提子”。只要棋串没有了气，就必须清理出棋盘。

相同颜色的棋子通过棋盘上纵横交错的线进行连接组成棋串，这样相邻的棋子便可以共享各自的气。图 1-5 中，虽然左边的黑子上方被白棋占去了一口气，但是由于它右边紧邻着一颗黑子，所以它实际上有 5 口气。单颗棋子最多可以有 4 口气，而相邻的两枚同色棋子却最多只能有 6 口气。虽然多个棋子通过串接组成棋串可以增加各自的存活率，但是从气的数量上来考虑，总的效益是下降的。在围棋行棋的初始阶段，双方往往都避免将自己的棋子连在一起，其中将行棋的效益最大化便是需要考量的因素之一。

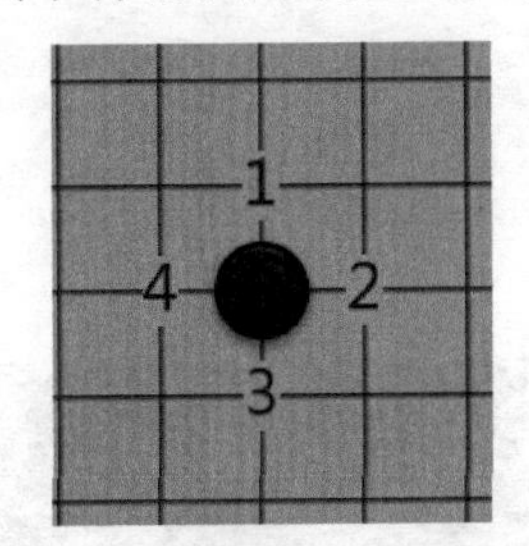

图 1-4　独立的黑子一共有 4 口气

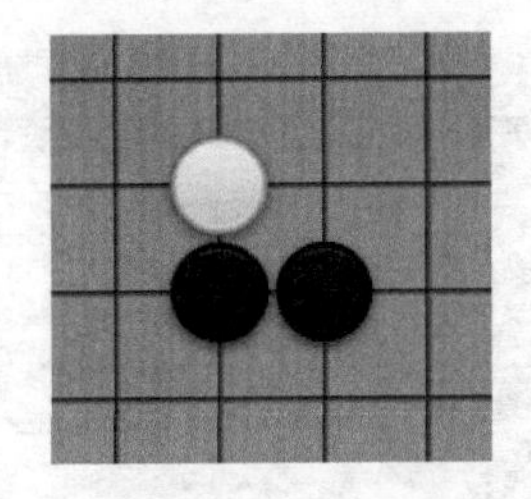

图 1-5　白棋有 3 口气，黑棋有 5 口气

黑棋和白棋共享一口气如图 1-6 所示。×标记的白子和□标记的黑子共享 A 点这口气。如果此时由黑方落子，则黑子下到 A 点。虽然此时黑白双方都是无气状态，但是黑棋下完后应该立即提走×标记的所有白子。这样□标记的黑子便有了气，成为活子。

现代围棋规定，不允许将己方串棋的气变为 0，即不允许自紧气。这个可以导致自紧气的落子点称为“禁着点”。图 1-7 关于禁着点的示例中，如果此时白方落子下到 A 点空位，由于周围的黑子都有气，白子不能提走黑子，而△标记的白子自己却没有了气，需要被从棋盘上提走，这种行为称为自紧气。如果规则上不允许自紧气，则白方不允许在 A 点位上落子。

虽然大部分情况下自紧气是没有意义的，但是有时候兵行险招未尝不是一种方案。图 1-8 演示了一种可能的兵行险招场景，虽然不具有实战意义，但是作为例子，它展现了自紧气也是可以成为争取效益的一种手段。如果不允许自紧气被吃，通常会判定图中白子全

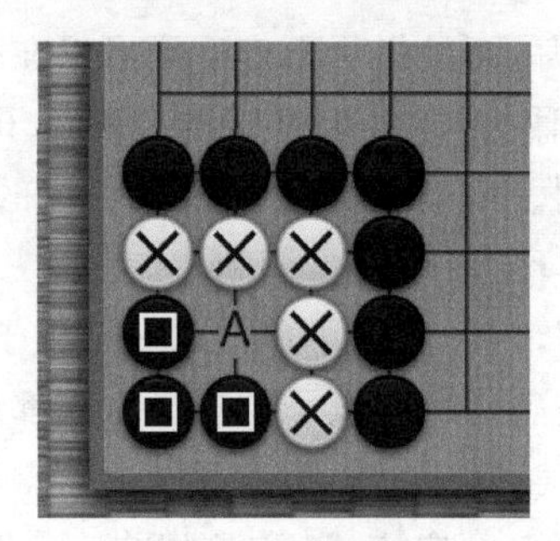

图 1-6　黑棋和白棋共享一口气

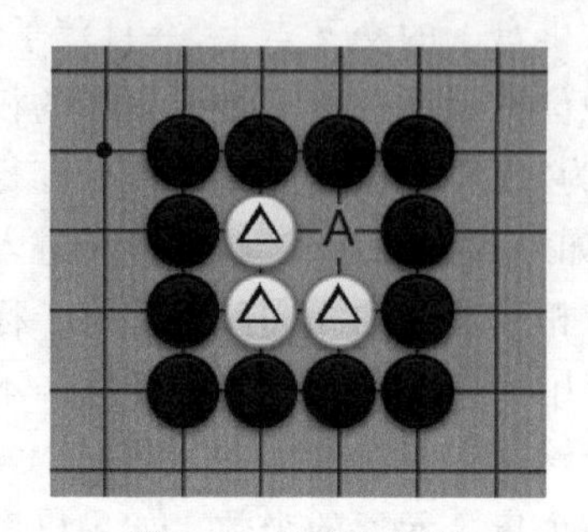

图 1-7　禁着点示例

部为死棋，黑方胜。原因是若黑棋落在 A 位落子后就可以提走所有白子。但是如果允许自紧气(应氏规则)，执白方就可以落在 A 位，虽然也会被提走全部白子，但是由于空出的领域较大，白棋未必不能在其中争夺到一片领地。金庸先生在小说《天龙八部》中描写的珍珑棋局大概就属于这种情况。

虽然围棋的棋形千变万化，但这是站在 19×19 这样一个大棋盘上来说的。由于围棋规则简单，在行棋的进程中很容易在局部陷入简单变化，从而使得棋局陷入死循环。人们经常提到的术语“打劫”就是一个常见的例子。“劫”是指围棋棋盘上一方落子提掉对方的棋串后，自己的这个落子也只剩下了一口气。这里专门提到“劫”是因为它是“禁止全局同形”规则的最典型样例。所谓禁止全局同形，就是指一方着子后不得使对方重复面临该局中曾出现过的局面。虽然打劫后己方只剩下了一口气，但是由于禁止全局同形的规则存在，对方不能立刻回提这个子，需要另外再下一着改变棋局后才可以在下一回合中再提走这个子。图 1-9 中显示的 A 点和 B 点都是典型的劫。

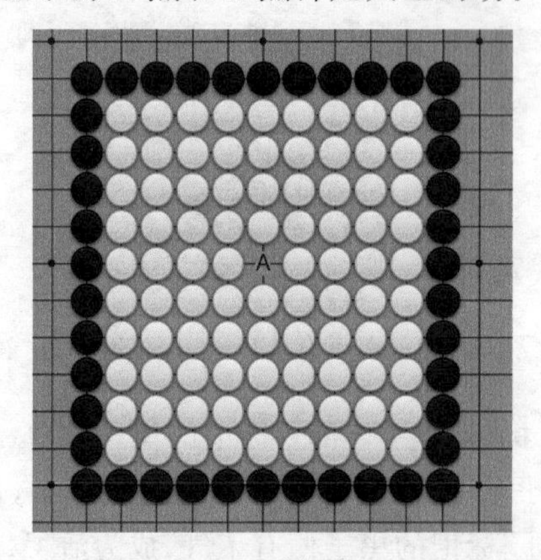

图 1-8　兵行险招

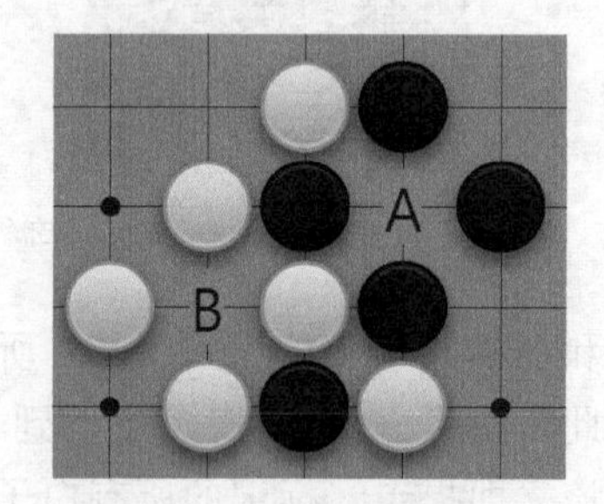

图 1-9　围棋的打劫

图 1-10(a)和图 1-10(b)就是典型的打劫案例。在图 1-10(a)的局势下，当白方下到 A 点空位，▲黑子被提走，局势变到图 1-10(b)。此时若黑方下到 A 点空位，黑方提掉△白子，局势又回到了图 1-10(a)的情况。若双方都不愿意改变策略，此局将进入死循环，无法结束。针对这种情况，围棋中规定，行棋的过程中，任何一方都不可以下出同之前自己下过的相同的围棋局面，围棋术语中称为禁止全局同型再现，即围棋中相同的局面不可以在一局中出现两次。在图 1-10(a)的这个例子中，白棋下完 A 位置后，黑棋便不可以再下到图 1-10(b)中的 A 位置，因为这将会使得局面变回图 1-10(a)，而此时图 1-10(a)的局面是黑棋曾经下到

过的，黑棋必须在其他位置上落子后，才可以继续在A位下棋。这种在其他位置落子的行为，专业术语叫作"找劫材"。

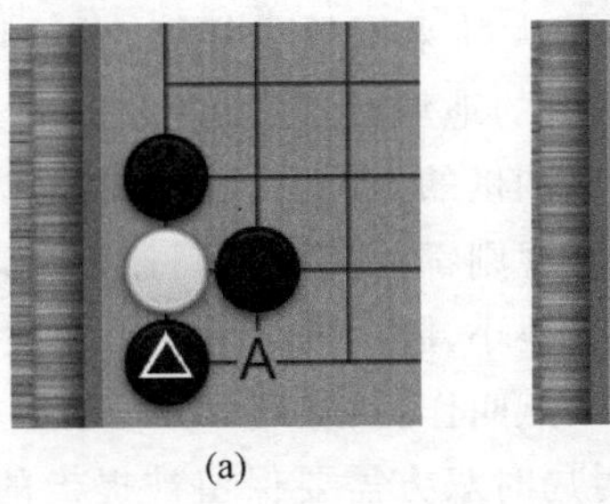

(a)

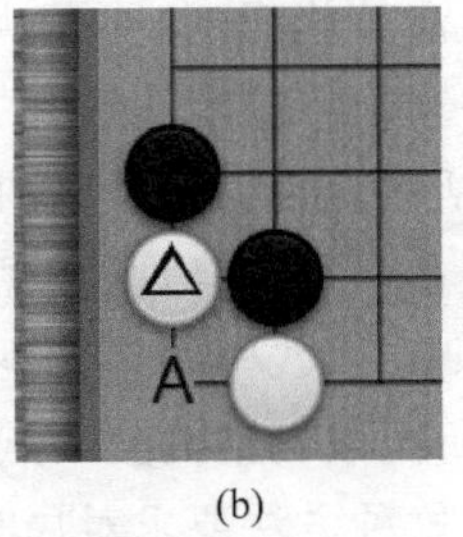

(b)

图1-10　典型的打劫案例

围棋游戏的对抗目的就是要占据棋盘上尽量多的落子点。围棋的规则是双方轮流落子，且每次最多只能落一子，想要增加己方在棋盘上的点位，一种方法就是尽量多地提掉对方的子。为了提子，就必须减少对方棋串的气。把己方的棋子落在对方棋串的气上从而减少对方棋串的气的行为称为"紧气"。与紧气相对的围棋术语叫作"长气"，即通过落子增加己方棋串的气。紧气与长气是围棋中最基本的进攻与防守策略。如图1-11所示，连续地对某一棋串进行不停的"紧气"与"长气"的操作叫作"征"。征是一个非常特殊的落子过程，在这个过程中，一方不断地通过紧气来打吃对手，另一方则不断地通过长气来避免自己的棋串被对方提走。

作为围棋最基础的概念之一，"眼"是棋盘上被同种颜色的棋子所包围的一个空点。眼是棋串存活的基础，只要棋串的气大于眼的个数，那么己方的眼就是对方的禁着点。如果棋串有两个以上的眼，那么这串棋就不会被提走。围棋的眼又分为真眼和假眼，图1-12中的A和B是真眼，它们保证了黑方的棋串不会被白方提走，但是C点则是假眼，白方只要再下在D位，再下一步就可以破掉C这个眼。关于真眼和假眼更详细的说明可以参考专业的围棋书籍。

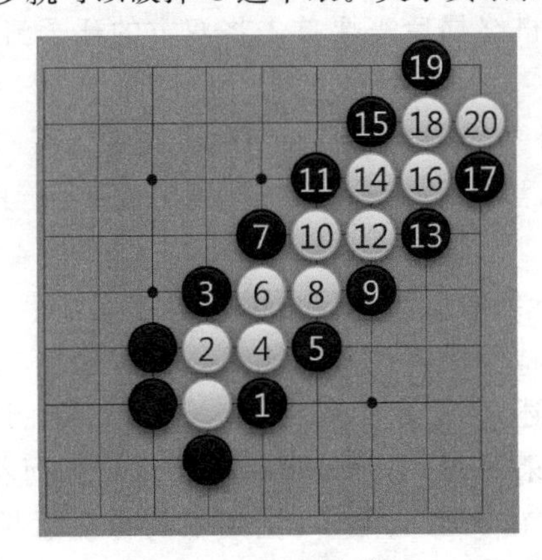

图1-11　围棋中的征

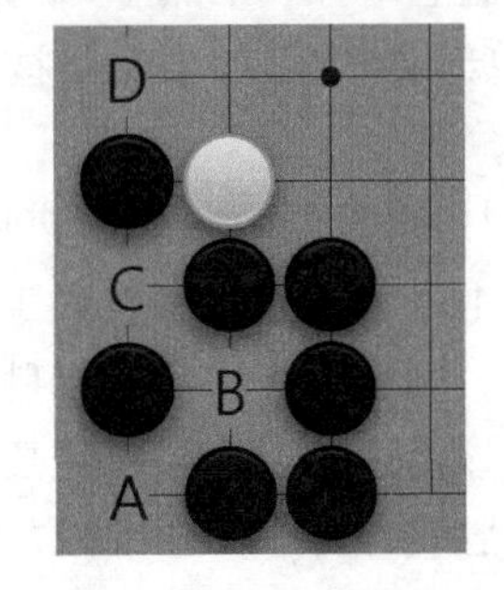

图1-12　真眼与假眼

1.3　胜负的判定

在下棋的过程中，任何一方都可以选择投子，即把两颗棋子放在棋盘的右下角表示认输，此时棋局终了。双方还可以连续依次地选择虚着，这样棋局也进入终了。如果双方以虚着终局便进入胜负判定环节。围棋流传世界各地，不同地方的文化不尽相同，围棋也相应地演变出了许多不同的规则，胜负判定也是一样。目前世界上使用较多的有中国规则、日韩规则和应氏规则。在终局清算棋盘时，中国大陆采用数子规则，台湾地区则采用应氏计点规则；日韩采用数目规则。数子法计算围取的地域，即双方占领的交叉点的数目。数目法计算双方围取的目数，包括被提走的死子。围棋的本质是以占地圈地为目的的游戏，三种规则都考虑到黑方先行棋存在一定优势，所有规则都采用了贴目制度。除去技术上采用的计算方式不同之外，三种规则在实践中的差异很小，胜负的结果基本一致。

日韩规则中，棋子所围成的空白交叉点叫作目，最终以目多的一方为胜方，所以日本的围棋规则称为比目法。这种方法要求对局时双方需要保留被提走的死子，终局后双方再将盘上的死子以及行棋过程中提掉的死子填入对方的实空中，然后再计算双方各自剩下的实空。最终结算时，黑棋贴给白棋 6 目半。如果白棋的实空加上贴目后的目数多于黑方则白胜，否则黑胜。

计算胜负时，中国规则与日韩规则有所不同。按照中国规则（数子法），一盘棋结束后，棋盘上的死子被拿掉，如果双方对是否死子产生争议，则通过实战解决。之后，如果黑棋活的棋子加上实空（目）达到 185（黑棋由于先行优势须贴给白棋 7 目半）则黑胜，少于此数目则白胜。

而应氏规则是数各方占据的交叉点的数目，称为“计点”。其中，黑棋贴 7 目半，占点多的一方胜，如果是和棋，则也是黑胜。除去比赛组织和棋手组织的一些规定外，就规则的核心部分而言，应氏规则与中国规则并无明显区别。

终局胜负计算时，日韩通常使用数目法，数目法需要黑棋贴目 6 又 1/2。中国常用数子法，贴子 3 又 3/4。中国规则在计算机实现上要比日韩规则方便许多，本书采用的就是中国规则。

在第 2 章中会需要手工编写程序实现基于中国规则的胜负判断方法，因此这里详细地描述一下中国规则的数子法。数子法规定围棋终局后需要首先将双方的死子清理出棋盘，而后按照以下方法来计算双方的子数。

（1）棋盘上每有一个黑子，就为黑方记得一子；白方每有一子，便记白方得一子。

（2）棋盘上的空点如果完全被黑棋包围，黑方记一子；反之，白方记一子；其他情况各记 1/2 子。

在设计计算机围棋程序时，棋局必须要下到最后无点位可以落子才能结束。这是因为暂时在技术上还做不到为围棋人工智能引入精确的主观判断能力。目前来说，计算机如果不下到最后一刻是无法知道准确胜负的。上述第（2）点中各占 1/2 子的情况在计算机的数子时是不应该出现的。如果一定要在中盘结束对弈，那就是默认后续无论如何着子都不会影响棋局的胜负结果，双方可以轮流随机地在棋盘上落子，直到填满棋盘后再进行胜负判断。

19 路棋盘上一共有 361 个点可以落子，棋盘总数的一半是 180 又 1/2，这个数字称为“归本数”。正常情况下，子数多于归本数的一方为胜，如果双方子数一样则判为平局。实战中发现，先落子的黑方会占有一定的优势，为了抹平这一优势，围棋的规则设计在最终计数时需要补贴白方 3 又 3/4 子，这个行为叫作贴子。也就是说，黑棋必须要计到超过 184 又 1/4 子才能赢棋。例如，黑棋最终有 185 子，则黑棋以多 3/4 子胜白棋，如果黑棋有 180 子，则黑棋负白棋 4 又 1/4 子。

了解了上述基础概念后，第 2 章将根据这些围棋规则制作一款围棋软件，给它起个名字叫作 MyGo，后续的章节中会以 MyGo 这个围棋软件为基础来教会它下棋，并使其达到甚至超过大师级的水平。读者如果想了解更多关于不同地区的围棋规则可以参考附录 D 中的相关内容。

1.4　围棋棋手的棋力

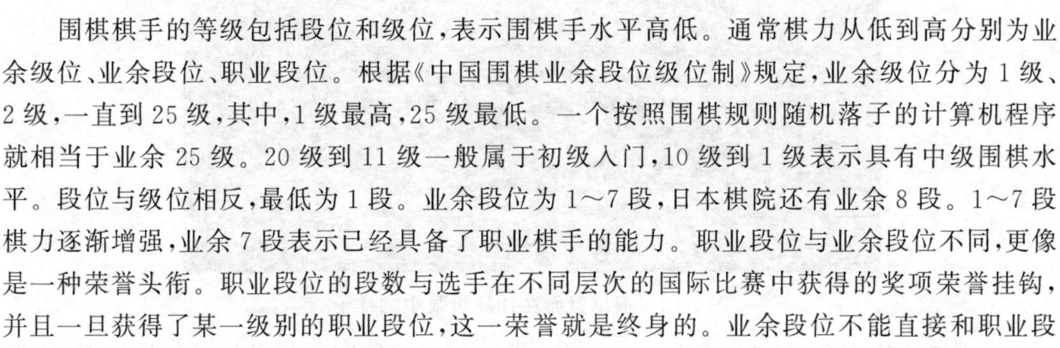

围棋棋手的等级包括段位和级位，表示围棋手水平高低。通常棋力从低到高分别为业余级位、业余段位、职业段位。根据《中国围棋业余段位级位制》规定，业余级位分为 1 级、2 级，一直到 25 级，其中，1 级最高，25 级最低。一个按照围棋规则随机落子的计算机程序就相当于业余 25 级。20 级到 11 级一般属于初级入门，10 级到 1 级表示具有中级围棋水平。段位与级位相反，最低为 1 段。业余段位为 1～7 段，日本棋院还有业余 8 段。1～7 段棋力逐渐增强，业余 7 段表示已经具备了职业棋手的能力。职业段位与业余段位不同，更像是一种荣誉头衔。职业段位的段数与选手在不同层次的国际比赛中获得的奖项荣誉挂钩，并且一旦获得了某一级别的职业段位，这一荣誉就是终身的。业余段位不能直接和职业段位相比较，不过基本上职业段位选手的棋力至少和业余 7 段一样强。业余段位用阿拉伯数字标注。K 代表业余级，D 代表业余段。

业余中一个级别或者一个段位的棋力差别主要体现在开局前高一级别的棋手需要让低一级别的棋手先行一子，以此达到双方在公平的基础上对弈的目的。对于围棋的刚入门选手，假设其当前处于业余 23 级，如果他和职业九段李世石进行对弈，他至少需要在棋盘上先落下 30 个棋子后才有可能战胜李世石。这种让对方先在棋盘上摆子然后才开始下棋的行为称为“让子”。让子和在终局结算时的贴子行为很像，只是一个发生在棋局开始前，一个发生在行棋结束后。

1.5　计算机眼中的围棋

围棋是一种采用黑白两色棋子在方形棋盘上进行对弈的游戏。标准的围棋竞技采用 19×19 路棋盘。《梦溪笔谈》中探讨了围棋的变化数目，沈括认为“大约连书万字四十三个，即是局之大数”。但是实际数字甚至远远超过可观测宇宙的原子总数 10^{75}，约为 $3^{19\times19}=3^{361}\approx1.74\times10^{172}$。根据围棋规则，没有气的子不能存活，扣除这些状态（占 1.196%）后的合法状态约有 2.08×10^{170} 种。而计算机想要确保必胜，需要的计算量在 10^{600} 以上。正是因为这个原因，在 AlphaGo 出现之前，围棋的智能程序一直无法达到像“深蓝”计算机那样可以战胜世界级象棋大师的棋力水平。1997 年，IBM 公司的计算机“深蓝”击败俄罗斯世界国际象棋冠军加里·卡斯帕罗夫，之后经过 18 年的发展，棋力最高的围棋人工智能程序才勉强能达到业余 5 段围棋棋手的水准。在不让子的情况下，计算机根本无法击败职业棋手。2012 年，在 4 台计算机上运行的围棋程序 Zen 在让 5 子和让 4 子的情况下两次击败日籍九段棋手武宫正树。2013 年，围棋程序 CrazyStone 在让 4 子的情况下击败日籍九段棋手石田芳夫。

围棋的棋盘和棋子在计算机里以数组的形式保存。在计算机看来，一盘围棋长得如图 1-13 所示的样子。这是一个 19×19 的数组，计算机用它来表示围棋的棋盘，其中，数字 1

表示黑棋，−1 表示白棋，0 表示可以落子的空位。

```
[ 0  0  0  0  0  0  0  0  0  1  0  1  0  0 -1  0 -1  0  0]
[ 0  1  0 -1  1  0  0  0  1  0  1 -1  0  0  0  0  0  0  0]
[ 0  0  1  0  0  0  0  0  1  1  0  0  0 -1  1 -1  0  1  0]
[-1  0  0  0  1  1  0  0  0 -1  0  1  0  0  0  0  0  0  0]
[ 1  0 -1  0  0  0  0  0  0  0  0  0 -1  0  0  0  0  1  0]
[ 0  0  0  0  0  0  0  0  0  0  0  0  0  0 -1  1  0  0  0]
[ 0  0  0  1 -1  0  0  0 -1  0  0  0  0  0  0 -1  0  0  0]
[ 0  0  0 -1  0  0  0  0  1 -1 -1  1 -1  0 -1  0 -1 -1  0]
[ 0  1  0 -1  0  0 -1  1  0  1  0  0  0  0  0  0  0  0  0]
[ 0  0  0  0 -1  1  0 -1  0  0  0  0  0  0  0 -1  0  0  0]
[ 0  0 -1  0  0  0  0  0  0  0  0  0  0  0 -1  0  0  0  0]
[ 1  0  1  1  0  0  0  0  1  0 -1  0  0  1  0  0 -1  0 -1]
[ 0  0  0  0 -1  0  0 -1  0  0  0  0  0  0 -1  0  0  0  0]
[ 0  0  1 -1  0  1  0  0  0  0  0  0  0  0  0  0  0  0  0]
[ 0  0  0  0 -1  0  0  0  0  0  0  0  0  0  0  0  0  0  0]
[ 0 -1  0  0  1  0  0  0 -1 -1 -1  1 -1 -1  0  1  0  0  1]
[ 0  0  0 -1 -1  0 -1  1  1  0  0  0 -1 -1  0  0  0  0  0]
[ 0  0  0  0 -1  0  0  0  1  0 -1  0 -1  0  1  0  0 -1  0]
[ 0  0  1  0  0  0  0  0  0  0  0  1  0  0  0  0  0  0 -1]
```

图 1-13　围棋盘面在计算机眼中的样子

和音乐的传承方式类似，围棋也有自己的乐谱，称为“棋谱”。棋谱是一盘棋局对弈发展的过程记录。在南北朝时期，就已经有了围棋棋谱的记载。例如，《南史·柳恽传》中记载：“梁武帝好弈，使恽品定棋谱，登格者二百七十八人。”传统的围棋棋谱如图 1-14 所示，在还没有计算机之前，人们在纸上印刷棋盘，并在棋盘上绘上黑、白棋子，然后在黑、白棋双方落子的位置上注明该手的手数。

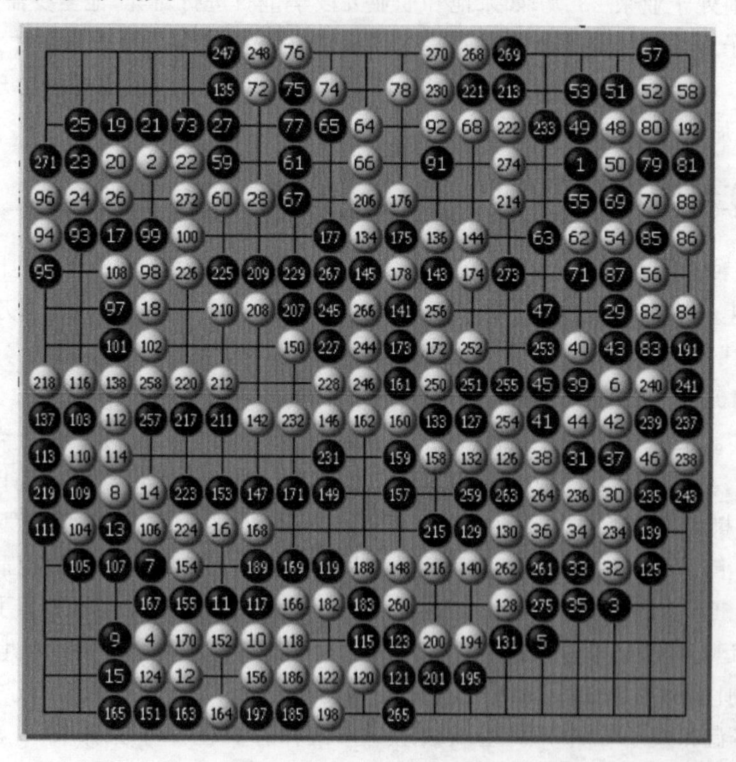

图 1-14　传统的围棋棋谱

1.5.1 SGF文件

计算机上也可以保存棋谱，目前电子版本的围棋棋谱格式已经有了标准，公认的标准是Smart Game Format(SGF)，暂时还没有中文名称，这里简称为SGF文件。在后面章节讲述如何训练计算机智能体学习下围棋时，棋谱就是最重要的学习资料。图1-15展示了一局围棋对弈记录保存成SGF文件格式后的样子。其中，FF[4]表示SGF文件的格式版本，目前最新版本是第4版，版本向下兼容；SZ[19]表示棋盘的大小。现今常见的棋盘除了19×19的规格还有13×13和9×9两种，这两种规格的棋盘一般只用于下快棋，也有15×15或者17×17的棋盘规格，但是比较罕见。PB[masato3012]和PW[petgo3]分别用于记录下棋者执黑子和执白子的名字。RE[W+Resign]记录这一局的棋局最终是哪方获胜，以及以何种方式获胜。这里的例子中，Resign表示对方主动投降认输。也有RE[W+14.50]这种计法，表示白方胜利，并且以多14.5子胜出。RU[Chinese]表示游戏采取的规则，Chinese表示采用中国规则。HA[2]表示有让子，并且此局让出了两子。AB表示由于让子，黑棋先行在棋盘上摆子的位置。如果是白棋先放子，则用AW表示。图中剩下的部分就是整个行棋过程的记录。W[dc]表示白棋下到棋盘上d线和c线的交叉点上。B[pp]同理，表示黑棋下到棋盘上p线和p线的交叉点上。有时候在SGF文件的最后，还会有TW和TB标记，用于记录白子和黑子在棋局结束后所围的方形领地。

```
(;GM[1]
FF[4]
SZ[19]
PW[petgo3]
WR[7d]
PB[masato3012]
BR[2d]
DT[2019-03-01]
PC[The KGS Go Server at http://www.gokgs.com/]
KM[0.50]
RE[W+Resign]
RU[Chinese]
OT[10x20 byo-yomi]
CA[UTF-8]
ST[2]
AP[CGoban:3]
TM[300]
HA[2]
AB[pd]

[dp]
;W[dc];B[pp];W[df];B[jd];W[qq];B[qp];W[pq];B[oq];W[or];B[nq];W[nr];B[mq];W[cq];B[dq];W[cp];B[co];W[bo];B[cn];W[bn];B[cm];W[mr];B[lq];
W[qc];B[pc];W[qd];B[qe];W[re];B[qf];W[rf];B[qg];W[rg];B[qh];W[hc];B[he];W[ld];B[kf];W[jc];B[kc];W[kd];B[lc];W[mc];B[mb];W[md];B[nb];
W[jb];B[kb];W[ka];B[lb];W[je];B[id];W[jf];B[jg];W[ig];B[if];W[ke];B[kg];W[ie];B[hf];W[hd];B[ih];W[km];B[im];W[ml];B[ol];W[jn];B[ip];
W[in];B[hm];W[hn];B[gm];W[bm];B[ll];W[lm];B[mk];W[gn];B[gp];W[fm];B[fl];W[el];B[em];W[fn];B[fk];W[ek];B[ej];W[cl];B[en];W[eo];B[do];
W[lk];B[kl];W[jl];B[kk];W[hk];B[gj];W[gl];B[jk];W[ik];B[mm];W[hi];B[hh];W[gi];B[ck];W[dl];B[bl];W[bk];B[dm];W[al];B[dk];W[bl];B[fi];
W[gh];B[ci];W[gg];B[hg];W[eh];B[bf];W[cg];B[bg];W[ch];B[bh];W[bd];B[bj];W[dj];B[di];W[cj];B[ei];W[ii];B[ji];W[fe];B[ge];W[gd];B[cf];
W[eg];B[cd];W[cc];B[be];W[bc];B[aj];W[gk];B[ae];W[ag];B[de];W[fj];B[ef];W[dg];B[ee];W[ff];B[ec];W[ed])
```

图1-15 SGF棋谱文件

棋盘的坐标系一般有4种，其中常见的有两种，分别是“横坐标为英文字母，纵坐标为阿拉伯数字的坐标系”和“横坐标和纵坐标都使用英文字母的坐标系”。SGF文件记录方法采用了后者。即棋盘的上方和下方用英文的前19个字母自左至右顺次标记它的19条纵线段，在棋盘的左边和右边用英文的前19个字母自下至上顺次标记它的19条横线段。不用特别记住这种记法，在后续章节中，代码都会使用sgfmill这个Python 3的库(Python 2的用户可以使用gomill)来专门处理SGF格式文件。需要记住的是，SGF文件使用节点(node)的概念来组织文件，节点之间使用分号(;)隔开。在行棋记录前，基础的元数据都被封装在第一个节点里，之后每一步落子都会产生一个新的独立节点。

1.5.2 GTP

要使得在计算机上制作的围棋智能体具有实用性，与他人进行对弈是必不可少的。对弈可以和人进行，也可以和其他的计算机智能体软件进行。为了方便人们通过计算机互联网相互交流围棋，GTP（Go Text Protocol，文本传输协议）便应运而生。目前，GTP有GTP1和GTP2两个版本。GTP2从2002年就开始制定计划，但是似乎GTP1运作得相当好，所以到目前为止，GTP2还一直停留在拟稿阶段。本书中使用GTP1作为标准的围棋通信协议，但是也尽可能多地支持GTP2，很多网络围棋软件会使用GTP2中的命令。Bill Shubert曾草拟了一个GTP4协议，但是还没有被广泛地接受。

实现一个围棋软件

2.1 软件版本

视频讲解

考虑到Python在机器学习和人工智能领域使用的广泛性和便利性，本书使用Python语言来实现智能算法。现代软件工程方法可以说是日新月异，有时候各个软件包或者程序库的版本不一致，会导致代码无法运行，所以在最开始先固定好书中代码使用软件的版本可以最大限度地避免由于版本混乱导致的一系列运行问题。同时为了示范和演示的方便，本书使用Windows操作系统来实现软件代码的编写，Python虽然支持多种操作系统，但是由于操作系统的差别，Python在个别函数上的表现会不一样，这一点需要使用其他操作系统的读者留意。如果由于软件版本的问题导致运行时报错，需要读者自行进行调整。

如果读者同时在Windows下安装了Python 2. x和Python 3. x，可以在运行时使用py-2或者py-3来指明自己是使用Python的哪个大版本。

关键软件版本清单：Windows 7(64位)、Python 3.7.6(AMD64)、TensorFlow 2.1.0。

推荐初学者安装与上面列表中相同的软件版本，书中的演示代码会尽量考虑到代码对不同软件版本的兼容性。推荐和鼓励读者使用其他计算机编程语言来复刻本书的全部内容。Python的运行速度不是太快，所以本书的代码只能起到演示和说明的作用，并不适合投入实际生产当中使用。当然Python也有其优势，特别是在矩阵运算上处理非常方便，这个优秀功能可能继承自MATLAB或者R语言。

Keras是一个由Python编写的开源人工神经网络库，本书中关于神经网络的代码均基于它来实现。Keras框架现在已集成到了TensorFlow 2. x版本中。还在使用TensorFlow 1. x版本的计算机上需要额外安装Keras。本书使用TensorFlow 2以上的版本，所以没有显式地指明Keras版本。

Windows下Python 2.7版本的标准软件库里已经下载不到可以使用的TensorFlow了，但是Linux的2.7版本还不受影响。

2.2 围棋软件的组成

Python是面向对象的语言，为了体现出这种编程方式的优越性，需要先把下围棋这件事情从现实系统中抽象出来。以如图2-1所示柯洁在2017年对战AlphaGo为例，这场对局出场的人物有柯洁、代 AlphaGo 执棋的一名专业棋手以及裁判(公证人)。使用的道具为一副木制棋盘以及配套的棋子。从图 2-1 中可以看出,下围棋这件事情一共至多需要三个相互独立的参与方,分别是棋盘、棋手和裁判。因此可以用棋盘类、棋手类和裁判类来分别对应这三个参与方,同时这三类也是自制围棋软件中最核心的类。通过棋盘类可以记录棋手在棋盘上的落子并提供展示功能。棋手类负责根据棋盘盘面和自己的下棋策略在棋盘上落子。而裁判类则负责对棋手的落子意图进行规则判断,如果棋手的落子行为违反了游戏规则就阻止其在棋盘上落子。

图 2-1　柯洁和 AlphaGo 的围棋对弈

下面将分别对这三个类进行初始化并设计相关的类方法,并顺便介绍了一种抽象棋子的方法。

围棋的棋盘比较简单,通常包含纵向与横向各 19 条横线。有时候 19 路棋盘可能太大了,人们也会缩小棋盘的规模,9 路棋盘是最常见的围棋棋盘简化尺寸。据说最早的围棋棋盘是 17 路的,同时也有考古发现过 13 路的棋盘。因此,在实现棋盘类的时候不特意限制其尺寸,但是采用 19 路棋盘作为其默认值。一副完整的棋具除了棋盘还应该有棋子,虽然不专门为棋子设立一个程序类,但是为了方便记录棋盘上的落子情况,棋盘类里还需要专门设置存放当前棋盘盘面的变量。围棋的规则不多,禁止全局同形是其中比较重要的一条,技术上可以使用佐布里斯特散列来提取每一回合棋局盘面的特征值,通过比较历史记录来避免一局对弈中出现两次相同的棋盘盘面。代码片段 2-1 是创建棋盘实例时使用的类的初始化定义。

【代码片段 2-1】 定义棋盘类。

```
MyGo\goEnv.py
class GoBoard:
    def __init__(self,width = 19,height = 19):          #1
        self.width = width                              #2
        self.height = height                            #2
        self.stones = {}                                #3
        self.zobrist = EMPTY_BOARD                      #4
        self.move_records = []                          #5
        self.board_records = set()                      #6
```

【说明】

(1) 棋盘默认采用标准的 19 路棋盘。

(2) 把棋盘放入笛卡儿坐标系里来看,棋盘的左下角为原点(0,0)。

(3) 记录棋盘上每个落子点属于哪一个棋串。围棋的子要连在一起才能表现出威力,引入棋串概念方便后续的逻辑判断。

(4) 佐布里斯特散列(Zobristhas Hinging),和 MD5 的作用一样,可以用来签名(特征值提取),因此也叫佐布里斯特签名。佐布里斯特散列常用在棋类游戏中用来记录每一回合的棋盘局面情况。很多棋类(不包括围棋)还使用这个散列来协助辨识蒙特卡罗树搜索时棋盘的状态,从而避免重复计算浪费计算资源。

(5) 存放一局对战的全部落子记录。

(6) 存放一局对战全部局面的佐布里斯特散列记录。

围棋只有两个人实际参与对抗,程序需要区分出智能体是执黑方还是执白方。虽然大部分智能逻辑需要在这个类里实现,但是它的初始化定义却相当简单。代码片段 2-2 是实例化智能体时用到的类的初始化定义。

【代码片段 2-2】 定义智能体类。

```
MyGo\goAgent.py
class GoAgent:                          #1
    def __init__(self,who):
        self.player = who               #2
```

【说明】

(1) 用智能算法来代替下围棋的人,智能算法在这个类里实现。

(2) 智能体的初始化很简单,只需要告诉它此局对战使用的是黑棋还是白棋。

实际上,裁判类并不是必需的。除了正规比赛,胜负的判断可以由下棋的双方自行商定。而对于落子位置是否合法的校验也可以交由对弈的双方棋手自己判断。MyGo 专门把裁判抽象出来作为一个工具类,目的是方便判断棋局的胜负以及落子的合法性等。读者可以不实现这个类,而把其中的功能放在另外两个类里实现。这个类由于是纯粹的工具类,可以不需要对其进行初始化设置,代码片段 2-3 演示了如何利用 Python 的 classmethod 装饰符使其不需要实例化就可以直接使用。

【代码片段 2-3】 裁判类的装饰符。

```
MyGo\goJudge.py
class GoJudge():
    @classmethod
    def isLegalMove(cls,board,stone,player):              #1
        ...
    @classmethod
    def NextState(cls,player_current,move,board):         #2
        ...
    @classmethod
    def getGameResult(cls,board):                         #3
        ...
```

【说明】

(1) 裁决当前的落子是否符合围棋游戏的规则和一些人为定制的规则。

(2) 裁决下一回合该哪一方落子。

(3) 裁决当前棋局的胜负情况,是否终局或者双方继续行棋。

围棋规则的所有胜负计算都是围绕棋子展开的，棋子作为棋盘的附属有着举足轻重的作用。棋子一旦落在棋盘上就需要时刻去关心它的死活情况，棋盘上单个围棋棋子有 4 口气，两个棋子连在一起就有 6 口气，气多的棋子不容易被对方提掉也不容易受到对方的攻击，所以围棋落子的策略之一就是尽可能地使己方的棋子连贯。为了减少计算每颗棋子死活的复杂度，代码片段 2-4 专门抽象出了一个表示棋串的类。棋串在第 1 章已经介绍过，棋串就是连在一起的棋子。棋串的最小单位是单枚棋子。

【代码片段 2-4】 棋串类的定义。

```
MyGo\utilities.py
class StoneString:
    def __init__(self,player,stones,liberties):
        self.becolgings = player                #1
        self.stones = set(stones)               #2
        self.liberties = set(liberties)         #3
    @classmethod
    def merge(cls,str1,str2):                   #4
        assert str1.becolgings == str2.becolgings
        allstones = str1.stones|str2.stones
        liberties = (str1.liberties|str2.liberties) - allstones
        return StoneString(
            str1.becolgings,
            allstones,
            liberties
        )
```

【说明】

（1）记录该棋串属于白棋还是黑棋。

（2）记录棋串中每个子的位置。

（3）记录一组棋串的每个气的位置。

（4）为棋串建立合并的方法。例如，围棋的“接”就是把原来断开的棋子连成不可分割的整体，每当下出“接”时，就应该调用这里的 merge()方法。

为了方便区分下棋的双方（执黑还是执白），代码片段 2-5 额外引入一个表示棋子颜色的枚举类。这个类不是必需的，仅仅是为了使用上的方便。

【代码片段 2-5】 代表对弈双方的枚举类。

```
MyGo\utilities.py
class Player(Enum):    #1
    black = 0
    white = 1
    def other(self):   #2
        return Player.white if self == Player.black else Player.black
```

【说明】

（1）继承枚举类 Enum。如果不使用枚举方法，可以简单地用 1 表示执黑棋方，用 −1 表示执白棋方。

（2）定义交换下棋方的方法。

2.3　佐布里斯特散列

视频讲解

在谈佐布里斯特散列之前，先来看一下它背后的基本原理：任意数字 a 按位异或($\oplus$)b 再按位异或 b 得到的还是原来的数字 a。图 2-2 对这个算法的效果进行了简单的演示。

利用佐布里斯特算法，程序为棋盘的初始状态赋值之后，每落一子就做一次异或运算，如果悔棋(退回上一步)，就再做一次原落子位的异或运算就可以回到上一个棋盘状态。每次异或运算后的佐布里斯特散列值就可以唯一标识一局棋中的某个固定棋盘局面。

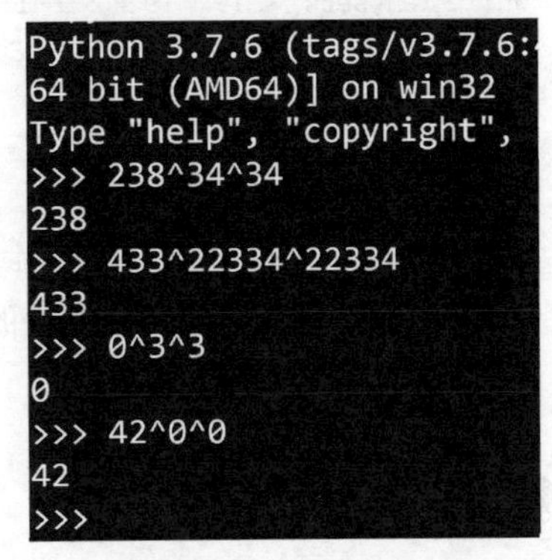

图 2-2　$a\oplus b\oplus b=a$

佐布里斯特散列存在重复冲突的可能，由于希望每次异或后的值只在当前棋局中出现过一次，否则就会发生不同局面对应相同的散列值这种异常情况，所以一般佐布里斯特散列都会取 60 位以上的长度。通常人们都会用 64 位作为散列的长度，长的二进制数值在做佐布里斯特异或运算时几乎不会发生重复现象。图 2-3 展示了利用佐布里斯特散列来提取棋盘特征值的演算过程。为了计算佐布里斯特散列，需要为棋盘上的每个落子位单独生成一串数字串，如果手工为每步落子生成一个散列值会相当麻烦，可以使用随机的方式一次性为 19 路棋盘的每个落子位置生成各自的散列值。具体如何生成佐布里斯特散列的代码可以参考代码片段 2-6。

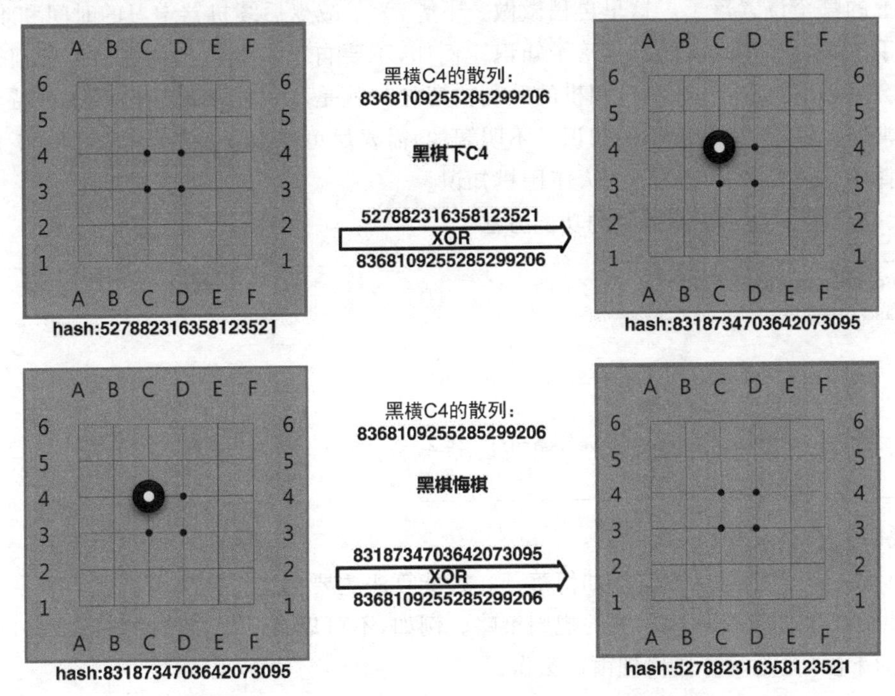

图 2-3　佐布里斯特散列提取棋盘特征值的过程

【代码片段 2-6】 生成佐布里斯特散列。

```
MyGo\genZobrist.py
import random
MAX64 = 2 ** 64 - 1                    #1
sets = set()                           #2
while len(sets) < 19 * 19 * 2 + 1:
    code = random.randint(0,MAX64)     #3
      sets.add(code)
```

【说明】

(1) 最大二进制散列长度是 64 位。

(2) 使用集合类型来保存生成的散列值。集合的好处是可以避免集合内的值重复。

(3) 采用随机数生成散列。

视频讲解

2.4 围棋智能体

前面已经完成了棋手类初始变量的定义，为了能够让它可以自动下围棋，还需要为这个智能体提供一些关于下棋的知识，如选择在哪里落子。当前设计的智能体不具有任何智能，它只会随机地在棋盘的空位上落子，可以把这个智能体作为以后测试新的智能体的基准。如果后续带有智能算法的围棋智能体不能下赢基准智能体，至少可以说明选择的智能算法是失败的。

对于一个还没有任何智力的围棋程序来说，要能够在棋盘上下棋最重要的一点是知道在棋盘上的哪个位置落子。这里再稍微做一下弊，为了减少后续机器学习的时间和难度，可以额外手工编写一些确认的围棋落子知识。例如，不要自己堵死自己的眼位。任何围棋选手都不会主动填上自己的眼位，围棋的胜利技巧之一就是尽可能多地做出眼这种特殊的结构。通常来说，手工编写落子的知识是不明智的，需要尽可能地避免。代码片段 2-7 定义了如何选择落子位置和自定义一些人工围棋知识。

【代码片段 2-7】 智能体类的功能方法。

```
MyGo\goAgent.py
class GoAgent:
    ...
    def chooseMove(self,how,board):        #1
        ...
    def isPolicyLegal(self,move,board):    #2
        ...
```

【说明】

(1) 根据当前围棋局面选择如何落子。智能算法主要在这个方法里实现。

(2) 为智能体定义一些内置的规则策略。例如，不可以自己把自己的眼位堵死，虽然这是合法的下法，但是没有任何理由这么做。

有了上面列出的两个方法，目前的围棋智能体就能够和人类一样在棋盘上下棋了。代码片段 2-8 和代码片段 2-9 演示了程序是如何实现这两个功能的。

【代码片段 2-8】 随机落子方法。

```
MyGo\goAgent.py
classGoAgent:
    ...
    def chooseMove(self,how,board):
        if how == 'R':                                          #1
            episilon = .001                                     #2
            if np.random.rand() <= episilon:
                return (-10, -10)                               #2
            for i in range(5):                                  #3
                row = np.random.randint(0,board.height)
                col = np.random.randint(0,board.width)
                if GoJudge.isLegalMove(board,(row,col),self.player) and
                        self.isPolicyLegal((row,col),board):   #4
                    return (row,col)
            return (-5,-5)                                      #5
    ...
```

【说明】

(1) R 表示使用纯随机的方式。

(2) 为了使随机算法更逼真,有 0.1%的概率投降。人为规定返回(-10,10)表示认输。

(3) 至多尝试 5 次随机生成一个落子点。

(4) 判断随机生成的落子点是否符合游戏规则以及一些自定义的内置策略。

(5) 如果生成了 5 次都不满足要求,就弃走这一步。人为规定返回(-5,-5)表示弃权一手。

【代码片段 2-9】 检查是否满足人为定义的策略限制。

```
MyGo\goAgent.py
classGoAgent:
    ...
    def isPolicyLegal(self,move,board):                        #1
        neighbours = board.getStoneNeighbours(move)             #2
        is_eye = True
        for i in neighbours:
            if not board.isOnBoard(i):                          #3
                continue
            if board.stones.get(i) == None:                     #4
                is_eye = False
                break
            elif board.stones.get(i).becolgings != self.player: #5
                is_eye = False
                break
            elif len(board.stones.get(i).liberties) <= 1:       #6
                is_eye = False
                break
            else:
                pass
        if is_eye:
            return False
        return True
```

【说明】

(1) 目前自定义的规则里只加入了不能堵死自己眼位的规则。读者也可以自己加入一些其他合理的规则。不过由于本书的目标不是采用传统方法手工编制规则来实现一个下棋软件，而是希望通过机器学习的方法让智能体自己学会下棋，所以应当尽量避免人为干预，规则能够越简单越少越好。

(2) 收集落子点周围的点的情况。

(3) 判断落子点是不是出了棋盘的边缘。

(4) 看看周围的点是不是没有被占用。

(5) 看看周围的点是不是属于自己的势力范围。

(6) 周围的点没有气了，因此也不是眼。

视频讲解

2.5 围棋的棋盘

之前设计的围棋棋盘类负责记录每一回合双方的落子情况，代码片段 2-10 还在棋盘类上实现了三个额外的辅助功能。这三个辅助功能当然也可以不在棋盘类里实现，而是放在另外两个核心类里实现。读者可以根据自己的情况和喜好自行斟酌。

【代码片段 2-10】 定义棋盘类的功能方法。

```
MyGo\goEnv.py
classGoBoard:
    ...
    def envUpdate(self,player,stone):          #1
        ...
    def getStoneNeighbours(self,stone):        #2
        ...
    def isOnBoard(self,stone):                 #3
        ...
    def updateZobrist(self,player,stone):      #4
        ...
    def evaluate(self,player,stone):           #5
        ...
    def printBoard(self):                      #6
        ...
```

【说明】

(1) 每当智能程序执行一次 GoAgent.doMove()落子操作，棋盘类就要同步执行一次更新，从而保持棋盘的盘面状态和实际对弈情况一致。

(2) 辅助功能一，获取落子点周围的那些子属于哪一串“棋串”。

(3) 辅助功能二，判断当前落子点是不是在棋盘上。

(4) 更新落子后棋盘的佐布里斯特散列。

(5) 辅助功能三，预先判断落子后的情形。这个功能是为了辅助裁判类判断落子是否符合围棋规则而设计的。

(6) 棋盘类对外展示的方法，目的是方便人类观看。

上述功能中，getStoneNeighbours()、isOnBoard()和 updateZobrist()方法都非常简单，不再赘述。evaluate()方法大量复用了 envUpdate()方法中的代码，这里也省去它这部分的说明,读者可以自行研读源代码。代码片段 2-11 和代码片段 2-12 对 envUpdate()和 printBoard()两个方法做了简要的解释说明。

【代码片段 2-11】 更新棋盘类实例的数据。

```
MyGo\goEnv.py
class GoBoard:
    ...
    def envUpdate(self,player,stone):
        if stone == (-5,-5):
            ...
        elif stone == (-10,-10):
            ...
        else:
            ...
            for i in uldr:                                          #1
                if not self.isOnBoard(i):
                    continue
                string = self.stones.get(i)                         #2
                if string == None:                                  #3
                    liberties.append(i)
                elif string.becolgings == player:                   #4
                    if string not in same_strings:
                        same_strings.append(string)
                else:                                               #5
                    if string not in opposite_strings:
                        opposite_strings.append(string)
            new_string = StoneString(player,[stone],liberties)      #6
            self.updateZobrist(player,stone)
            for i in same_strings:                                  #7
                new_string = StoneString.merge(new_string,i)
            for i in new_string.stones:                             #8
                self.stones[i] = new_string
            for i in opposite_strings:                              #9
                i.liberties.discard(stone)
                if len(i.liberties) == 0:                           #10
                    for j in i.stones:
                        for k in self.getStoneNeighbours(j):        #11
                            if self.stones.get(k) is not None and self.stones.get(k).
becolgings == player:
                                self.stones.get(k).liberties.add(j)
                        self.stones.pop(j)
                        self.updateZobrist(player.other(),j)
            self.board_records.add((player,self.zobrist))
            self.move_records.append((player,stone))
```

【说明】

(1) 先看看落子点四周有哪些棋串。

(2) 棋串仅包含三种情况:属于黑棋,属于白棋,或者是空着的。

(3) 如果周边没有串棋,就加一口气。

(4) 如果周边是自己势力范围的串棋,就先记录下来。

(5) 如果是对方的串棋,就记在对方名下。

(6) 先把自己这个落子看作一个独立的串棋。

(7) 把相连的串棋连接起来，形成一个更强大的串棋。

(8) 棋盘上的每个子都对应某串棋串。这其实是做了点到链的映射关系表，更新了串棋后就要更新这个映射关系。

(9) 检查对方的子，看看己方落子后是不是要减掉对方的气。

(10) 如果对方剩余的气是零，就要提掉对方的子。

(11) 提掉对方的子前先为己方加上这口气。

【代码片段 2-12】 打印棋盘。

```
MyGo\goEnv.py
class GoBoard:
    ...
    def printBoard(self):
        COLS = 'ABCDEFGHJKLMNOPQRST'      #1
        STONE_TO_CHAR = {                 #2
            None: '. ',
            Player.black: 'x ',
            Player.white: 'o ',
        }
        for row in range(self.height):    #3
            bump = " " if row > 8 else ""
            line = []
            for col in range(self.width):
                player = self.stones.get((self.height - 1 - row, col))
                if player is not None:
                    player = player.becolgings
                line.append(STONE_TO_CHAR.get(player))
            print('%s%d %s' % (bump, self.height - 1 - row, ''.join(line)))
        print(' ' + ''.join(COLS[:self.width]))
```

【说明】

(1) 按照国际习惯，将棋盘水平方向的坐标位用英语字母命名。

(2) 由于是在命令行下展现棋盘，用点表示空的落子点，x 表示黑棋，o 表示白棋。

(3) 棋盘的水平方向坐标采用数字序号编码。程序的设计暂时仅考虑标准 19 路棋盘，如果要调整棋盘的格式，需要增加额外的代码。

视频讲解

2.6 引入裁判

和正式比赛类似，裁判类也负责判断落子的合法性(代码片段 2-13)，判断当前应该轮到谁来落子下棋(代码片段 2-14)以及判断胜负(代码片段 2-15)。针对每个功能程序都需要独立设计一个方法。

【代码片段 2-13】 检查落子合法性。

```
MyGo\goJudge.py
class GoJudge():
    @classmethod
    def isLegalMove(cls,board,stone,player):
        if stone == (-10, -10) or stone == (-5, -5):      #1
```

```
        return True
    if not board.isOnBoard(stone):
        return False
    if not board.stones.get(stone) == None:
        return False
    [noLiberties,zobrist] = board.evaluate(player,stone)          #2
    if noLiberties == 0 or (player,zobrist) in board.board_records:   #3
        return False
    return True
```

【说明】

(1) 这里延续之前对投子与弃手都进行定义。

(2) 落子是否合法需要先模拟落子后才能知道,所以调用棋盘类中的 evaluate()方法。

(3) 采用中国围棋规则,不允许重复己方已经下过的棋形,不允许自紧气。

【代码片段 2-14】 判断当前谁落子。

```
MyGo\goJudge.py
class GoJudge():
    @classmethod
    def NextState(cls,player_current,move,board):
        if move == (-10, -10):                                   #1
            return GameState.g_resign,player_current.other()
        elif move == (-5, -5):
            if board.move_records[-1][1] == (-5, -5):            #2
                return GameState.g_over,None
            else:
                return GameState.g_continue, player_current.other()  #3
        else:
            return GameState.g_continue,player_current.other()
```

【说明】

(1) 如果有人投降,则棋局结束,不用再判断该由谁下下一步棋。

(2) 如果遇到弃权,需要判断上一步是否也是弃权。根据围棋规则,如果双方连续弃权一步,则棋局结束。

(3) 交换下棋方。

人类下棋时,可以在围棋下到中盘时就做出胜负判断。围棋规则在定义胜负时,对于有争议的区域采用双方各自轮流占满公共点来决定归属。可是很少或者说没有谁会真的下到最后占满整个棋盘后才能搞清楚谁胜谁负。计算机则不行,代码片段 2-15 不得不下到最后没有空位可以落子了才能判断胜负。在智能体还不会判断局势、不会主动投降之前,程序只能通过连续两次弃权来判断当前游戏结束,然后才会进入胜负判定阶段。程序采用中国的数子法来得到胜负结果,因为这种方法在代码上实现更容易。

【代码片段 2-15】 判断胜负。

```
MyGo\goJudge.py
class GoJudge():
    @classmethod
    def getGameResult(cls,board):
        komi = 7.5                              #1
```

```
    ...
    for i in range(board.height):
        for j in range(board.width):
            if board.stones.get((i,j)) == None:
                if (i,j) in black_territory or (i,j) in \
                white_territory or (i,j) in neutral_territory:
                    continue                                            #2
                else:
                    visited_stones = {(i,j)}
                    boarders = findBoarders(board,(i,j),visited_stones)
                    if len(boarders) != 1:
                        neutral_territory|= visited_stones              #3
                    else:                                               #4
                        if Player.black in boarders:
                            black_territory|= visited_stones
                        else:
                            white_territory|= visited_stones
            elif board.stones.get((i,j)).becolgings == Player.black:
                blacks.append((i,j))
            elif board.stones.get((i,j)).becolgings == Player.white:
                whites.append((i,j))
            else:
                pass
    black_counts = len(blacks) + len(black_territory)
    white_counts = len(whites) + len(white_territory)
    return black_counts - (white_counts + komi)                         #5
```

【说明】

(1) 采用中国规则,3 又 3/4 子相当于贴 7 目半。

(2) 跳过已知的势力范围和公共区域,代码的计算将忽略公共区域。因为机器下棋一定会要下到最后没有空可以填入,所以就不会存在公共区域。

(3) 将空点加入公共区域。所谓公共区域,就是黑棋和白棋都可以下,不属于哪一方的势力范围。

(4) 如果不是公共区域,就按实际情况记入对应的势力。

(5) 如果结果是正的则是黑棋胜,否则白棋胜。

视频讲解

2.7 让智能体下棋

"欲破曹公,须用火攻,万事俱备,只欠东风。"赤壁之战前诸葛亮点破周瑜把一切准备工作都做好了,只差东风这最后一个重要条件。现在也已经有了实现围棋软件的全部素材,就差把它们拼装起来真正地下上一盘棋了。代码片段 2-16 将会把散乱的零配件拼搭起来,组成一个能够自己下棋的围棋软件。

【代码片段 2-16】 代码拼接整合。

```
MyGo\gamePlay.py
def main():
    board = GoBoard()                          #1
    agent_b = GoAgent(Player.black)            #2
    agent_w = GoAgent(Player.white)
```

```
    os.system('cls')
    board.printBoard()
    whosTurn = Player.black                                       #3
    player_next = whosTurn
    game_state = GameState.g_continue
    while game_state == GameState.g_continue:
        time.sleep(.3)                                            #4
        if whosTurn == Player.black:
            move = agent_b.chooseMove('R',board)                  #5
            '''人工输入                                            #6
            move = input('-- ') #A1
            move = to_stone(move.strip())
            if not GoJudge.isLegalMove(board,move,whosTurn):      #7
                continue
            '''
        else:
            move = agent_w.chooseMove('RM',board)
        [game_state,player_next] = GoJudge.NextState(whosTurn,move,board)
        board.envUpdate(whosTurn,move)                            #8
        if game_state!= GameState.g_over and game_state!= GameState.g_resign:
            os.system('cls')
            board.printBoard()
            #print(board.toNormalBoard())
            whosTurn = player_next
            print(whosTurn)
    if game_state == GameState.g_resign:                          #9
        print(player_next,"wins!")
    if game_state == GameState.g_over:                            #10
        result = GoJudge.getGameResult(board)
        if result > 0:
            print("black wins")
        elif result < 0:
            print("white wins")
        else:
            print("ties")
if __name__ == '__main__':
    main()
```

【说明】

(1) 实例化一个棋盘。

(2) 为黑棋和白棋各实例化一个下棋机器人。

(3) 按照围棋惯例,总是由黑棋先落子。

(4) 每下一步都停 0.3s,目的是方便人眼观看。

(5) 命令下棋机器人根据当前盘面采用随机策略选一步棋。

(6) 如果想尝试自己和机器对战,可以把这段注释去掉,手工与白棋对弈。

(7) 为人工下棋增加一步落子合法性校验。

(8) 每一步落子都更新一下棋盘状态。

(9) 如果有人主动投降就直接判定胜负。

(10) 如果没有人主动投降,就一直下到无子可落,利用数子法进行胜负判定。

非常鼓励读者尝试执行 MyGo 源代码下的 gamePlay.py 来观察机器随机下棋的效果,看着浑然没有思维能力的机器下出有模有样的围棋还是很有意思的。

第3章

传统的棋类智能

与其他棋类游戏相比，计算机模拟的围棋人工智能棋力进展相对缓慢。在 1997 年，就有计算机可以击败世界国际象棋棋王卡斯帕罗夫，但围棋软件直到 2016 年才第一次真正地击败顶尖围棋棋手。国际象棋目标明确，只要杀死国王即可（中国象棋、日本的将棋状况也差不多），因此算法较为简单。但是围棋以"围"为目标，不一定需要杀死对方棋子，每一步有数百种以上的走法，因此围棋的复杂度高，又极具欺骗性，这些因素都对计算机博弈程序提出了巨大的挑战。

虽然像 IBM 公司"深蓝"那样的超级计算机已经能够击败世界上最好的国际象棋棋手，但在 AlphaGo 出现之前却有不少人能轻易击败当时的围棋软件。黄山谷有诗："心似蛛丝游碧落，身如蜩甲化枯枝"，可见围棋给程序员们带来了许多人工智能领域里的挑战，要编写出超越初级水平的计算机围棋程序都是一件极其困难的事。

过去的传统方法一直没有能够在围棋上有所突破，但是在象棋等其他棋类上还是展现出了其强大的算法实力，了解这些内容，一定是有益的。现代基于神经网络的人工智能方法需要巨大的计算机算能，当人们没有足够的算能来训练出一个强大的棋类智能体时，尝试利用传统方法不失为一种变通之法。这就有点像牛顿力学与爱因斯坦相对论之间的关系，大部分时间使用牛顿力学就好了。传统方法的一个致命问题是算法中带有太多人类的主观想法，在谈论细节时，读者大概会有更实际的感受。

视频讲解

3.1 极小化极大算法

极小化极大（Minimax）算法常用于棋类等由两方较量的游戏和程序，它可以追溯到中世纪，属于一种找出失败的最大可能性中的最小值的算法。算法的基本思想是假设游戏的获利与损失总是零总和的，从当前参与博弈的角色角度来看，该角色总是在可选的选项中挑选将自己的优势最大化的选项，而对手方总是选择令自己优势最小化的方法。很多棋类游戏可以采取此算法，例如井字棋。对于交替博弈的双方而言，如果站在各自的角度来看，当前博弈方总是挑选使得自己优势能够最大化的选项。两种看上去矛盾的描述和解释，仅仅是因为所选择的当前博弈对象不同而已。

极小化极大算法，顾名思义，就是让最大的情况最小，这里的最大一般是指最差的情况，例如，游戏中最不利的情况。换个角度来理解，就是说下棋时己方要时刻保证最小化对手方的最大收益。这个算法的前提是游戏必须要满足零和博弈的条件，即两个玩家进行博弈，如果其中一方得到利益那么另一方就会失去利益,游戏利益的总和为零或者是某一个常数,如果不满足这个条件,算法就将失去意义。本质上极小化极大算法就是一个树状结构的递归算法,每个节点的子节点和父节点都是对方玩家,所有的节点被分为两类,分别是己方的极大值节点和对方的极小值节点。

极小化极大算法一般都会通过递归来实现,主要原因是递归方法在代码编写上可以做到简单明了。如果读者觉得理解递归逻辑在思维上有困难,也可以通过展开博弈树来实现算法,但是后者在代码复杂度上要远远超过前者。这里代码的讲解也是基于递归算法的。前面提到过算法本质上是"己方要时刻保证最小化对手方的最大收益",属于递归的思想,也就是说,判断己方收益的方法是基于对方的收益。例如,要计算A的收益,就要先计算B的收益,要计算B的收益,就要再计算A的收益,往复循环直到满足循环的结束条件,这就构成了递归的基础。这里以井字棋为例来实现一个会玩井字棋的智能程序。

井字棋是一种在三排棋盘上进行的连珠游戏,它需要两个玩家进行游戏,玩家双方轮流在3×3的格上打上自己的符号,一个在格子上打圈(○),一个在格子上打叉(×),最先在横、直或斜其中任一条件下将自己的符号连成一线的玩家为胜。井字棋游戏只有765个可能局面,26 830个棋局。如果将对称的棋局视作不同局,则它有255 168个棋局。

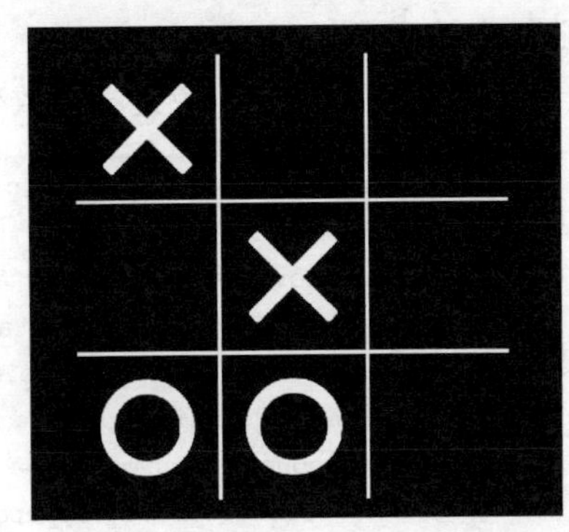

图3-1　进行中的井字棋游戏

假设当前井字棋游戏下到如图3-1所示的状态,现在轮到画×方落棋,显然下到右下角就能赢取胜利。要计算机程序利用极小化极大算法进行井字棋游戏,首先就需要为这个智能体程序定义一个知道怎么找到在下一步获胜方法的函数。代码片段3-1演示了如何查找必胜走法的逻辑。

【代码片段3-1】 查找能走向必胜的下一步。

```
def findOneMoveWin(game_state,player):
    possible_moves = []
    for candidate_move in game_state.legal_moves(player):                  #1
        next_game_state = game_state.apply_move(candidate_move)            #2
        if next_game_state.is_over() and next_game_state.winner == player:
            possible_moves.append(candidate_move)                          #3
    return possible_moves                                                  #4
```

【说明】

(1) 遍历当前玩家所有的合法选择。

(2) 得到每个选择带来的结果。

(3) 如果当前选择能带来胜利,就保存起来。

(4) 遍历完后返回之前保存的可以赢取棋局的落子选项。

通过以上算法就能轻易看出一个弊端,仅仅是要想知道哪一步一定能取胜,就需要遍历所有可能的选择。这种方法在象棋这种有固定棋子和固定下棋方式的游戏中或许可行,但是在围棋中实在是太困难了,这种算法所带来的计算量将是灾难性的。

但是仅仅知道怎么取胜还是远远不够的。大家可以想想,双方是怎么会下到图3-1这个局面的呢？现在把游戏倒退一步，回到图3-2的样子。画×方选择了左上角和中心的位置，画○方现在也占据了左下角。现在轮到画○方走一步，他会很天真地认为如果自己占据了下路的中间位置就能在后一步中连成一线吗？这似乎是很可笑的，因为画×方会比他先连成一线。那么显然当前的智能程序必须要知道在自己取得胜利之前不能给对方任何获胜的机会。具体到井字棋游戏就是要占据对方能够获胜的位置，即如果己方当下不能立即赢取胜利，那么就必须阻止对方在接下去的一步棋中获得胜利。代码片段3-2演示了如何定义一个能避免自己失败行为的函数。

图3-2 倒退一步棋的情况

【代码片段3-2】 避免选择导致失败的下一步。

```
def findMinLoseMoves(game_state,player):
    opponent = player.other()                                          #1
    possible_moves = []
    for candidate_move in game_state.legal_moves(player):              #2
        next_state = game_state.apply_move(candidate_move)             #3
        opponent_winning_move = findOneMoveWin(next_state, opponent)   #4
        if opponent_winning_move is None:
            possible_moves.append(candidate_move)                      #5
    return possible_moves
```

【说明】

(1) 初始化己方的对手。

(2) 遍历自己所有的合法选择。

(3) 计算执行该选择后留给对方的新局面。

(4) 对方能否在这个新局面获胜。

(5) 如果不能，加入己方可选项的集合内。

程序在调用findMinLoseMoves()函数前需要先调用findOneMoveWin()，只有知道自己不会在下一步中取胜才去思考阻止对方胜利的选择，因为一旦胜利了，游戏也就结束了。己方既然能够找到防止对方胜利的选择，相反地，对方也会使用这种相同的策略，所以无论如何选择，对方总有应对之策。按这个逻辑，在零和游戏中单纯模拟寻找胜利的选择是没有意义的，因为算法总是能保证在对方选择必胜的行动前就已经扼杀了这个选项。

图3-3 评估后两步可能的落子

如果双方在各自的当前回合都无法必胜，就要继续搜寻下去，看看是不是存在对方至少要连下两步棋才可以阻止己方胜利的情形。如图3-3所示，如果画×方落棋到中心红色×点，那么执○方必须同时堵住两个红色的画圈位置才可以避免执×方的胜利。根据这个想法，代码片段 3-3 演示如何实现一个继续查找下一步必胜着法的 findTwoMovesWin() 函数，在调用该函数之后，再对它返回的可选项进行筛选。

【代码片段 3-3】 查找两步内必胜的下法。

```
def findTwoMovesWin(game_state, player):
    opponent = player.other()
    for candidate_move in game_state.legal_moves(player):
        next_state = game_state.apply_move(candidate_move)
        good_responses = findMinLoseMoves(next_state, opponent)    #1
        if not good_responses:                                      #2
            return candidate_move
    return None
```

【说明】

(1) 这一步是整个函数的关键，逻辑上却很简单。如果己方当前选择使得对方在下一步无法阻止己方在下下一步获胜，那么当前一步棋必然是制胜棋。

(2) 如果一方的程序能找到一步必胜棋，逻辑上对方应该已经在上一步行棋时占据了这个位置，或者提前扼杀了这种可能性。所以如果可以穷举，依照算法的逻辑，任何一局棋从一开始就已经注定了谁胜谁负。不仅是井字棋，几乎任何棋类，只要先下的一方如果不出现失误，这一局就起码是和局，也就是在一开始提到的零和。

再回顾上面这个算法中智能体考虑的完整思路。

① 当前步能不能立即胜利，如果能就执行。

② 能不能阻止对方在下一步胜利，如果不能就认输。

③ 对方下完后能不能找到自己在后续一步中立即胜利，如果能就执行；查看对方是不是在下一步存在必胜的下法，如果不能就认输。

④ 能不能找到自己在下一步中必胜的下法，如果能就执行。

⑤ 查看对方是不是在下一步存在必胜的下法，如果不能就认输。

……

从上述算法可以看出，整个算法既简单又粗暴，计算过程试图穷尽所有可能的选择，如果己方下一步不能胜利，就尝试阻止对方在下一步胜利，之后再考虑己方在下下一步能否胜利，如果不能则尝试阻止对方在下下一步的胜利，以这种逻辑不断地模拟行棋的过程，只要己方在落子时不能胜利，就将子落在能阻止对方胜利的位置，直到达到棋局终止的条件。即便是像井字棋这种非常简单，仅有 9 个落子位的棋类游戏，第一步行棋要搜索的空间也达到 94 981 步，虽然对现代计算机而言这算不上是很深的深度，但如果是象棋游戏，这个数字就会变得非常可怕。以现代计算机的处理能力，这种贪婪算法所耗费的时间是不可接受的(计算一步棋大概要算上好几年)。假使换作围棋，这个算法就会更加耗时冗长，几乎会永无止境地运算下去。

虽然极小化极大算法在效率上不太理想，但是对于井字棋，它已经足够好了。图 3-4 演示了单步落子时采用极小化极大算法评估落子选项的顺序思维过程，之前的代码片段也是按照这个顺序逻辑来写的，但是简单地仿照这个逻辑就必须手工编写每一步的判断函数，那这个函数写起来就无穷无尽了。如果只考虑未来的有限步，这种方式勉强还是可行的，不过在一开始也说了，实现这种算法最好是使用递归这种编程技巧，因为递归过程并不需要指定探索深度，只需要计算机内存足够，运行时就不会报错。在介绍这个小技巧前，先用代码片段 3-4～代码片段 3-6 来定义几个游戏的枚举类和一些框架性的类方法，这和在第 2 章所做的工作类似，定义枚举类仅仅是为了使得代码更加可读，同时也为了编程时方便对变量进行记忆。

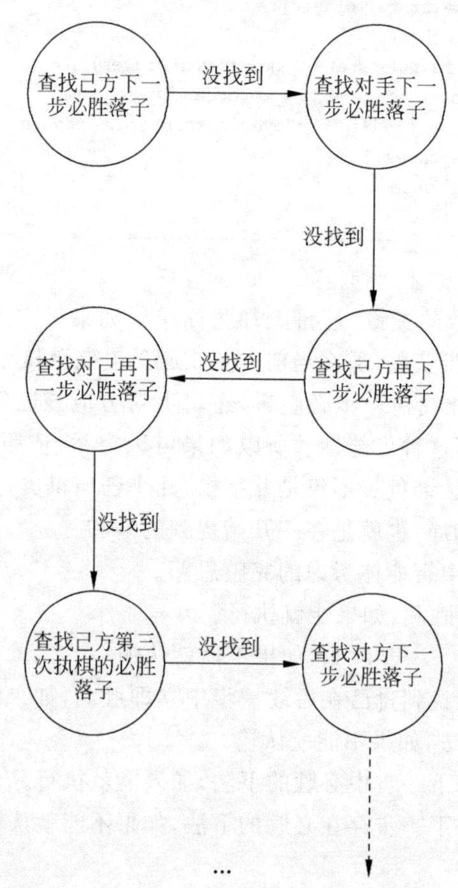

图 3-4　极小化极大算法评估落子选项的顺序思维过程

【代码片段 3-4】 定义枚举类等。

```
MyGo\tic-tac-toe\main.py
class GameResult(enum.Enum):        #1
    loss = 1
    draw = 2
    win = 3
class GameState(enum.Enum):         #2
    waiting = 0
    running = 1
    over = 2
player_x = 1 #3
player_o = -1
```

【说明】

(1) 井字棋的结局存在胜、负与和棋 3 种结果。为了方便后面对棋局优劣的判断，对枚举值的赋值按输到赢，数值安排由小到大，这样安排的便利性将在后面实际编程中体现。

(2) 定义游戏的状态，主要是为了方便智能体知道游戏什么时候结束。

(3) 为了编程方便，没有为执棋的双方再定义一个枚举类，而是直接为其赋了变量值，这在实践上并不是一个好的习惯，但是目前在学习演示中这不会是一个问题。

和大部分棋类一样，可以把下棋这件事拆分成 3 个主要的对象类。棋盘和下棋的人是显而易见的实体，而棋局的状态属于一个比较抽象的概念，简单来说，将它实例化后就可以代表一局对弈。现实生活中如果有了棋盘和下棋的人，那么剩下的事情就是下棋了。人们会下第一局、第二局、第三局，直到疲倦，而其中每一个具体的棋局在程序中就是棋局状态类的一个实例。可以仿照第 2 章再额外定义一个裁判类，不过由于井字棋规则简单，这里就不再额外定义这个类了，仅是把裁判的功能放在棋局的状态类里实现。代码片段 3-5 实现了一个抽象后的棋盘类。

【代码片段 3-5】 抽象后的棋盘类。

```
MyGo\tic-tac-toe\ttt.py
class Board:
    def __init__(self):                    #1
        self.board = np.zeros((3,3))
    def printBoard(self):                  #2
        for i in range(3):
            line = '|'
            ele = []
            for j in range(3):
                if self.board[i,j] == -1:
                    ele.append('_○_')
                elif self.board[i,j] == 1:
                    ele.append('_×_')
                else:
                    ele.append('___')
            print(line.join(ele))          #3
```

【说明】

(1) 将井字棋的棋盘初始化为一个 3×3 的全零 NumPy 数组，用 1 表示画×，−1 表示画○。

(2) 定义一个打印棋盘的方法，方便人机交互。

(3) 按行来打印棋盘。

面向对象的编程有个特点，每个人都可以对要实现的事情有各自不同的认识与抽象结果。可以选择把 Board 类抽象得很简单，就是一个棋盘，它要做的就是能通过打印方法来查看自己，这也与实际生活相符。如果读者愿意，也可以给它加上落子的方法来更新 Board.board 的盘面，但是本书打算把更新 Board.board 这件事交给别的类来做。

和智能算法无关的事情，都可以交给记录棋局的状态类来完成，接着再来看看这个类需要做些什么。

【代码片段 3-6】 游戏棋局类的常用方法。

```
MyGo\tic-tac-toe\ttt.py
class Game:
    def __init__(self, board, player = player_x, game_state = GameState.waiting):
```

```
        self.board = board                                          #1
        self.player = player                                        #2
        self.winner = None
        self.state = game_state
        self.bot1 = None
        self.bot2 = None
    def getResult(self):                                            #3
        ...
    def run(self,mode = 'hvh',bot1_mode = 'r',bot2_mode = 'r'):     #4
        ...
    def applyMove(self,move):                                       #5
        ...
    def simuApplyMove(self,move):                                   #6
        ...
    def isLegalMove(self,move):                                     #7
        ...
    def getLegalMoves(self):                                        #8
        ...
```

【说明】

(1) 把棋局和棋盘挂钩,表示某一局棋下在哪副棋盘上。

(2) 记录当前回合属于哪一方。

(3) 判断当前棋局状态,这个方法将返回之前定义的枚举类 GameState 的值。

(4) 用 run()方法启动游戏,执棋双方在这个方法中轮流下棋,其中,mode 用来提示下棋模式,游戏可以支持人与人的对战、人与智能体的对战以及智能体和智能体之间的对战。

(5) applyMove()用来更新棋盘,读者也可将这个方法放在 Board 类中。

(6) simuApplyMove()做的事情和 applyMove()类似,只不过一个是真的在棋盘上落子,一个只是模拟智能体在思考时的虚拟落子。simuApplyMove()方法会额外返回一个 Game 类的实例,因为不能在原棋盘上更新思考时假想的落子,这一点和人类在下棋时的行为是类似的。

(7) 判断落子是否合法。井字棋游戏不允许在已经下过的位置再下棋,一般也可以为这种游戏规则的校验再额外设置一个裁判类,使得逻辑抽象和分工更加明确。

(8) 这个类返回当前棋局状态下所有合法的选择,这个方法也可以放在 Agent 类中实现,但是为了保持风格一致,这里选择了尽量简化另外两个类。

上面这些方法都和本章的智能主题不太相关,所以具体的实现可以查看 MyGo 的源代码,源代码里有更详细的注解,这里就不再赘述了。

和棋盘类一样,为了不把棋手抽象得过于复杂,代码片段 3-7 中的智能体程序只需要能根据棋盘的当前状态给出下一步出棋就行了。

【代码片段 3-7】 井字棋的智能体类。

```
MyGo\tic-tac-toe\ttt.py
class Agent:
    def __init__(self,game,player,mode = 'r'):
        self.game = game                    #1
        self.player = player                #2
        self.mode = mode                    #3
```

```
    def chooseMove(self):
        if self.mode == 'r':                    #4
            moves = self.game.getLegalMoves()
            return random.choice(moves)
        if self.mode == 'ai':                   #4
            ...
```

【说明】

（1）把智能体和具体的游戏实例挂钩，相当于告诉智能体，它在下哪盘棋。

（2）给智能体分配角色，告诉它是画×方还是执○方。

（3）智能体可以有很多不同的智能算法，程序用 mode 参数来告诉它应该使用哪种算法。

（4）定义出棋的方法，暂时程序先提供两种方法，'r'表示随机落子法，'ai'表示采用极小化极大算法。

随机方法的棋力非常弱，它从所有合法的选项中随机挑选出一个选择，专门实现随机方法这件事的目的是给后面的极小化极大算法提供一个参考对手，后面会看到贪婪算法与随机算法在棋力方面的差距。

下面着重看一下极小化极大算法在代码片段 3-8 和代码片段 3-9 中是如何实现的。

【代码片段 3-8】 极小化极大算法的外围框架。

```
MyGo\tic-tac-toe\ttt.py
if self.mode == 'ai':
    moves = self.game.getLegalMoves()                                   #1
    win_moves = []                                                      #2
    loss_moves = []                                                     #2
    draw_moves = []                                                     #2
    for move in moves:
        new_game = self.game.simuApplyMove(move)                        #3
        op_best_outcome = bestResultForOP(new_game)                     #4
        my_best_outcome = reverse_bestResultForOP(op_best_outcome)      #5
        if my_best_outcome == GameResult.win:
            win_moves.append(move)
        elif my_best_outcome == GameResult.loss:
            loss_moves.append(move)
        else:
            draw_moves.append(move)
    if win_moves:
        return random.choice(win_moves)
    elif draw_moves:
        return random.choice(draw_moves)
    else:
        return random.choice(loss_moves)
```

【说明】

（1）仅考虑所有符合游戏规则的落子选项。

（2）设置变量存放搜索出的必胜步、和局步和必输步。

（3）模拟当前选项在当前盘面后的效果，之前提过，这个行为就是类似于人类选手在头脑中思考当前走某一步后的可能结果。

（4）这一步是极小化极大算法的核心，由于前一步虚拟落子后接下去是对方的回合，所以调用 bestResultForOP()获取当前选项落子后，对手能得到的最好结果。这个和之前代码片段中 findMinLoseMoves()的 opponent_winning_move = findOneMoveWin(next_state,opponent)有异曲同工之妙。

（5）对手下一步能达到的最好结果的相反面就是己方当前盘面可以取得的最好结果。

之前在编写极小化极大算法时没有站在己方的角度来思考，而是站在了对方的角度来对棋局进行评价。正是这个技巧使得整个算法采用递归来实现变得具有可行性，否则只能采用如图 3-4 所示的顺序逻辑来手工编写每一步落棋判断直到棋局结束。进入 bestResultForOP()内部查看源代码会发现这个函数会调用 bestResultForOP()本身，这也是递归写法的一个典型特征。如果己方要知道当前状态的最好结果就要查看对方在下一步情形下的最好结果，而对手想知道自己的最好结果就又要再看己方下一步能够获得的最好结果，如此往复循环直至游戏结束，即有一个明确的胜负或者和局的结果。

【代码片段 3-9】 通过递归查找对方的最优着法。

```
MyGo\tic-tac-toe\ttt.py
def bestResultForOP(game):
    if game.state == GameState.over:                    #1
        if game.winner == game.player:
            return GameResult.win
        elif game.winner == None:
            return GameResult.draw
        else:
            return GameResult.loss
    best_so_far = GameResult.loss                       #2
    for move in game.getLegalMoves():
        new_game = game.simuApplyMove(move)             #3
        op_best_outcome = bestResultForOP(new_game)     #4
        my_best_outcome = reverse_bestResultForOP(op_best_outcome)
        if best_so_far.value < my_best_outcome.value:   #5
            best_so_far = my_best_outcome
        if best_so_far == GameResult.win:               #6
            break
    return best_so_far                                  #7
```

【说明】

（1）如果当前游戏状态已经结束了，则返回游戏的结果，递归的终止条件依赖这个判断。

（2）初始化当前盘面能够获得的最好结果。

（3）模拟当前选项产生的新棋局。这个之前已经在外层的方法中看到过了，显然这是准备开始递归了。游戏的状态 state 在这个方法中更新，这个值控制着 bestResultForOP()停止递归。

（4）递归调用 bestResultForOP()查看对手的最佳结果。

（5）如果当前最佳结果有提升则更新该值。

（6）胜利是棋局的最佳结果，一旦找到了这步棋就可以退出查找了。

（7）返回当前玩家能获取的最佳结果。

3.2　Alpha-Beta剪枝算法

根据前面的介绍可以发现,极小化极大算法会遍历所有的可能性,但是根据经验可以知道,并不是所有的选项都需要进行深入的考虑,存在着某些明显不利的选项,当出现这种选项时就可以换一种思路进行考虑了。Alpha-Beta剪枝算法的出现正是为了减少极小化极大算法搜索树的节点数。1997年5月11日,击败加里·卡斯帕罗夫的IBM公司“深蓝”就采用了这种算法。

以井字棋为例,先来看看在下棋的过程中是否有优化空间。参考图3-5,当前轮到画○方,如果不在虚线圈上落棋,下一步画×方画在虚圈处,游戏就结束了。当发现这类问题时,再去思考其他5个△标注的位置上的落子收益其实是没有意义的,白白浪费了计算资源。

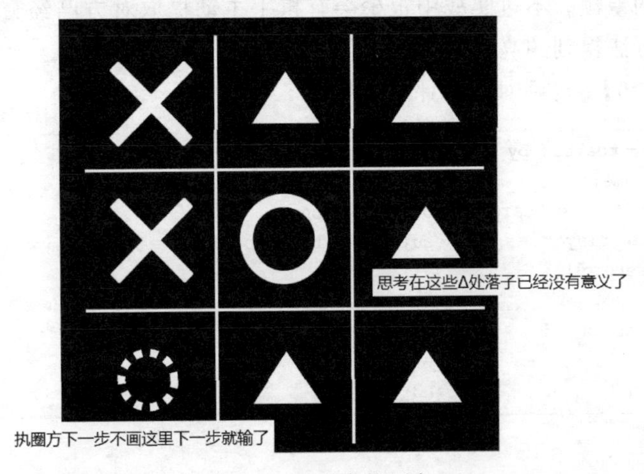

图3-5　画○方的回合

再来看一个象棋的例子。如图3-6所示,此时轮到执“帅”的一方走子。将炮横在中路是一种非常具有杀伤力的下法,后续可能可以配合自己的马走出“马后炮”的杀招。但是如果走了这一步,自己的马将会被对方的车立即吃掉,这一损失实在是太大了,所以面对此局面,实战时基本只会考虑如何走马以避免被车吃掉,其他的走子都不会再深入考虑。

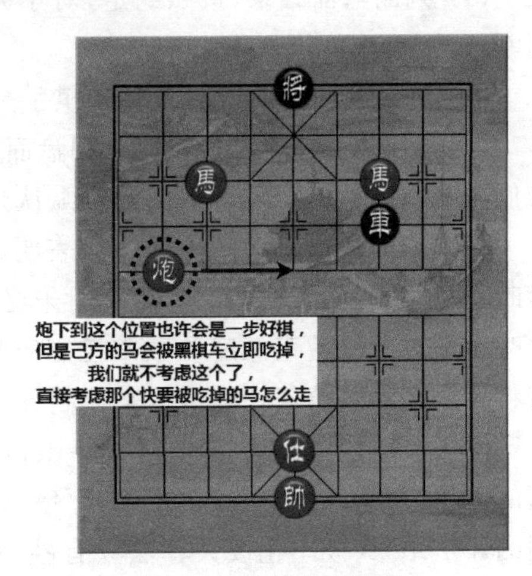

图3-6　执红方的选择

在行棋的过程中,当发现己方会出现极大损失或者极大获利时,仅考虑这些收益显著的情况而忽略掉其他可选项的行为就是剪枝算法的基本思想,而Alpha-Beta剪枝算法就是专门设计用来减少极小化极大算法搜索树节点数的搜索算法。它的基本思想是根据上一层已经得到的当前最优结果,决定目前的搜索是否要继续下去,当算法评估出某策略的后续走法比之前策略的还差时,就会停止计算该策略的后续发展。Alpha-Beta剪枝算法将搜索时间用在“更有希望”的子分支上,继而提升搜索深度,则同样时间内搜索深度平均来说可达极小化极大算法的两倍多。

根据算法介绍可知，如果要使用 Alpha-Beta 剪枝算法就会额外需要一套局面价值评估系统来决定哪些搜索分支是有希望的，而哪些是没有希望的。所谓局面价值，就是指当前盘面的胜负概率，胜率越高则价值越大，反之则价值越小，甚至是负价值。各种采用 Alpha-Beta 剪枝算法的人工智能程序之间的实力差距其实就是由于局面价值评估系统的不同所造成的。局面价值评估系统带有很强的主观性，对于如何评估棋局的价值有点像莎士比亚说的，"一千个观众眼中有一千个哈姆雷特"。下面将继续使用井字棋来演示 Alpha-Beta 剪枝算法。为了省去设计井字棋的价值函数，代码片段 3-10 粗暴地认为除了赢和输，其他所有盘面（包括和棋）的价值均为零，赢棋的盘面价值为 1，输棋的盘面价值为 −1。如果读者想自己在围棋游戏上尝试一下这个算法，最简单的局面评估算法之一就是计算当前双方在棋盘上剩余棋子的差额。不过实战中很少会有棋手主动提取对方已经穷途末路的棋子，所以也许这种评估方法得到的高价值局面反而会带来更加不利的影响。

【代码片段 3-10】 得到对弈的评估结果。

```
MyGo\tic-tac-toe\ttt.py
def evl_game(game):
    if getResult(game.board.board)[1] != None:                        #1
        if game.player == getResult(game.board.board) == (0,1)[1]:    #2
            return 1              #3
        else:
            return -1             #3
    else:
        return 0                  #3
```

【说明】

(1) 判断盘面结果，按照约定，对于井字棋，只有当棋局胜负已分时才对盘面价值进行判断，否则盘面价值为零。

(2) 判断当前进行价值评估的棋手是否是棋局的胜利方。

(3) 如果胜利方是当前棋手，则盘面价值为 1；如果胜利方是当前棋手的对手，则盘面价值为 −1，其他情况的价值按约定默认是 0。

引入了对棋局盘面的价值评估表明在使用 Alpha-Beta 剪枝算法时并不需要执着于搜索时穷尽棋局，即在模拟思考行为时未必非要下到棋局结束时才停止。通常在使用这种算法时会设置一个搜索深度参数来控制算法仿真思考的回合数。从本质上来说，Alpha-Beta 剪枝算法是通过价值评估函数来控制算法的搜索广度，用参数设置来控制算法的搜索深度。

同极小化极大算法相比，Alpha-Beta 剪枝算法并不是要等到棋局下到结束才给出对局面的评估，每个不同可选项得到的评估结果会由价值评估函数给出不同的数值结果，不尽相同的评估结果（极小化极大算法只有胜、负、和三种评估结果）导致 Alpha-Beta 剪枝算法在使用过程中需要记录博弈双方在搜索过程中所能取得的最佳价值，可以把双方记录的最佳价值等价地看作是极小化极大算法中的胜利结果。传统上把一方所能搜索到的当前盘面最佳价值叫作 Alpha，另一方的最佳价值称为 Beta，这种叫法也正是这个算法名称的由来。对于井字棋，将其简记为 best_o 和 best_x。代码片段 3-11 演示了 Alpha-Beta 剪枝算法是如何实现的。

【代码片段 3-11】 Alpha-Beta 剪枝算法的代码框架。

```
MyGo\tic - tac - toe\ttt.py
if self.mode == 'ab':                                          #1
    moves = self.game.getLegalMoves()                          #2
    best_moves = []                                            #3
    best_score = None                                          #4
    best_o = minValue                                          #4
    best_x = minValue                                          #4
    for move in moves:                                         #5
        new_game = self.game.simuApplyMove(move)               #6
        op_best_outcome = alpha_beta_prune(new_game, max_depth,best_o,best_x,evl_game)
                                                               #7
        my_best_outcome = -1 * op_best_outcome                 #8
        if (not best_moves) or my_best_outcome > best_score:   #9
            best_moves = [move]                                #10
            best_score = my_best_outcome                       #11
            if self.game.player == player_x:                   #12
                best_x = best_score
            elif self.game.player == player_o:                 #12
                best_o = best_score
        elif my_best_outcome == best_score:                    #13
            best_moves.append(move)                            #13
    return random.choice(best_moves)                           #13
```

【说明】

(1) 模式 ab 代表 Alpha-Beta 剪枝算法。

(2) 获取当前盘面上符合游戏规则的可选项。

(3) 存放最佳的落子选项。

(4) best_score 存放当前盘面在搜索过程中得到过的最高选项价值，这个值在搜索过程中会不断地被更高的值所替换。将执〇方和执×方的 Beta 值初始化为最低的价值，并在后面用搜索到的 best_score 值来更新。

(5) 逐个搜索可选项。

(6) 仿真一下当前选项的落子。

(7) 仿真对手在当前落子下能取得的最佳价值。

(8) 己方能取得的最佳价值是对方能取得的最佳价值的反面。

(9) 只对当前价值高于已有记录的落子步进行处理。

(10) 搜索到了更高的价值，于是需要更新最佳落子。

(11) 更新已有记录的最佳落子价值。

(12) 将最佳价值更新给当前棋盘盘面的实际落子方。

(13) 如果搜索到的价值和记录的最高价值一致，则仅补充最佳落子的可选范围，通过随机抽取高价值落子使得下棋过程中棋局更多变，也更贴近人类行为。

代码片段 3-11 和代码片段 3-8 的极小化极大算法在框架上是非常相似的，如果读者仔细思索就会发现，虽然算法的定性描述介绍好像有点玄乎，但是实现上 Alpha-Beta 剪枝算法和极小化极大算法并没有本质上的区别，仅仅是将胜负结果的判断用一个价值判断函数替代了。既然 Alpha-Beta 剪枝算法是对极小化极大算法的优化，它也只能通过递归的方式来实现。alpha_beta_prune()函数是整个递归方法的核心，读者可以将极小化极大算法中的 bestResultForOP()和这个 alpha_beta_prune()比较着来看。代码片段 3-12 演示了算法的核心递归方法是如何实现的。

【代码片段 3-12】 通过剪枝算法查找对方的最优着法。

```
MyGo\tic-tac-toe\ttt.py
max_depth = 4                                                  #1
def alpha_beta_prune(game, max_depth,best_o,best_x,evl_fn):
    if game.state == GameState.over:
        if game.winner == game.player:
            return maxValue                                    #2
        elif game.winner == None:
            return 0
        else:
            return minValue                                    #2
    if max_depth == 0:                                         #3
        return evl_fn(game)                                    #3
    best_so_far = minValue                                     #4
    for move in game.getLegalMoves():                          #5
        next_game = game.simuApplyMove(move)                   #5
        op_best_result = alpha_beta_prune(
            next_game, max_depth - 1,
            best_o, best_x,
            evl_fn)                                            #5
        my_result = -1 * op_best_result                        #5
        if my_result > best_so_far:                            #6
            best_so_far = my_result                            #6
        if game.player == player_o:                            #7
            if best_so_far > best_o:                           #8
                best_o = best_so_far                           #8
            outcome_for_x = -1 * best_so_far                   #9
            if outcome_for_x < best_x:                         #10
                break
        elif game.player == player_x:
            if best_so_far > best_x:
                best_x = best_so_far
            outcome_for_o = -1 * best_so_far
            if outcome_for_o < best_o:
                break
    return best_so_far                                         #11
```

【说明】

(1) 控制搜索深度。由于人为定义平局和进行中的棋局的价值设置为 0，而井字棋一共就 9 步落子，所以当这个搜索深度设置得比较浅时，算法在开头的几步和随机落子并没有什么区别。如果随机落子法在前 3 步完成了横竖相连，就可以击败剪枝算法。这也从侧面说明了一个好的价值评估算法对于剪枝算法的重要性。

(2) 由于采用价值评估函数来对胜负的可能性进行评估，这里用一个极大数字或极小数字来表示明确的输赢胜负。

(3) 控制搜索深度，如果到达一定深度游戏还没有结束，就用价值评估函数的值来代替胜负的判断。

(4) 和极小化极大算法一样,初始化当前盘面能取得的最佳价值。

(5) 这几步和 bestResultForOP()中的写法是几乎相同的。

(6) 如果结果比之前记录的好则更新最佳价值。极小极大化算法中的最佳价值就是赢棋,所以没有更新最佳价值这一步,而 Alpha-Beta 剪枝中因为是通过价值评价函数来估计胜负结果的,这个值可能会有很多不同的值,所以可能需要不停地更新最大的值。

(7) 根据当前执棋者是谁,将上一步得到的最佳值更新给不同的对象的最佳值。

(8) 如果当前玩家是画〇方,当前搜索值大于画〇方记录的最大值,则更新其记录的最大值。下面对画×方的判断后也使用了类似的操作步骤,就不再赘述了。

(9) 一方的最佳进行反操作就是另一方的最差。

(10) 如果当前的一方最佳操作可以使得对方的最佳降低,那么就可以认为找到了一步必胜棋,并退出,当然也可以继续搜索不退出,但是由于已经找到了,再多找几个意义不大,反而浪费了计算资源,这个在 bestResultForOP()中也有相似的对应操作。

(11) 返回当前玩家所能取得的最佳结果。

搜索选项时算法会根据棋盘局面上的可落子顺序进行搜索。如果碰巧在一开始就找到了一个最好的选项,在搜索其他后续选项时会由于剩下的选项收益较低而被迅速地剪枝掉,如果运气不好,最好的选项在最后才被搜索到,那么 Alpha-Beta 剪枝算法的速度并不会比极小化极大算法快。但是数学期望上,Alpha-Beta 剪枝算法的消耗时间会是极小化极大算法的一半。如果在搜索开始前引入一些启发性的算法先从最有潜质的着法开始搜索,也许可以缓解算法对着法寻找顺序的依赖并使得算法能有很大的改进。

3.3 棋类局面评估

视频讲解

当把 Alpha-Beta 剪枝算法的搜索深度设置得比较小时就会经常用到评估函数来估计盘面的胜负概率。对于刚刚实现的井字棋游戏来说,由于评估函数非常弱,导致算法效果和随机落子没有什么区别。由此可见,一个好的评估函数对于传统棋类是多么重要。

当博弈游戏比较简单,博弈树较小,可以完全展开时,每个子节点的价值都可以通过胜负结果来确定。对于稍微复杂一些的博弈棋类游戏,通常博弈树都很大,不能够被完全展开,即便采用了剪枝算法缩小了博弈树上的搜索规模,也依旧无法做到在有限的时间内完成全部分支的搜索,所以想让子节点通过胜负结果来确定价值也显得不切实际。通常的做法是限制搜索树的深度,当搜索到达一定深度时,博弈树子节点的胜负概率就需要通过评估函数来估计。“深蓝”使用了超过 12 层深度的搜索,12 层以外使用了静态评估函数。

以象棋为例,由于游戏规则的限制,不同的棋子具有不同的价值。在数学模型上,可以为不同的棋子赋予不同的数值以表示其价值。通常用“子力”这个术语来表示棋盘上所有棋子价值的数值和。信息论的开山鼻祖香农博士曾经对国际象棋的棋子间相互博弈进行过分析,给出了表 3-1 中不同棋子的近似相对价值。

表 3-1　国际象棋的棋子价值

王(K)	后(Q)	车(R)	象(B)	马(N)	兵(P)
200	9	5	3	3	1

根据表中的数值,可以得到棋盘当前子力的公式(3-1):

$$S = 200 \times (K - K') + 9 \times (Q - Q') + 5 \times (R - R') + 3 \times (B - B') + 3 \times (N - N') + (P - P') \tag{3-1}$$

其中，K、Q、R、B、N 和 P 表示白方的王、后、车、象、马和兵的个数，相对地，K'、Q'、R'、B'、N'和 P'表示黑方王、后、车、象、马和兵的数目。仿照香农的做法，国人也给出了表 3-2 里中国象棋棋子的近似相对价值。

表 3-2　中国象棋的棋子价值

将帅	车	马	炮	仕	相	兵
∞	1000	450	450	170	160	60

围棋无法仿照象棋那样计算出子力，围棋的每个子本身都是平等的，每个子存在的价值取决于它和其他棋子之间的位置关系，很难通过象棋那种静态的方法对围棋的子力进行分析与评估，但存在一些动态评估的方法。

棋子处于棋盘的不同位置时它的作用会差别很大。例如，中国象棋里，中路车、过河兵与卧槽马都是指占据重要进攻位置的下法，具有很强的威胁性。而窝心马、沉底兵则是指棋子已经处在了不理想的位置，导致棋子本身的价值被削弱，无法发挥出来。所以仅考虑棋子本身的价值显然是不足的。在评估子力的时候，引入棋子的位置来对子力进行动态评估是非常必要的。对于围棋那种每个子都一样的游戏而言，这一点就凸显得尤为重要。

很多棋类游戏中，根据棋子相克的规则，人为地把棋盘划分成多个不同的控制区域，包括本方控制区域、对方控制区域和公共区域。中国象棋在一开盘，就以楚河汉界为分界，将棋盘划分成两个势力范围。随着棋盘双方博弈进程的发展，控制区域也会随着发生变化。落入对方控制势力范围内的棋子将暂时失去价值。围棋本身以控制区域为目的行棋，势力范围的概念则更为明显。很多围棋动态评估的方法就是以控制区域为理论基础的。

象棋在棋盘上的子是灵活机动的，每个子的合法着法数目决定了它的机动性。例如，中国象棋对马和象都有蹩腿的规则，所以它们的合法着法个数会跟着棋局的变化而减少。着法减少，机动性也就变低了。机动性越大，能控制的点就越多，影响就越大，选择有利己方局势的概率也就越大。围棋的棋子虽然落定后不能移动，但是如果棋子周围有比较开阔的空间，或者可以方便地和己方另外的棋子相连，那么己方就可以比较方便地对外扩张，理论上就认为其机动性较高。反之，如果一块棋被对方包围住，其对外延展被限制，就认为其机动性较小，能否存活就要取决于是否可以在有限的空间内做活。

一些对抗游戏的形势可能取决于着法的节拍或者游戏内容的数量关系。例如，星际争霸这类 RTS 对抗类游戏，出招（有效单击鼠标）的频率大大影响局势的发展。又或者是取豆子游戏，谁先拿到最后一个豆子的为胜。这类特征在围棋中展现得不是很明显，但是在一些其他的对抗博弈游戏中可能会需要考虑。

象棋中，如果本方的将帅已经在对方的威胁之下，评估其他棋子的实力意义就已经不大了，因为游戏规则逼迫本方必须响应对方。逼迫对方响应自己的下法是非常具有价值的，它使得对方仅有招架之功，并无还手之力。这种具有威胁性质的着法在围棋中最明显的体现是打劫，在打劫的过程中，双方都有极强的意愿去不断地寻找劫材，以免失去局部利益。

围棋形状的好坏，往往也是围棋博弈胜败的决定性因素。良好的形状有利于己方扩张地盘，有助于做活与连接。为了评估围棋棋形的好坏，人们发明了一些棋形提取算法与评估法。要使用这种算法，往往需要人工编辑和定义什么是好的棋形，什么是坏的棋形，且工作量巨大。图3-7演示了如何用棋形模板去匹配当前盘面并输出一个综合评估得分。

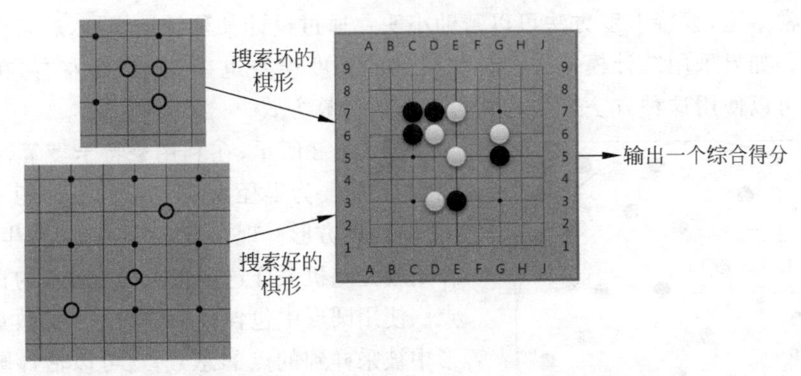

图3-7　利用棋形模板来评估当前棋盘盘面的胜负概率

一个好的评价系统会综合考虑前面讲到的这些内容，目前看来，象棋游戏已经能够有一个比较好的评估函数来综合考虑以上内容。对于围棋而言，使用评估函数的方法似乎没有取得很好的效果，这可能存在两种原因，一种是算法上对评估函数的设计有问题，一个错误的评估函数当然得到的评分是错误的。围棋需要考虑的因素要比其他棋类更多，仅仅前面谈到的几点还远远不足以给出一个有效的评估。另外一种可能是评估函数对围棋游戏并不起作用，因为围棋总是存在扭转局势的着法。无论真相是哪种现在看起来似乎都已经不重要了，一种利用蒙特卡罗方法进行局面评估的方式比人工编辑特征来得更加有效。

其实围棋的局面评估还有很多别的内容需要考虑，很多细节的东西这里都没有提到，如死活的判断、是否要打劫等。说了这么多，也可以看出传统方法在实现上有多么烦琐，可能这也是传统方法无法击败人类的原因吧。围棋游戏看似简单，实则当人们拿着放大镜去看的时候就完全不是大家以为的那个样子了。

3.4　蒙特卡罗模拟

3.4.1　蒙特卡罗算法

蒙特卡罗方法是科学家冯·诺依曼、斯塔尼斯拉夫·乌拉姆和尼古拉斯·梅特罗波利斯在洛斯阿拉莫斯国家实验室为核武器计划工作时发明的一种以概率统计理论为指导的数值计算方法。它是一种使用随机数来解决计算问题的统计模拟方法。

在很多实际的问题中，人们常常无法得到精确的数值解，在工程中人们可以接受在误差允许范围内的结果。例如，虽然圆的面积公式 $S=\pi\cdot r^2$ 已经众所周知，但是 π 是一个无理数，在处理实际问题时人们总是根据现实情况截取小数点后满足需求的位数。举个例子，小明想要通过共享经济出租自己房屋里的一个圆形淋浴房，淋浴房的半径是45cm，共享App上规定出租价格必须按淋浴房的实际面积来计算，小明的房屋位置靠近CBD地区，可以按一平方米20元的价格来给出每次出租的标价，那么出租一次他能获得多少收益呢？根据圆形的面积公式，小明的淋浴室占地约 $0.6361725123519332\text{m}^2$，按App里的约定，可以每次以12.723450247038663元出租。人民币的最小单位是分，四舍五入，小明每次出租后可以拿到12.72元。以这个价格反向推算出小明的淋浴室面积是 0.636m^2，和实际面积的误差约为 0.027%。

如果圆的面积公式从未被发现，将淋浴房设计成圆形的小明是否就无法出租自己的淋浴房呢？非常幸运，蒙特卡罗方法可以帮助小明。通过设计某种统计模拟，就可以近似地计算圆的面积。如果采用统计模拟方法计算得到的精度误差也在 0.027%左右，在实际的日常生活中就可以使用这种方法来作为圆形面积的计算方式。

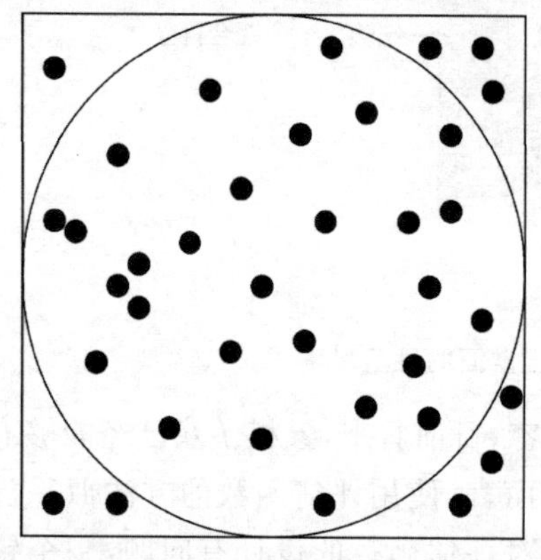

图 3-8 蒙特卡罗算法计算圆的面积

如图 3-8 所示，在利用蒙特卡罗算法计算圆的面积前，先要为半径为 0.45m 的圆外切一个边长为 0.9m 的正方形。现在设计一个随机数生成器，它的作用就是随机采样这个边长为 0.9m 的正方形中的点。使用圆形中包含被采样到的点的数量比上正方形中被采样到的点的总数，就可以估计圆形面积在正方形面积中的占比，从而得到这个圆形的面积。

根据上述算法，代码片段 3-13 实现了采用蒙特卡罗方法来估计圆的面积，建议读者自行调整其中随机数产生的次数，以观察抽取点的数量对最终结果的影响。

【代码片段 3-13】 用蒙特卡罗方法计算圆的面积。

```
MyGo\tic-tac-toe\cycle_area.py
import numpy as np
from numpy import linalg as LA
r = 0.45                              #半径
side_len = 2 * r                      #正方形边长
square_area = side_len ** 2           #正方形面积
class area_machine:
    def __init__(self,times,r):
        self.times = times            #随机生成次数
        self.len = r                  #圆形的半径
    def isInsideCycle(self,gen):
        return LA.norm(gen,axis = 1)< self.len
    def random_generator(self,times):
        return ( -1 + 2 * np.random.rand(times,2)) * self.len          #在正方形中随机生成点
    def run(self):
        dots = self.random_generator(self.times)
        dots_in_cycle = self.isInsideCycle(dots)                       #查找在圆内的点
        dots_in_cycle_n = np.sum(dots_in_cycle)
        return (dots_in_cycle_n/self.times) * square_area              #返回圆的面积
times = [100,1000,10000,100000,1000000,10000000]                       #请尝试修改这里的数字
np.random.seed(2020)                  #设置随机数种子使得结果可以复现
print([area_machine(i,r).run() for i in times])
```

通过小工具的计算，可以得到表 3-3 中半径为 0.45m 的圆面积。

表 3-3 半径为 0.45m 的圆面积

随机次数	100	1000	10 000	100 000	1 000 000	10 000 000
圆的面积/m^2	0.5994	0.638 28	0.639 171	0.636 311 7	0.636 471 27	0.636 210 045

当随机10 000次后，程序计算得到的面积就已经可以在实际应用中使用了。从结果中也可以看出，随着抽取次数的增加，算法得到的结果和实际值也会越来越接近(0.636 172 512 351 933 2)。但是也可以看到，随机一百万次得到的结果在精度上反而没有随机十万次高。这是因为计算机产生的随机数属于伪随机数，它们是由数学公式产生的，无法做到真正的随机。在一些精度要求不高的应用场景下，随机一千次以后得到的估计值就已经比较准确了(误差0.33%)。但是随着抽取次数的增加，蒙特卡罗方法会需要更多的时间用于生成模拟数据。如果想要节约时间，可行的一种方案是采用并行计算。但是数值精度和计算资源消耗之间总是会构成一对矛盾。蒙特卡罗方法的优点是简单易用，只需正确地构造概率过程就可以建立目标估计量，但是对于高精度的要求会导致计算资源消耗线性增加，因此这也成为该方法一个为人诟病的缺点。

3.4.2　蒙特卡罗树搜索

1987年，布鲁斯·艾布拉姆森在他的博士论文中率先探索了蒙特卡罗方法在棋类中的运用。1992年，B.布鲁格曼首次将其应用于对弈智能程序，但当时这种探索并没有受到重视。2006年，雷米·库洛姆在其2007年的一篇论文中描述了蒙特卡罗方法在游戏树搜索中的应用，并将其命名为蒙特卡罗树搜索。之后列文特·科奇什和乔鲍·塞派什瓦里将蒙特卡罗树搜索方法与UCB公式结合，开发了UCT算法。MoGo、Fuego等软件基于UCT算法，都曾在九路围棋中击败了人类业余棋手。

下棋时，棋手需要根据当前盘面情况选择对自己最有利的落子点。人类选手会采用类似于Alpha-Beta剪枝算法的思维策略，蒙特卡罗树搜索方法则采用另外一种策略，通过随机地模拟双方落子，最后汇总找出胜率最高的落子位。通常如果模拟的次数达到一定数量，算法总可以返回一个差不多理想的结果，如果模拟的次数足够多，算法结果会非常逼近实际的最优值。本质上，蒙特卡罗树搜索通过多次实施弱算法，用类似投票的机制对结果进行评价，从而形成一个强效的算法。

图3-9以对弈井字棋为例，演示了利用蒙特卡罗树搜索算法寻找最佳落子策略的过程。当画×方落子后，画○方有8个选择，为了避免结果产生偏差，朴素蒙特卡罗树搜索算法不会对当前盘面进行评估和评判，为了确认哪个选择更有利，算法会随机选择一处位置作为当前盘面画○方的落子，之后便开始仿真双方后续的落子情况直到游戏结束，这样就完成了一次完整的随机采样过程。仿真过程中的每一步落子都是随机的，算法每随机仿真一步就会产生一个子树枝节点，每仿真完一局棋局，就会在根节点上产生一条完整的树干。模拟的棋局越多，树枝就会越繁茂。

模拟完一局棋的对弈后算法需要记录仿真的结果，为了使每次仿真的数据能够被最大化利用，对弈的结果不仅要被保留在当前可选的树枝节点上，所有被仿真到的节点都应该记录本节点此次仿真的胜负结果。一种简单的策略是从最末的节点开始更新，顺序更新搜索路径上对应的父节点并反向传播直到当前树干链路上的所有节点全部完成更新为止。更新节点时可以采用赢一局计一分，输一局减一分，平局不得分的简单记法。当仿真了足够多的

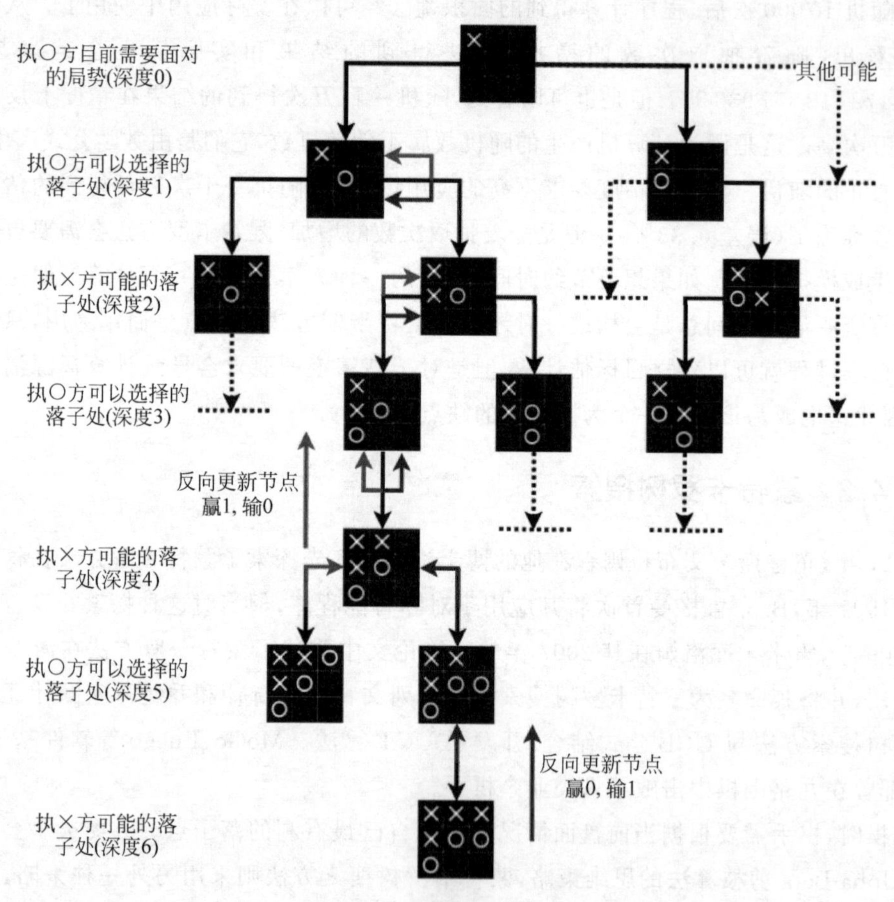

图 3-9　蒙特卡罗树搜索寻找最佳落子策略

棋局后，蒙特卡罗算法总是选择得分最高的节点作为最佳落子策略的估计。

为了最大化地利用仿真结果，采用蒙特卡罗树搜索算法的一方可以保留已经探索过的结果，在下一次决策前，先查找一下当前棋局盘面是否曾经探索过，如果碰巧探索过当前盘面，那么可以将代表当前盘面的节点剪出，并在此基础上继续进行仿真探索。图 3-10 演示了蒙特卡罗树搜索的剪枝过程，图中己方作为后手一开始面对的是对手落子 X_0 后的局面，根据算法仿真的结果，己方选择 O_1 点作为自己的落子。此时己方可以先维持住当前的搜索树，直到对手下出 X_1 的局面。当对手落子 X_1 后，与 O_1 节点并列的其他兄弟节点就失去了价值，因为它们所代表的落子顺序已不会再在棋局中出现。算法可以将 X_1 局面及其下属的枝叶剪出作为一个全新的搜索树来对待，这样做的好处是己方之前在这个局面下做过的仿真计算结果可以保留。如果计算能力足够，也可以把每个局面都当作一个全新的搜索树来对待，这样做的好处是程序易于实现，但是抛弃了历史的仿真记录，对计算资源的浪费比较严重。有些时候，由于实际环境的限制，模拟的次数可能无法覆盖全部可选项。例如，对方下出 X_2 的局面，这个情况之前并没有被模拟到过，算法可以选择将其看作一个全新的节点，剪枝出去后抛弃其他所有的历史数据。代码 3-14 演示了如何采用蒙特卡罗树搜索算法来下井字棋。

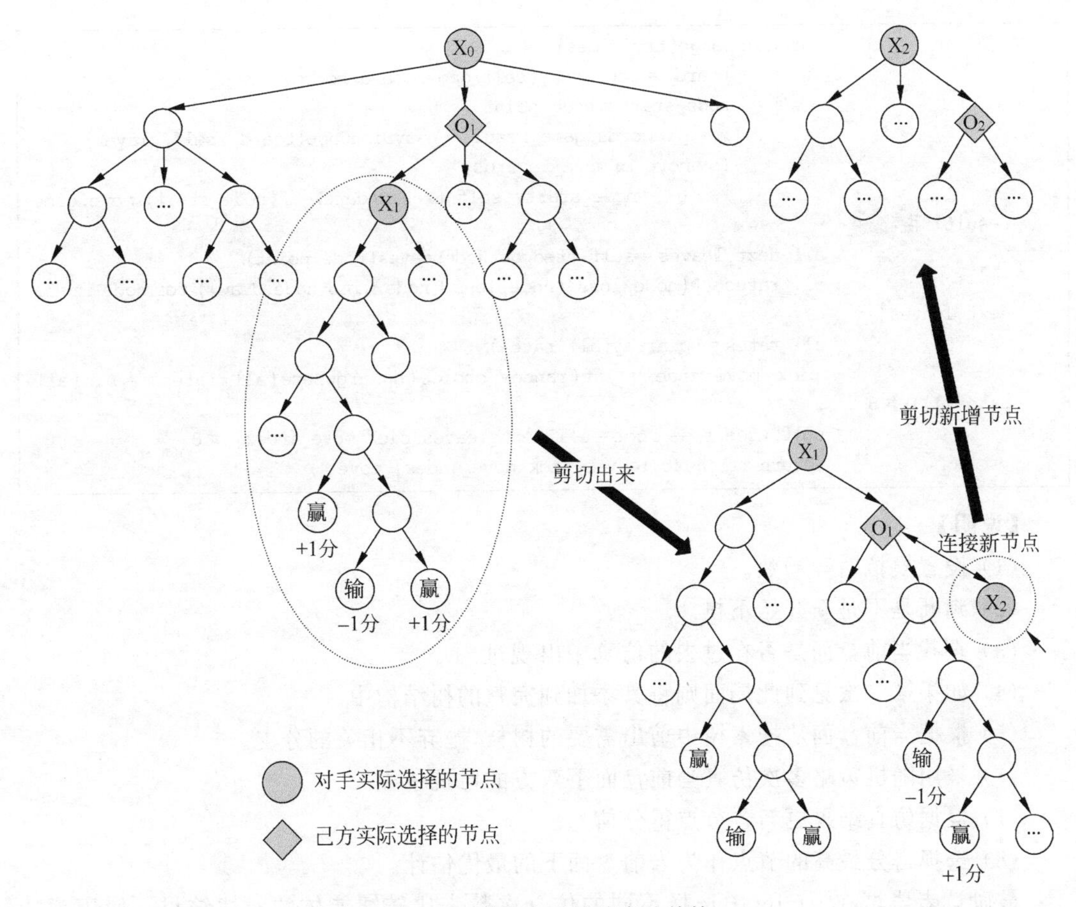

图 3-10　蒙特卡罗树搜索的剪枝

【代码片段 3-14】　利用蒙特卡罗树搜索来下井字棋。

```
MyGo\tic-tac-toe\ttt.py
class Agent:
    ...
    def chooseMove(self):
        ...
        if self.mode == 'mt':
                try_times = 1000 #1
                if self.game.last_move is not None: #2
                        node_tmp = self.tree.findNextNodeByMove(self.tree.tree_root,
self.game.last_move) #3
                        if node_tmp == None: #4
                                self.tree.node_name += 1
                                self.tree.tree_root = Node(
                        str(self.tree.node_name),
                        parent = self.tree.tree_root, move = self.game.last_move,
                        loss = 0, win = 0, draw = 0, player = -1 * self.player
                                )
                        else:
                                self.tree.tree_root = node_tmp
                node_point = self.tree.tree_root #5
```

```
            for i in range(try_times): #6
                board_ = copy.copy(self.game.board.board)
                node_start = node_point
                move_records,game_result = easySimuGame(board_,self.player)
                for move in move_records:
                    node_start = self.tree.updateLeaf(node_start, move,game_
result) #7
            all_next_leaves = self.tree.getNodeLeaves(node_point)
            all_rates = [(node.loss/(node.loss + node.win + node.draw)) for node in all_
next_leaves]
            all_rates = np.array(all_rates)
            pick_move_index = int(random.choice(np.argwhere(all_rates == min(all_
rates)))) #8
            self.tree.tree_root = all_next_leaves[pick_move_index] #8
            return all_next_leaves[pick_move_index].move
```

【说明】

(1) 设置模拟对弈局数。

(2) 判断是不是新开始下棋。

(3) 查找当前盘面是否在过去的仿真中出现过。

(4) 如果第一次见到此局面则将其添加到完整的树结构中。

(5) 根据当前盘面从搜索树中剪出需要的树枝,抛弃不相关的分支。

(6) 采用随机策略多次仿真当前盘面下双方的对抗过程。

(7) 根据仿真结果更新各节点得分信息。

(8) 选择得分最高的节点作为当前盘面下的最优估计。

鼓励读者尝试在 ttt.py 中选择不同的仿真次数来比较智能体的对战结果。使用蒙特卡罗的智能程序在每步模拟 1000 次的情况下,棋力基本上就同采用极小化极大算法的智能程序一样了,而且蒙特卡罗算法在计算耗时上更平滑,初始几步的耗时要明显优于极小化极大算法。

视频讲解

3.4.3 蒙特卡罗算法改进

蒙特卡罗树搜索对模拟采样的次数要求较高,越多的模拟次数代表需要消耗越多的计算资源,这时就需要考虑如何有效地利用每一次的仿真结果。对于博弈游戏而言,很多时候一些落子位明显是没有意义的。以图 3-11 搜索井字棋盘面下一步为例,对于人类选手,一眼就能看出图中用★标注的位置是无论如何不能落子的。而对于单纯的蒙特卡罗算法,由于没有关于游戏的先验知识,算法会把这些标★的位置一并纳入随机采样中,这不仅是对计算资源的浪费,同时也会给游戏的对弈体验带来负面影响,因为智能体计算耗费的时间并没有和它的棋力对等。

图 3-11　井字棋的下一步选择

在围棋这种有很大的分支系数的对弈游戏

中，为了提高蒙特卡罗算法的搜索效率，可以增加一些辅助算法来限制搜索的范围，辅助算法需要帮助改进的内容包括以下两点。

(1) 不要搜索没有意义的节点，尽可能把计算资源放在搜索价值大的节点。

(2) 在有限的时间里进行更多的仿真模拟。

例如，在处理围棋的死活时，考虑对弈双方在如图 3-12 所示的角上的对抗情况。执黑子的人类棋手为了做活黑子，对画○的位置几乎是不会考虑的。另外，和被标注上△的位置相比，人类棋手会更倾向于先思考画×的位置，因为这些位置从表面上看起来对活棋会更加有利。从模拟人类下棋思考模式的角度出发，如图 3-13 所示，可以为算法增加一个盘面落子价值函数 $V=F(x)$，函数的输入是当前棋局，输出是各落子点的潜在价值。这个函数的目的是辅助蒙特卡罗树搜索算法缩小仿真的范围。

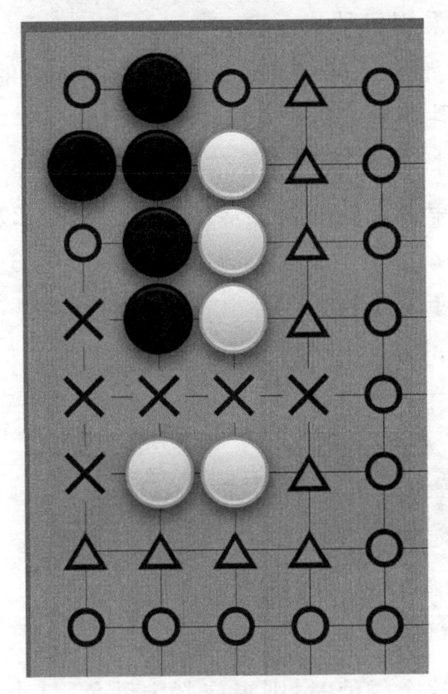

图 3-12 围棋的死活对抗

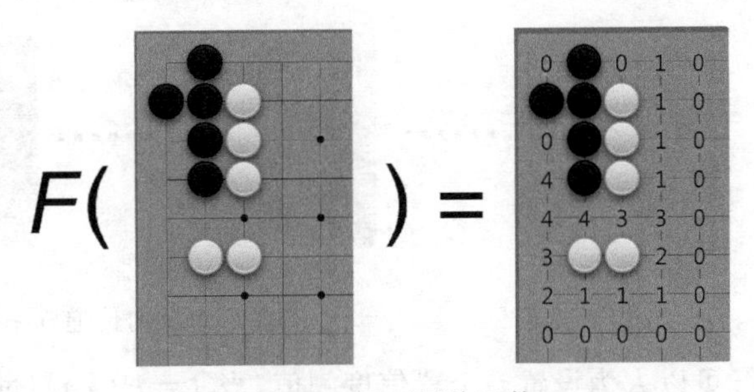

图 3-13 局面评估函数

如何得到价值函数 $V=F(x)$？一般是由专家根据经验手工编辑各种特征规则，函数将输入的局面去匹配这些特征规则后给出评分。如果没有专家，也可以通过机器学习的方法根据大数据样本学习出特征规则。需要注意，价值函数仅起到辅助作用，它输出的高评分落子位置并不代表这个落子点一定是好的。参考价值函数给出各个落子点的得分，蒙特卡罗算法优先选择得分高的点开始仿真。

很少有人类棋手实战时会下到最后完全没有落子点了才投子结束棋局。大部分围棋的对弈在下到中盘时就已经分出了胜负。采用蒙特卡罗树搜索算法的智能程序非常依赖仿真的次数，在有限的时间内，总是希望可以仿真更多的棋局。自然地，也会希望仿真算法可以不用下完整盘棋，在差不多中盘的时候就提前评估棋局的输赢。

在 3.3 节已经简单介绍过动态局面评估系统，针对围棋，一种可选的动态评估方法是把黑白棋子看作类似正负电荷一样的物质，并将棋盘看作电子作用下产生的电场。如图 3-14 所示表示棋子对四周“辐射”自己的影响力，相同的棋子可以叠加自己的影响力力场，不同的棋子则相互抵消各自的影响力。动态评估试图在围棋棋盘上建立自己的物理法则,并以此来确定棋盘上每个棋子的势力范围。在 AlphaGo 问世以前,很多主流的围棋智能体程序都使用过这种思想。

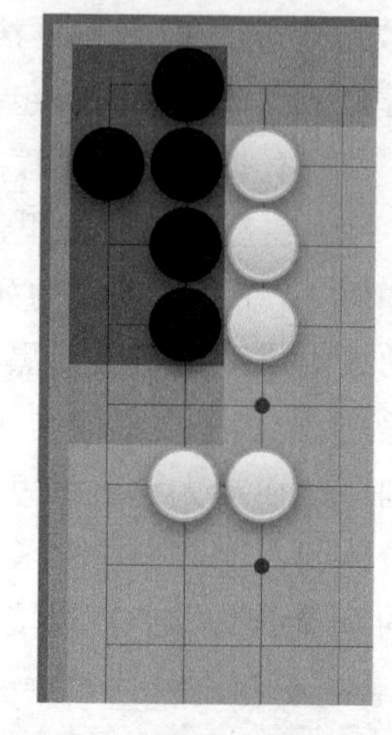

图 3-14 棋子的影响力范围

围棋的目的就是占领比对方更多的棋盘领地。利用动态局面评估机制就可以评估当前盘面双方的势力范围,计算机程序以此为基础就能粗略地判断棋局的输赢。为了知道什么时候应该截断单次仿真,算法还需要为动态评估系统建立一个胜负估计函数 $J=F(x)$。$F(x)$输出基于动态评估的盘面输赢判断置信度。和价值函数 $V=F(x)$类似,胜负估计的函数机制也可以人为编制。随着计算机大数据处理能力的增强,采用机器学习的方法获取 $J=F(x)$会比人为设立规则更轻松简便。

如图 3-15 所示,为了得到样本棋局每一回合的胜负置信度,可以引入退化参数 $R(0<R<1)$。当样本局结束时,胜负判断的置信度 $W=100\%$。之前的每一回合通过参数 R 反向传递置信度,可以得到单回合的胜负置信度递推公式(3-2)。

$$W_{t-1}=W_t-R \tag{3-2}$$

其中,t 表示第 t 个回合,$R=1/n$,而 n 表示当前棋局的总回合数。

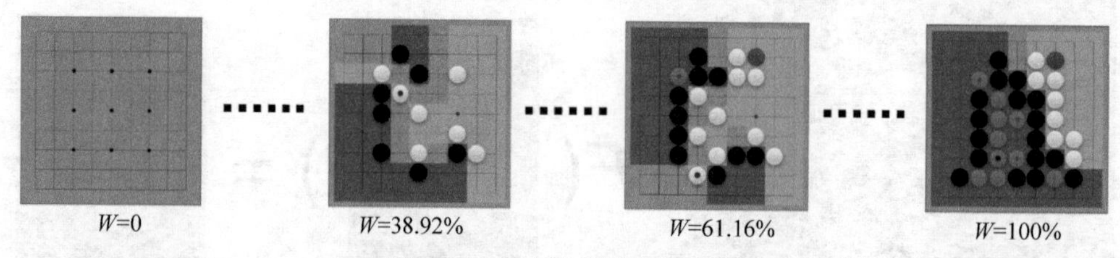

图 3-15 反向传递胜率置信度

可以人为设置一个置信度阈值,当 $J=F(x)$超过这个阈值时,则提前判定胜负,结束一次仿真。

有了辅助函数 $V=F(x)$和 $J=F(x)$,蒙特卡罗树搜索不仅可以控制搜索范围,还可以限制单次仿真的搜索深度,采用这种启发式的方法,算法可以在有限的时间内把计算资源尽可能地用于仿真有价值的落子选项,也就是对最有可能胜利的落子范围进行仿真。如果读过金庸的《天龙八部》就会知道,在围棋的世界里,表面看上去占优势的下法未必会赢,而前期劣势的下法可能会在后期转化为巨大的优势,如果只根据价值函数一味地考虑优势下法可能并不是一个好的选择。例如,如图 3-16 所示的这个存在变数的局面,对于白棋而言,价值函数如果偏重考虑做活自己的区域,标○的位置会得到比较高的评分。虽然

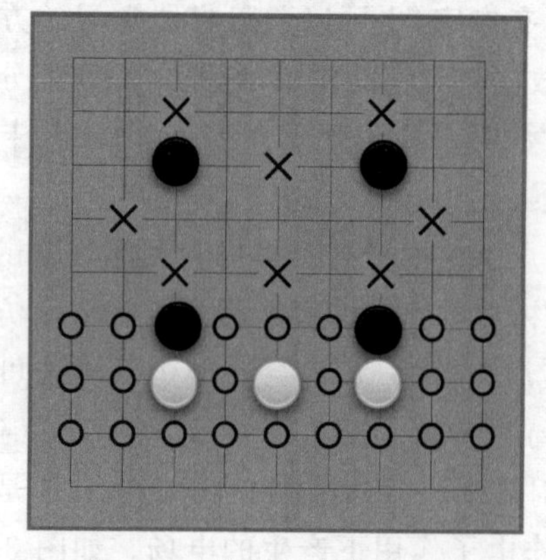

图 3-16 优势与劣势的逆转

白棋在这些区域落子后可以大概率将下半部分棋盘纳入自己的势力范围，但是对于全局而言，黑棋则有机会占领更多的上半部分棋盘，最终由于白棋在下路下的太厚，导致输掉这盘棋。如果白棋在参考价值函数之外能考虑到画×的位置，破坏黑棋独占上半路棋盘的趋势，则可能会有更大概率赢得这盘棋。

蒙特卡罗树搜索的改进算法 UCT 的出现目的就是在树搜索的深度与广度之间找到一个平衡。2006 年秋季，两位匈牙利研究人员列文特・科奇什和乔鲍・塞派什瓦里开发了 UCT 算法，使得围棋智能程序的胜率比当时的最佳算法提高了 5%，并且能够在小棋盘的比赛中与人类职业棋手相抗衡。

在价值函数的辅助下，搜索算法总是企图从价值最高的点开始模拟，这会导致算法偏重评估某些节点，忽略了一些潜在选择项。对于围棋而言，一些落子点的效果很可能要延迟很多回合后才会发挥威力，这些位置的价值在一开始不能通过固定的特征值组合判断出来。所以如图 3-17 所示，搜索树在仿真时不能一味地沿着图中黑色节点前进并且只考虑价值评估得分高的灰色节点作为继续仿真的对象。对评估价值低的点也应当偶尔提供计算资源。使用公式(3-3)来计算盘面节点落子的价值就可以平衡搜索深度与广度之间的关系。

$$v' = \omega + c\sqrt{\frac{\log N}{n}} \tag{3-3}$$

其中，ω 是当前节点通过仿真得到的胜负结果的平均值，N 是到目前为止计算机程序已经仿真了的总次数，n 是当前被考虑的节点已经被仿真的次数，c 表示人为选择的一个平衡参数。v'表示由 UCT 公式计算出来的节点搜索价值，探索仿真依照各节点的搜索价值来进行选择。当人为参数 c 选得比较大时，UCT 函数偏重广度优先，即将计算资源投入原本搜索价值不高的节点上，而当 c 比较小时，仿真则会偏向从搜索价值较高的节点上开始，也就是深度优先。至于这个超参 c 应该如何选择才能达到好的效果可能得仁者见仁智者见智了。

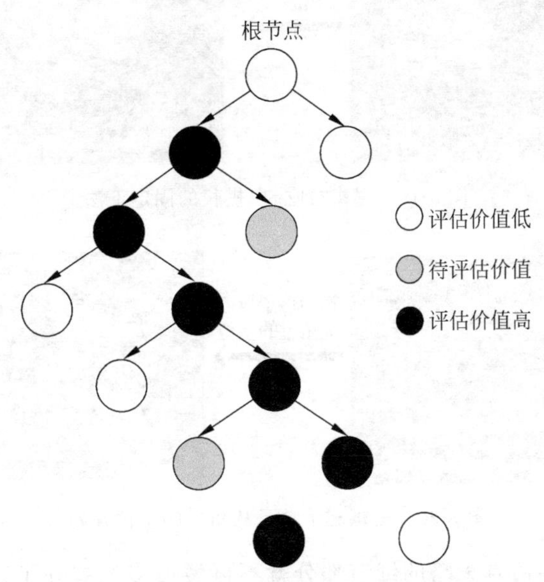

图 3-17 搜索时考虑评估建议之外的选项

图 3-18 展示了采用 UCT 算法前后的节点选取优先级对比，其中，节点内的数值是我们

利用自定义的价值评估函数得到的盘面价值及最终搜索次数，v' 和 n' 则表示采用 UCT 算法计算后各个节点的价值和最终在每个节点上的探索次数。根据图中的计算结果，在使用新的 UCT 价值函数后，原本被忽略的节点（v=0.01）由于价值上升反而被重点考量。

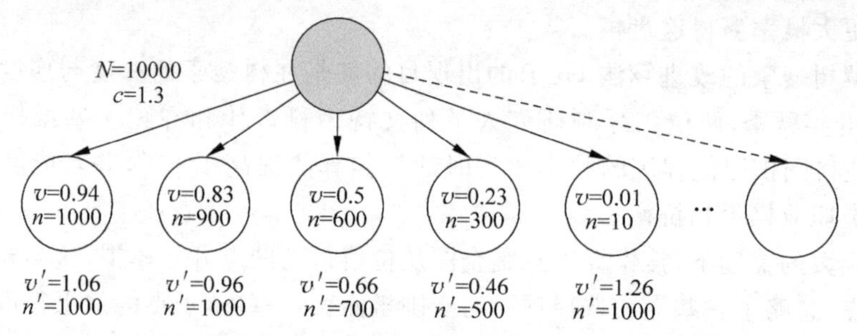

图 3-18　采用 UCT 算法前后的节点选取优先级对比

蒙特卡罗树搜索算法默认采用随机采样作为默认的仿真策略。随机策略保证了采样的均匀性，但是在实际应用中，由于博弈规则限制，仿真只能在有限的时间内进行。采用随机策略的围棋智能体往往棋力不高，为了进一步提高仿真的有效性，可以考虑使用更复杂的仿真策略。例如，在策略中引入了考虑气、形、定式、攻击模式、防守模式等一些重要的围棋基本概念。又如，在搜索策略中可以考虑引入常见棋形的固定下法，图 3-19 中白棋看到黑棋"虎"准备打吃自己，就用"长"来活棋。另外如图 3-20 所示，人类选手对弈时的起手总是从角的位置开始，在搜索前引入一些基础的开局库也许能起到事半功倍的效果。人类选手在评估棋力时，能记住多少围棋定式也是衡量标准之一。

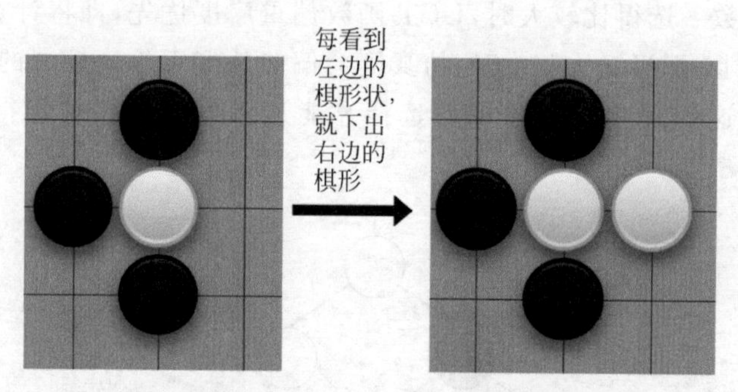

图 3-19　黑棋打吃，白棋长的固定下法

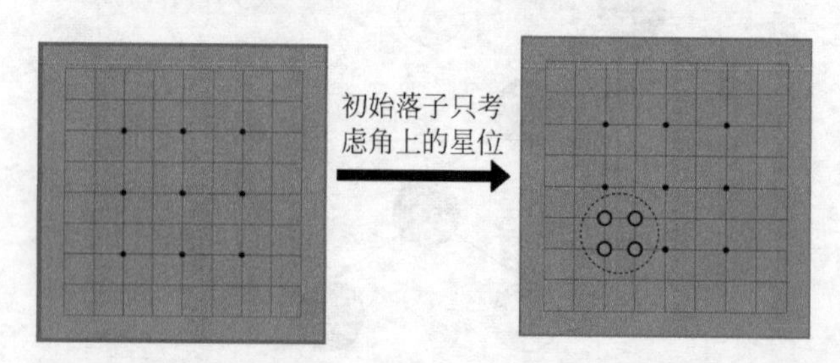

图 3-20　围棋起手总是从角上的星位开始

关于实现更复杂的仿真策略的细节部分就不再做过多的展开了，感兴趣的读者可以参考开源的围棋智能体引擎 GNU Go、Fuego 和 Pachi。GNU Go 的搜索算法是众多围棋软件中最强的，它使用了更加优化的搜索算法，棋力超过了普遍采用蒙特卡罗树搜索的程序。而

Fuego 和 Pachi 则是采用了更加先进的优化方案，在棋力上比 GNU Go 更胜一筹。

3.4.4 需要注意的问题

对一个可能有希望的落子点随机仿真 10 次后有 7 次赢得棋局，能有多大的信心认为这个落子点是一步好棋呢？答案是：并不乐观。假使实际上这个落子点对胜负的影响是平衡的（胜负各 50%的概率），通过随机的方法也会有 30%的机会得到 7 胜 3 负的结果。但是如果是 100 局仿真中有 70 次胜利呢？这种情况下，人们可以很自信地相信当前仿真的落子点是一步好棋。由于围棋的分支实在太多，对当前盘面的下一步棋来说，一般需要仿真近千次才会有一些自信判断是否是一步好棋。通常留给计算智能体程序思考的时间有限，而在一回合内至少需要仿真一万次才能基本上满足算法给出最优判断，此种情况下程序实现需要尽可能地优化，如果仿真一局都要耗时好几秒钟，即使算法再好，其实用性也会大打折扣。从提升性能的角度出发，仿真程序在每一回合都要对所有可选分支进行价值评估也是一笔不小的计算开支。如果仿真策略不使用随机策略，而是采用人工编制的高级策略，可以考虑不用每一步都计算各节点的评价得分，对于自信度高的下法可以跳过计算评估的动作。但是无论如何优化和改进，UCT 算法只能在分支少的小棋盘上赶上人类选手，在 19 路围棋棋盘上依然还是只能达到初级选手的水平。

3.5 监督学习

监督式学习是机器学习的一种方法，它可以让系统由训练数据中学到或建立一个模式，并依此模式推测新的实例。训练数据包括一套训练实例集，其中每个实例都是由一个输入的样本和一个预期输出标签所组成。监督学习算法就是分析该训练数据实例集，并使得系统可以逐步拟合出样本和标签之间的映射关系。如果把系统用函数来表示，这个函数的输出可以是一个连续的值，或是预测一个分类标签。通俗地讲，监督学习就像是老师指导学生学习知识。老师负责出题并告诉学生给出的答案是对是错。学生在学习过程中借助老师的提示获得经验，逐渐调整自己的认知，最后对没有学习过的问题也可以做出正确的解答。

在监督学习中，只需要给定输入样本集，机器就可以从中推演出指定目标变量的可能结果。机器只需从输入数据中预测合适的模型，并从中计算出目标变量的结果。监督学习要实现的目标是“对于输入数据 X 能预测变量 Y”。几乎所有的回归算法和分类算法都属于监督学习。传统上属于监督学习的算法有：K-近邻算法、决策树、朴素贝叶斯和逻辑回归。

目前神经网络已经成为最为热门的监督学习算法，本书后面的章节中也会使用神经网络作为基础工具来实现超越人类水平的围棋智能程序。在围棋这个主题上，单纯地使用神经网络很难在棋力上取得突破。这可能和围棋本身的复杂程度有关。关于使用神经网络来进行监督学习的内容将放在第 4 章进行详细的介绍。在那之后还将通过传统的监督学习来实现一个具备一定棋力的神经网络。

3.6 传统方法的讨论

在国际象棋更加流行的西方，人工智能的研究在开创之初就有人考虑如何制作一个能够下国际象棋的机器。20 世纪 80 年代初，贝尔实验室的工程师们开发出了历史上第一个具有人类大师级水平的国际象棋机器 Belle。Belle 由三个主要部分组成：移动生成器，评估器和变换表。移动生成器负责识别出遭受攻击的最高价值部分和最低价值部分，并根据该信息对潜在的移动行为进行排序。评估器会注意到“王”在比赛的不同阶段的位置及其相对安全性。变换表包含潜在可移动的选项数据缓存，它可以使评估更加有效。Belle 采用了暴力的方法，它查看了玩家当前配置的棋盘可能做出的所有动作，然后又考虑了对手可以做出的所有动作。在国际象棋中，一名玩家移动一个棋子称为一层。最初，Belle 可以计算 4 层深度的移动。当 Belle 于 1978 年在计算机协会北美计算机国际象棋锦标赛上首次亮相时，它的搜索深度为 8 层，并夺得了冠军。

在 Belle 统治计算机国际象棋世界多年之后，它的明星效应开始褪色。20 世纪 80 年代末，卡内基·梅隆大学的许峰雄博士在 Belle 的思路基础上进一步改进，研制出了第一个特级大师水平的国际象棋机器，取名为“深思”。随后，许博士加入 IBM 研究院，在那里他和其他几个团队成员一起研制出了实力更强的弈棋机器“深蓝”，并最终于 1997 年的一场历史性的人机大战中以 3.5∶2.5 的比分战胜了人类国际象棋冠军卡斯帕罗夫。“深蓝”并没有对传统的暴力算法进行太多的改进，客观地说，“深蓝”不是基于 AI 技术构建的，它是一组专门为国际象棋而设计的 CPU 集群。“深蓝”也有棋类游戏智能软件常见的配置：开局库、着法生成器、评价函数、剪枝算法等。为了追求极致的搜索速度，它没有通过软件方式来实现，而是依靠专门为国际象棋设计的计算芯片，通过每秒计算两亿步的恐怖算能把人类甩了在后面。插句题外话，《“深蓝”揭秘》这本书揭秘了“深蓝”这台价值数百万美元的超级计算机背后的故事，许峰雄博士将自己的亲身经历以传记的形式呈现在人们面前，非常有意思，读者如果感兴趣可以尝试阅读一下。

2000 年开始，随着计算机硬件技术的发展和研究者对 Alpha-Beta 剪枝算法进一步的研究和优化，越来越多的棋类对弈软件开始逐步超越人类专业棋手。国际象棋的智能软件已经不再依赖专用象棋芯片就可以轻易战胜人类特级大师。国人制作的中国象棋软件也同样已经达到了无人匹敌的地步。这些弈棋计算机智能体背后的基本“思考模式”都很简单，就是对当前盘面下的每一种合法走法所直接导致的局面进行评估，然后选择“获胜概率”最高的局面所对应的那个走法。可以说，计算机的基本策略是所有“人类有可能采用”的策略中最原始、最简单的一种。这些弈棋智能体只关心一个问题，就是按照“胜”的基本定义来赢得比赛。“在当前盘面下，己方走哪一步能赢?”计算机就是通过不停地重复问自己这个问题来完成对弈的。

对计算机而言，从给定盘面开始的局势变化的复杂度是随考虑的步数呈指数级增长的。对于包括围棋和象棋等绝大多数复杂棋类运动而言，这就意味着从原则上不存在能够准确计算盘面最优结果的有效方法。有文献表明，19 路标准围棋棋盘的搜索空间是中国象棋的 10^{210} 倍，是国际象棋的 10^{227} 倍。普通人很难想象这个数字背后代表的物理差距，一个直观的理解是：原子的直径大小大约是 10^{-15} m，而太阳引力所能影响到的空间范围大约是原子核体积的 10^{90} 倍，也就是说，围棋相比于象棋的复杂度，比整个太阳系相对于一个原子的比例还要大。总之，除了人工设计的博弈项目之外，围棋是人类历史发展过程中所产生的最复杂的博弈项目，并且其复杂程度远远超过其他博弈项目。

表 3-4 列出了常见棋类游戏的状态空间复杂度和博弈树复杂度。状态空间复杂度是指从博弈初始状态开始所能达到的所有不同合法博弈状态的个数。它描述了通过枚举所能解

决的博弈复杂度范围。通常情况下，准确地计算博弈的状态空间复杂度是很困难的，也是不必要的，一般都会对其进行一个估算，有大致感性的理解即可。博弈树复杂度指的是从博弈初始状态所产生的、能完整解决该博弈问题的、最小博弈树子节点的个数。博弈树复杂度描述了通过极小极大搜索所能解决的博弈复杂度。准确计算围棋博弈树复杂度也是几乎不可能的，只能粗略地估算。实际在计算机智能体搜索策略中，需要面对的是博弈树展开后的复杂度。

表 3-4　常见游戏的状态空间复杂度和博弈树复杂度

游 戏 名 称	状态空间复杂度	博弈树复杂度
西洋跳棋	10^{21}	10^{31}
国际象棋	10^{64}	10^{123}
中国象棋	10^{48}	10^{150}
围棋	10^{172}	10^{360}
黑白棋	10^{28}	10^{58}
将棋	10^{71}	10^{226}

可以看出，西洋跳棋这种规则简单且步数有限的棋类游戏，它的合法状态空间复杂度都有 10^{21} 之巨。对于弈棋智能体的设计者来说，“不可能对局势变化的所有可能性进行有效计算”意味着想做得比对手更好需要从原理上解决以下两个关键问题。

(1) 决定一个“筛选策略”，从“所有当前盘面出发有可能导致的变化”中选择一部分作为“实际考虑的那些局面变化”。

(2) 决定一个“汇总策略”，把所有实际考虑的变化的静态评估结果综合起来，对当前盘面的胜率完成评估。

归根结底，传统算法的目的就是尽可能正确地“打分”和尽可能多地“穷举”。无论是国际象棋、中国象棋、围棋或者西洋跳棋、黑白棋等，这些棋类程序在 AlphaGo 出现以前，都围绕着这两点来进行基本框架的搭建。它们之间的区别仅在于使用的具体策略不同，以及针对不同的策略采用不同的优化手段。传统方法在搜索复杂度不是特别高的情况下可以工作得很好。例如，中国象棋和国际象棋的智能体程序早在十几年前就已经赶超了人类最顶尖的职业选手。不知道为什么，同样的策略作用在围棋软件上效果却乏善可陈。也许是围棋规则太过简单，又或者是在下围棋的时候并不是时时刻刻都要秉承着其最终胜利的原则。汉代扬雄在其《法言・君子》中提到：“昔乎颜渊以退为进，天下鲜俪焉”，意思是“以谦让取得德行的进步，以退让的姿态作为进取的手段”。传统方法时时刻刻都在基于“胜”的定义进行思考可能太过激进了。而 AlphaGo 背后的强化学习策略一改传统的设计思路。它不是一开始就奔着设计出一个强大的智能体程序为目的，强化学习只是教给了智能体程序基本的游戏规则，然后让程序自己在游戏中学习，这种方法目前看起来更为贴近人类的学习路径，而达到的效果也更好。

第二部分

基于神经网络的机器学习

第4章

机器学习入门

人工智能(Artificial Intelligence,AI)表示由人类制造出来的机器所表现出来的智能。现阶段人工智能是指通过普通计算机程序来呈现人类智能的技术。人工智能的核心问题包括建构能够跟人类似甚至超卓的推理、知识、规划、学习、交流、感知、移物、使用工具和操控机械的能力。机器学习是人工智能的一个分支,是一类从数据中自动分析获得规律,并利用规律对未知数据进行预测的算法。它是人工智能的核心,是实现人工智能的一个途径。机器学习又可以分为监督学习、无监督学习和强化学习。其中,无监督学习针对没有给定事先标记过的训练示例,自动对输入的数据进行分类或分群。这种方式主要是应对那些人类缺乏足够先验知识的问题,这类问题要么难以人工标注类别,要么进行人工类识别标注的成本太高。很自然地,计算机科学家就希望能让计算机来代替人类完成这些工作,或至少提供一些帮助。根据现有的知识来看,无监督学习暂时对设计围棋智能程序帮助不大,限于篇幅就不对这个领域进行介绍了。强化学习作为实现围棋智能程序超越人类的核心算法,将单独开立章节另着笔墨。监督学习的方法有许多,本章将着重介绍目前最有前途的方法——人工神经网络,其他方法如K邻近、支持向量机等仅在4.3节中进行简要描述。

4.1 人工神经网络

当前AI领域最红火的人工神经网络并不是一个新的概念,它最初是受到中枢神经系统的启发。人工神经网络中把每个人工节点称为神经元,并将这些神经元连接在一起,形成一个类似生物神经网络的网状结构。20世纪40年代后期,心理学家唐纳德·赫布根据神经可塑性的机制创造了一种对学习的假说,现在称为赫布型学习。1954年,法利和韦斯利·A.克拉克首次使用计算机模拟了一个赫布网络。1956年,纳撒尼尔·罗切斯特在一台IBM704计算机上模拟了抽象神经网络的行为。之后,康奈尔大学的实验心理学家弗兰克·罗森布拉特基于抽象神经网络创造了感知机,就是目前人们熟知的全连接网络。1969年,马文·明斯基和西摩尔·派普特发表了一项关于机器学习的研究以后,神经网络的研究开始停滞不前。主要原因是他们发现了神经网络的两个关键性问题。第一个问题是基本感知机无法处理异或回路。第二个重要的问题是计算机没有足够的能力来处理大型神经网络所需要的很长的计算时间。1975年,保罗·韦伯斯发明了反向传播算法,这个算法有效地解决了异或的问题。第二个问题依赖于技术的进步,这也是为什么直到2006年之后,这项技术才又重新回到人们的视野中。

人工神经网络的连接方式目前还没有统一的方式，在软件实现上，其实原先受到生物学启发的那些方法已经在很大程度上被抛弃了，取而代之的是基于统计学和信号处理等学科中发明的更加实用的方法。而如今最常见的一些神经网络，例如，卷积神经网络和循环神经网络，基本上和生物的神经系统已经没有什么相似之处了。目前典型的人工神经网络由三部分组成：网络结构、激励函数和学习规则。神经元是神经网络中最基础的组件，多个神经元的拓扑关系构成了神经网络的模型。大部分神经网络模型具有一个动力学规则，这个规则定义了神经元如何根据其他神经元的活动来改变自己的输出值，人工神经元采用了预定义的激励函数来计算这个激励值，它的计算依赖于网络中各个网络参数的权重。不过为每个神经元单独定义激励函数在目前的技术条件下是没有意义的，因为没有证据表明哪种激励函数比其他激励函数更加优越。学习规则定义了网络中各个神经元上的参数权重如何随着学习进度而进行调整的过程。

视频讲解

4.1.1 神经元

神经元是人工神经系统中最基本的结构和功能单位。每个神经元上的连接都有各自的权重。这个权重可以是负值、正值，非常小或者非常大，也可以是零。和这个神经元连接的所有神经元的值都会乘以各自对应的权重。然后，把这些值都求和。在这个基础上，会额外加上一个偏置，这个偏置也是一个数字，有些时候是一个常量（经常是−1或者1），有些时候会有所变化。这个总和最终被输入一个激活函数，这个激活函数的输出最终就成为这个神经元的输出。

图4-1展示了单个人工神经元的模型，其中，$a_1 \sim a_n$ 是神经元的输入分量，$w_1 \sim w_n$ 为神经元各个突触的权值，b 为神经元的偏置，f 是这个神经元的激活函数，通常它是一个非线性函数。t 为神经元的输出。抽象后的数学模型可以用公式(4-1)来表示：

$$t = f(\vec{\boldsymbol{W}}' \cdot \vec{\boldsymbol{a}} + b) \tag{4-1}$$

其中，$\vec{\boldsymbol{W}}$ 是神经元的突触权重向量，$\vec{\boldsymbol{W}}'$ 是其转置，$\vec{\boldsymbol{a}}$ 是输入向量。

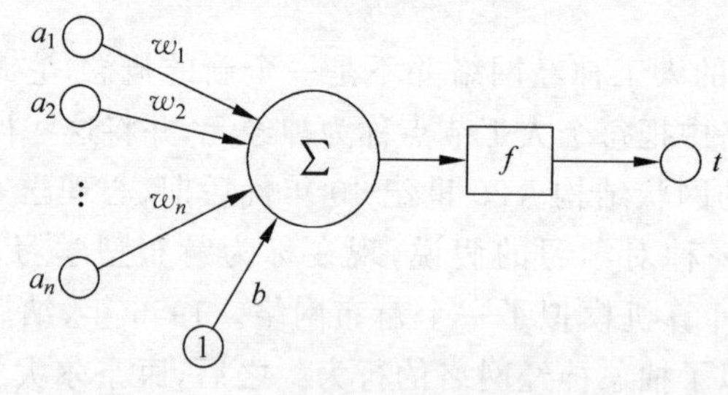

图4-1 单个人工神经元模型

一个神经元的功能是求得输入向量与权重向量的内积后，经一个非线性传递函数得到一个标量结果。而单个神经元的作用就是把一个 n 维向量空间用一个超平面分割成两部分。给定一个输入向量 $\vec{\boldsymbol{p}}$，神经元可以判断出这个向量位于超平面的哪一边。线性超平面的数学表达见公式(4-2)：

$$\vec{\boldsymbol{W}}' \cdot \vec{\boldsymbol{p}} + b = 0 \tag{4-2}$$

4.1.2　常见的激活函数

激活函数也称为传递函数，它是作用在人工神经元上的函数，负责将神经元的输入以某种规则映射到输出端，旨在通过为神经元引入非线性特征帮助神经网络学习数据中的复杂模式。标准的计算机芯片电路可以看作是根据输入得到开或关输出的数字电路激活函数。这与神经网络中的线性感知机的行为类似。因此，激活函数实际上是确定神经网络输出的数学方程式。

大部分的激活函数仅接收单一变量的输入，但是有时候会把某一层的神经元组合起来进行输出判断，这时便会使用多输入的激活函数。常见的单一变量输入激活函数有逻辑函数、双曲正切函数和线性整流函数。而多输入变量的激活函数主要有 Softmax 函数和 Maxout 函数，其中，Maxout 函数并不常见。各类激活函数的主要不同点在于激活函数的输出范围和使用场景，特别是在输出层，当实际情况对输出数据的取值范围有要求时，选取合理的激活函数就显得格外重要。

1. 逻辑函数

逻辑函数(sigmoid)也称为 S 函数，它的形状如图 4-2 所示，其取值范围是(0,1)，通常用于将预测概率作为输出的模型。一个简单的逻辑函数可用公式(4-3)表示：

$$f(x)=\frac{1}{1+\mathrm{e}^{-x}} \tag{4-3}$$

由于概率的取值范围是 0～1，因此逻辑函数非常合适。对于明确的预测，逻辑函数的输出将非常接近 1 或 0。逻辑函数的梯度平滑且处处可微，但是缺点是这个函数在反向传播时非常容易出现梯度消失，主要是因为现实场景的训练目标是希望函数的输出尽量不以 0 为中心，即有明确的概率预测倾向，因此这个激活函数常常仅用在输出层上。逻辑函数由于需要执行指数运算，计算机运行时需要消耗大量计算资源，所以执行起来较慢。

2. 双曲正切函数

在数学中，双曲正切函数(tanh)是一类与常见的三角函数类似的函数。它的形状如图 4-3 所示，其取值范围是(−1,1)，数学表达式见公式(4-4)：

$$f(x)=\frac{\mathrm{e}^{x}-\mathrm{e}^{-x}}{\mathrm{e}^{x}+\mathrm{e}^{-x}} \tag{4-4}$$

在形状上，双曲正切函数和逻辑函数非常相似，但是双曲正切函数的输出值域取值范围更广，且整个函数以 0 为中心。双曲正切函数可以将负的输入依旧映射为负值，零值输入映射到零附近，这种映射关系可以使得输入信号的正负关系信息被一直保留。一般的二元分类问题中，双曲正切函数常用于隐藏层，而逻辑函数则用于输出层。

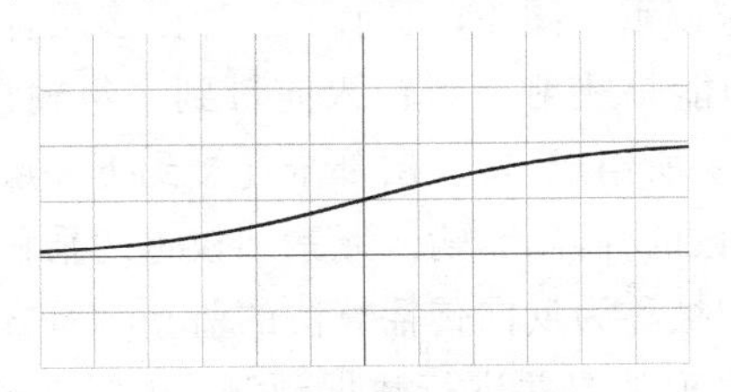

图 4-2　逻辑函数图像

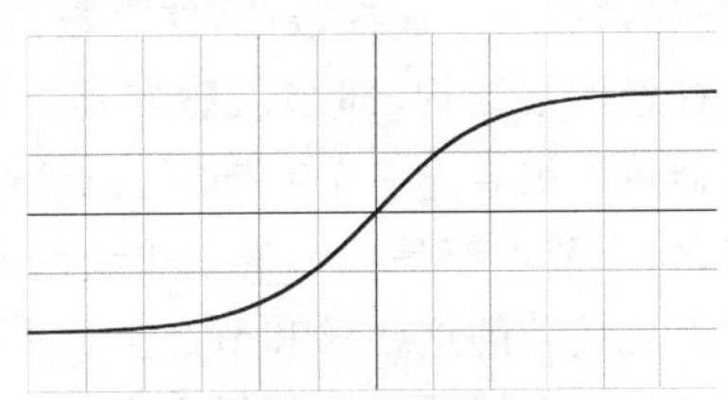

图 4-3　双曲正切函数图像

3. 线性整流函数

通常意义下，线性整流函数（ReLU）指代数学中的斜坡函数，它是一元实函数，其函数图像如图 4-4 所示，因像斜坡而得名。斜坡函数在负半轴函数值为零，这个特性使其在深度学习中成为较为流行的一种激活函数，它的数学表达式见公式(4-5)：

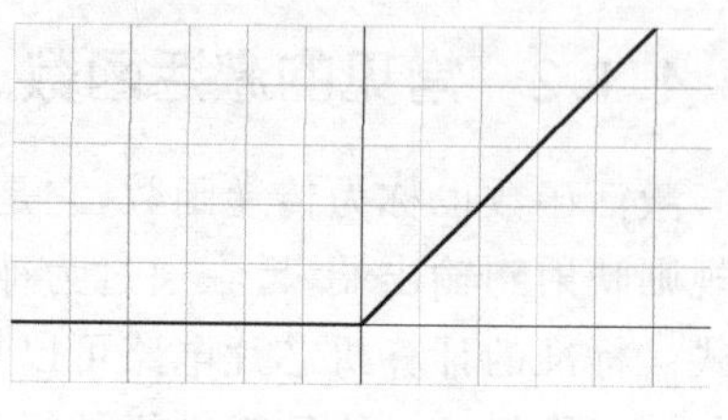

图 4-4　线性整流函数图像

$$f(x)=\begin{cases}0, & x<0\\ x, & x\geqslant 0\end{cases} \tag{4-5}$$

当线性整流函数的输入为正时，它不存在梯度饱和问题。由于线性整流函数中只存在线性关系，因此它的计算速度要比逻辑函数和双曲正切函数更快。但是当输入为负时线性整流函数将完全失效，在正向传播过程中，这不是问题。有些区域很敏感，有些则不敏感。但是在反向传播过程中，如果输入负数，则梯度将完全为零，逻辑函数和双曲正切函数也具有相同的问题。

线性整流函数因其优良的特性被广泛使用，通常在神经网络设计时线性整流函数总是首选考虑使用的激活函数。为了克服它的一些缺点，人们还设计出了一大堆它的变种，如 LreLU、PreLU、RreLU、ELU、SELU、GELU 等，这里就不逐一介绍了。

4. Softmax 函数

Softmax 函数是逻辑函数在多分类问题上的推广，它使得单层网络的每一个神经元的输出范围都为 0～1，并且该层所有输出的和为 1，所以也被称为归一化指数函数。该函数的形式通常按公式(4-6)给出：

$$f(\vec{x})=\frac{\mathrm{e}^{x_i}}{\sum_{j=1}^{J}\mathrm{e}^{x_j}} \tag{4-6}$$

Softmax 函数在零点不可微，负输入的梯度为零，这意味着对于该段区域的激活，权重不会在反向传播期间更新，因此会产生永不激活的死亡神经元。不过通常在使用时无须太在意这一点，在系统调优没有效果时可能需要考虑这个因素。

视频讲解

4.1.3　多层感知器

通常来说，一个人工神经网络是由一个多层神经元结构组成的。其中每一层都由多个网络神经元组成，下一层的每个网络神经元把对应上一层的全部神经元的输出作为它的输入，神经元和与之对应的神经元之间的连线叫作突触，它来自一个生物学名词。在数学模型中，每个突触都有一个加权数值，这个数值被称作权重。图 4-5 展示了这种由多层神经元组成的人工神经网络结构，即多层感知器。它的功能是映射一组输入向量到一组输出向量。多层感知器可以被看作一个有向图，由多个节点层所组成，每一层都全连接到下一层。除了输入节点，每个节点都是一个带有非线性激活函数的神经元，输入元素和权重的乘积被传递给具有神经元偏差的这些求和节点上。人们利用被称为反向传播算法的监督学习方法来训练多层感知器。多层感知器遵循人类神经系统原理学习并进行数据预测。它首先学习，然后使用权重存储数据，再使用算法来调整权重并减少训练过程中的偏差，即实际值和预测值之间的误差。它的主要优势在于其快速解决复杂问题的能力。多层感知的基本结构由三部分组成：输入层、隐藏层和输出层。多层感知器也被称为全连接网络或者前馈神经网络，这些术语经常被交叉混用。图 4-6 展示了用矩阵乘法来描述神经网络的输入向量通过权重向量的作用得到输出向量的计算过程，为了便于说明这个网络里省去了中间层，同时为了方便计算，神经元的激活函数 σ 也采用了常值函数 1，在实际问题中它常常会是一个非线性的函数。

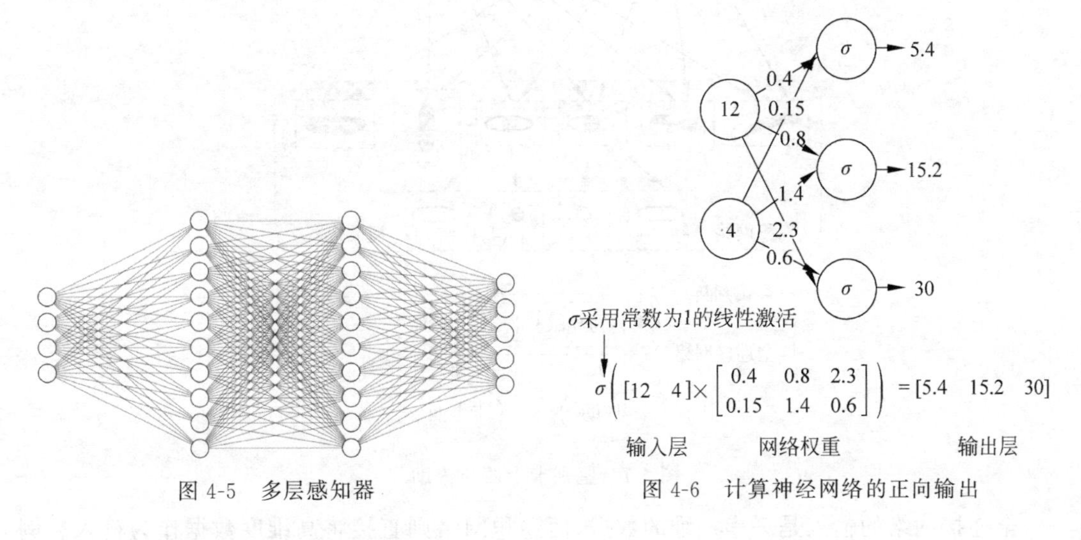

图 4-5　多层感知器　　　　图 4-6　计算神经网络的正向输出

4.1.4　卷积神经网络

日本漫画“火影忍者”里漩涡鸣人的老师旗木卡卡西宇因为儿时好友智波带土的原因拥有一只写轮眼，写轮眼的瞳孔与普通眼睛不同，导致他为了隐藏这只眼睛，一直半边脸绑着绷带。大家知道，忍者都是易容术的高手，但是不管怎么改变服装外貌，眼睛的瞳孔是没有办法改变的(戴美瞳除外)，不然卡卡西也就不用整天绑着绷带装酷了。如果在火影的世界里有基于照相机的二维人脸识别系统，要识别伪装后的卡卡西老师就需要能够检测出他与众不同的眼睛。

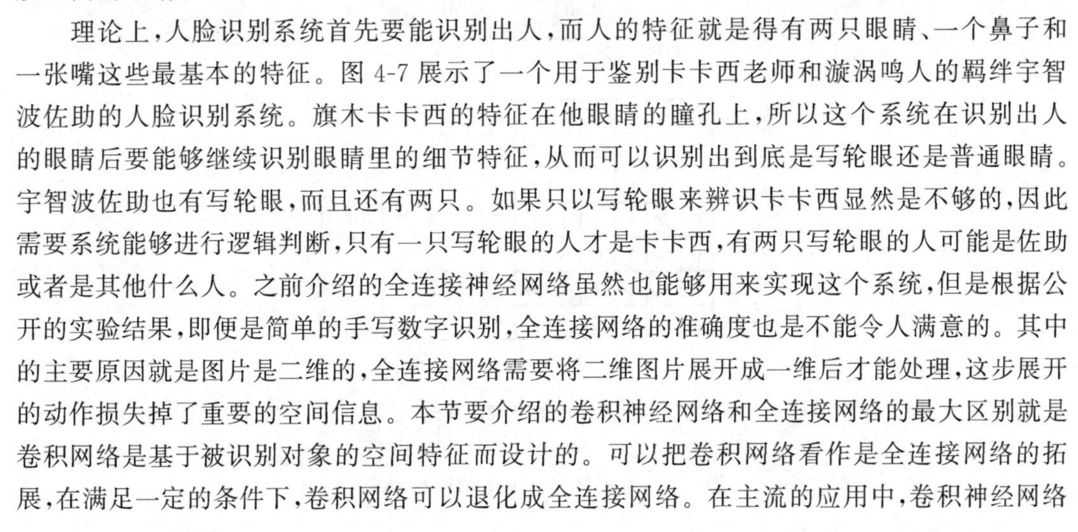

理论上，人脸识别系统首先要能识别出人，而人的特征就是得有两只眼睛、一个鼻子和一张嘴这些最基本的特征。图 4-7 展示了一个用于鉴别卡卡西老师和漩涡鸣人的羁绊宇智波佐助的人脸识别系统。旗木卡卡西的特征在他眼睛的瞳孔上，所以这个系统在识别出人的眼睛后要能够继续识别眼睛里的细节特征，从而可以识别出到底是写轮眼还是普通眼睛。宇智波佐助也有写轮眼，而且还有两只。如果只以写轮眼来辨识卡卡西显然是不够的，因此需要系统能够进行逻辑判断，只有一只写轮眼的人才是卡卡西，有两只写轮眼的人可能是佐助或者是其他什么人。之前介绍的全连接神经网络虽然也能够用来实现这个系统，但是根据公开的实验结果，即便是简单的手写数字识别，全连接网络的准确度也是不能令人满意的。其中的主要原因就是图片是二维的，全连接网络需要将二维图片展开成一维后才能处理，这步展开的动作损失掉了重要的空间信息。本节要介绍的卷积神经网络和全连接网络的最大区别就是卷积网络是基于被识别对象的空间特征而设计的。可以把卷积网络看作是全连接网络的拓展，在满足一定的条件下，卷积网络可以退化成全连接网络。在主流的应用中，卷积神经网络常被用来提取被检测对象的空间特征,而全连接网络则用来做逻辑判断。

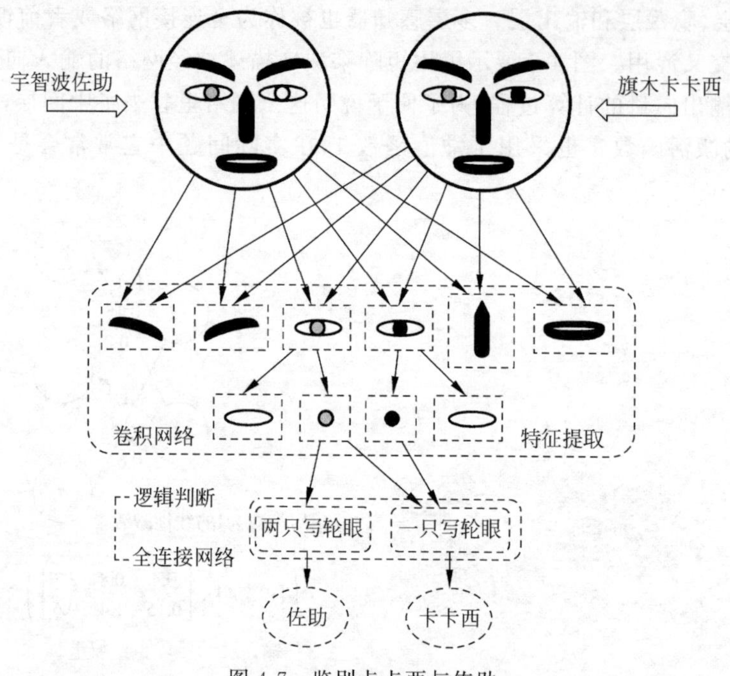

图 4-7 鉴别卡卡西与佐助

全连接网络的输入是一串一维的数据,而卷积网络则直接将高维度数据作为输入。例如,处理图片就是直接输入二维的图像数据。当以高纬数据作为输入,输入层后面连接的就不是单个神经元了,而是一种称为卷积核的算子。卷积核的数据形状一般小于被处理图片的形状,而且总是等边的,并且维度保持与原始图像数据一致。例如,图像的尺寸是 32×32,卷积核一般会使用 2×2、3×3 或者 4×4 的形状。图 4-8 演示了 2×2 和 3×3 的两种卷积核与图像数据进行卷积。和全连接网络不同,卷积核之间的连接不再是交叉互联,而是每一层的卷积核只和上一层自己相关的父卷积核相连。二维卷积网络的连接示意图如图 4-9 所示。

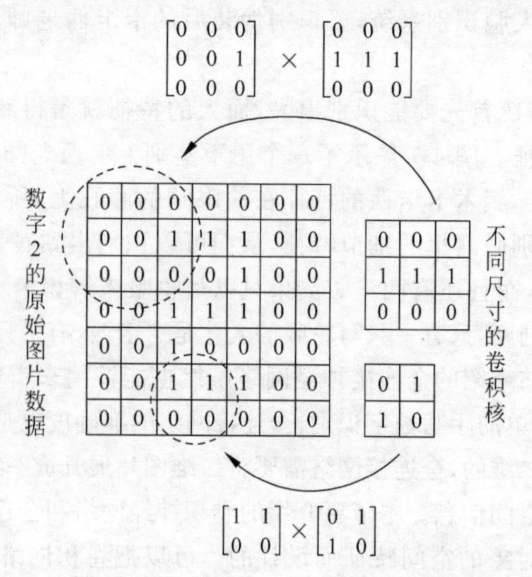

图 4-8 卷积核与二维图像进行卷积

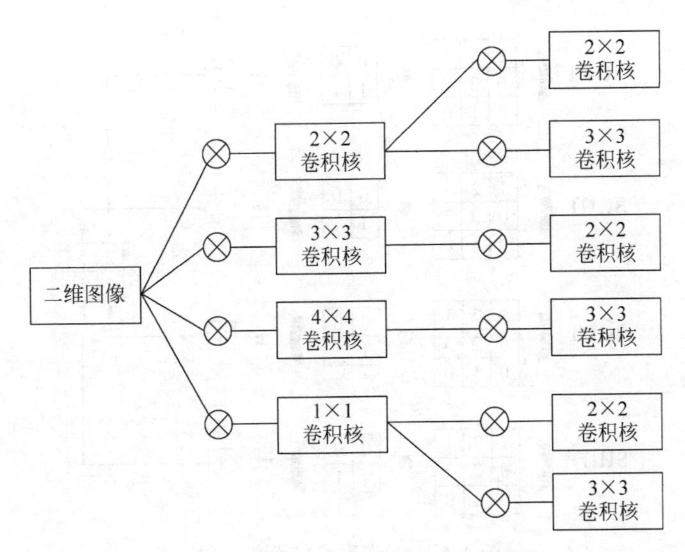

图 4-9　二维卷积网络的连接示意图

卷积的计算过程非常简单，分成两个过程。第一步是矩阵的内积乘法，用卷积核在被处理的图像内抽取与卷积核相同尺寸的数据进行内积。第二步把这些内积值进行相加得到一个数值作为卷积的结果。一般在做内积时，卷积核按照从左至右、从上到下的顺序从图像中取值和计算。既然卷积核在图像内滑动，就涉及一个参数，称为“滑动步长”。滑动步长是指卷积核每次内积前在图像内滑动的距离，图 4-10 演示了在两种不同的滑动步长下卷积核滑动一次的过程，大部分情况下为了最大限度地保留原始数据的信息，这个步长会取值为 1。

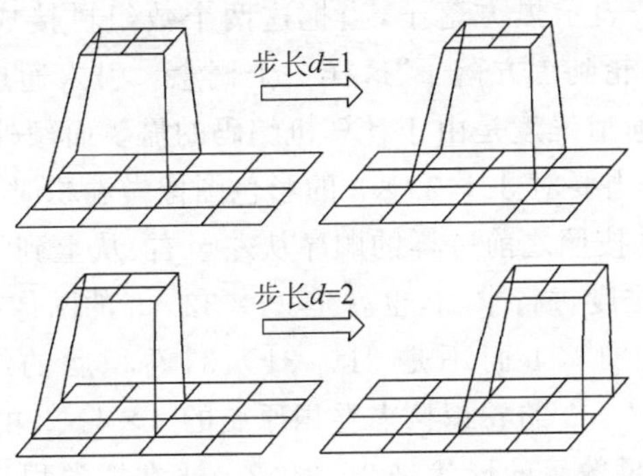

图 4-10　卷积核在不同步长下的滑动示意

假设有一张 3×3 的迷你图片，这里尝试用 2×2 的卷积核来对它进行卷积。图 4-11 演示了一次完整的卷积过程，其中，滑动步长取值为 1，卷积核的尺寸为 2×2，所以图片取值窗口也设置为 2×2 的大小。首先利用取值窗口取出迷你图片左上角 2×2 的数据与卷积核做内积，完成第一步后再对 2×2 的内积结果进行求和操作从而得到单次操作的标量值。由于滑动步长为 1，下次取值操作时取数窗口向右移 1 格，然后重复刚才的内积与求和的操作。两次卷积操作后，取值窗口到达了图片的最右端，下一次操作需要向下发展，由于滑动步长为 1，取值窗口向下移动一行，并回到最左边开始取值。4 次操作后，取值窗口到达了图片的右下角，一次完整的卷积操作结束。

众所周知，肉眼能看到的彩色世界是由红、绿和蓝三种基本颜色所构成的，这三种颜色无法再进行分解，人们称它们为光学三原色。计算机在为彩色图片编码时采用的就是三原

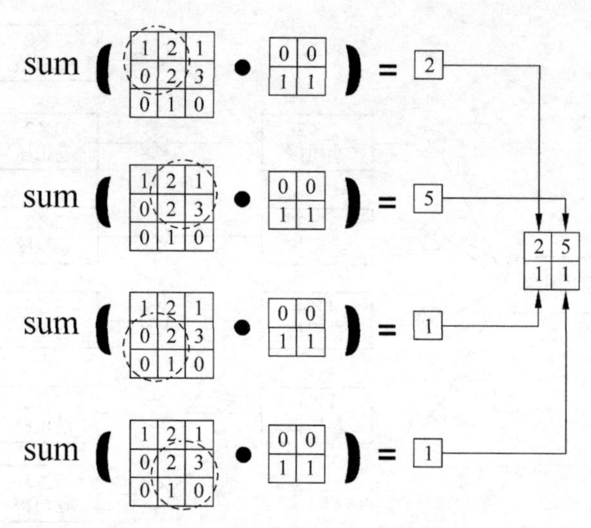

图 4-11　一次完整的卷积过程

色叠加原理。一张普通的彩色 32×32 大小的图片,实际上是由三组代表红、绿、蓝的 32×32 数据构成的。将 32×32 大小的图片数组化后,得到的是一个 32×32×3 的数组。在神经网络的计算机编码术语中,分别用字母 w、h 和 c 来表示图片的宽、高和通道。通道就是三原色基础颜色个数的一种专业称呼。如果删除了三原色中的红色,那么通道个数就变成了 2。当处理的不再是图像数据时,通道的概念就可以引申为一些其他的抽象概念。例如,对于围棋游戏,用一个 19×19 的数组来表示标准棋盘上的落子情况,再额外引入一个全为 1 的 19×19 大小的数组来表示黑方落子,当把这两个数组拼接成一个 19×19×2 的数组时,就可以表示"当前棋局轮到黑方落子"这样一个概念。引入通道概念的二维卷积看似好像处理的是三维数据,但通道维度是由于计算机编码的需要而额外引入的,它对要处理的对象维度并不会产生影响。当要对 32×32×3 的彩色图像做卷积时,原来 2×2 的卷积核也要相应地调整为 2×2×3,并按照之前一样的顺序从左至右、从上到下进行计算。需要注意一点,求和的时候也是对全维度进行求和,也就是 32×32×3 的图像在经过 2×2×3 的卷积核卷积后,结果尺寸是 31×31×1 而不是 31×31×3,卷积后的结果不再包含通道信息。图 4-12 演示了用两个 2×2×3 的卷积核去卷积原始的 4×4×3 的图像,分别得到两个 3×3×1 的数组,合并后即结果数组的形状是 3×3×2。通常把卷积核的个数看作是卷积操作后产生的新数据的通道数。

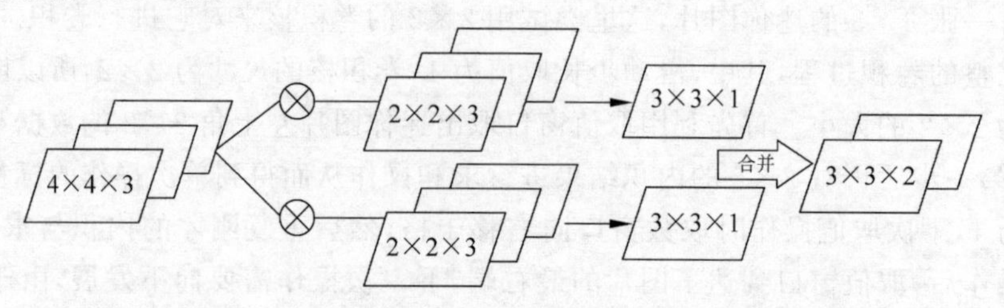

图 4-12　两个卷积核提取特征后得到一个双通道数据

细心的读者也许已经发现,图片在经过一次卷积操作后,与原图像相比,结果数据的尺寸发生了变化。如果要防止卷积后的尺寸变小,一种显而易见的方法就是当卷积核在边缘卷积时,把卷积核移出去一部分到原始图像的外面。图像外部由于没有数据,可以把扩张出去的图像边缘值设置为 0。这种操作一般称为零填充。当然，将边缘值直接向外复制也是可以的，具体填充什么值还是要根据实际应用来确定。图 4-13 演示了边缘填充的两种不同操作方法。

1	1	2	0	2	2
1	1	2	0	2	2
2	2	4	0	1	1
2	2	1	3	3	3
0	0	1	2	4	4
0	0	1	2	4	4

0	0	0	0	0	0
0	1	2	0	2	0
0	2	4	0	1	0
0	2	1	3	3	0
0	0	1	2	4	0
0	0	0	0	0	0

图 4-13　两种不同的边缘填充操作

在神经网络还没有流行起来的时候，采用核函数来进行图像处理就已经很普遍了，例如，利用边缘检测来识别图片中的建筑物。但是以前的核函数大多都是手工编辑的，带有强烈的主观性。例如，下面所示的三个卷积核就常被用来检测横线、竖线与斜线。

$$\begin{bmatrix} -1 & -1 \\ 1 & 1 \end{bmatrix} \begin{bmatrix} 1 & -1 \\ 1 & -1 \end{bmatrix} \begin{bmatrix} 1 & -1 \\ -1 & 1 \end{bmatrix}$$

图 4-14 演示了将一张图片分别用这三种手工编辑的卷积核进行图像卷积后的数据，演示代码可参考 MyGo\basics\conv_example.py，为了方便演示，这里把图像转成了灰度图，因为灰度图只有一个通道。经过卷积操作后，不同的卷积核检测出了不同的内容。通过组合不同卷积核检测出的特征就可以识别更加复杂的对象。显然，卷积后的内容其实也可以看作是一幅图片，因此可以对再后续继续进行卷积，从而识别出更加复杂的特征。

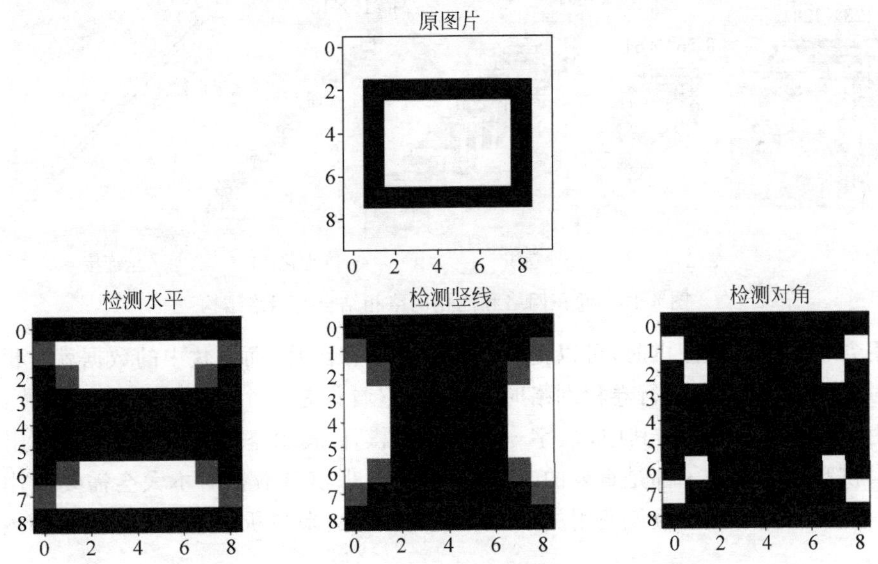

图 4-14　人工编辑的卷积核卷积后的数据

彩色的图像可以表现出物体更加丰富的细节，通常一样东西会有好多种色阶。例如，为了表现自然光线下的头发，头发的颜色一定是由浅入深的。而在识别图像时，总是希望算法能够捕捉到关键的细节，可是这种由浅入深的细节会使得系统识别出太多特征，仅以头发而言，这种特征是不需要的。为了获得关键信息，通常会在卷积之后加入一种称为“池化”的操作，这个名词直接翻译自英文单词 pool。池化操作比较简单，图 4-15 示例了一次完整的取最大值的池化过程，具体来说，池化就是选择一定大小的窗口，在图像里移动这个窗口并采样，然后对采集的数据进行某种运算后输出一个标量值，常见的运算操作可以是取极大(小)值或者取平均值。

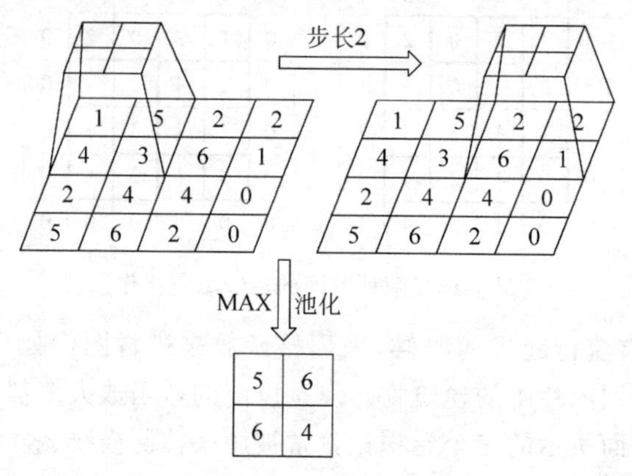

图 4-15　取最大值的池化过程

图 4-16 是一种常见的卷积与池化相结合的网络结构。通常在使用卷积网络做图像识别时，利用这种卷积核和池化的组合就足够了。普通图片里含有许多的冗余信息，池化和卷积操作都具备提取有效信息并去掉冗余信息的作用，不过利用卷积核的滑动步长来剔除冗余信息的同时也有可能抛弃了有用的信息，而池化过程是提取了图片中的主要信息，在提取效率上要更高一些。

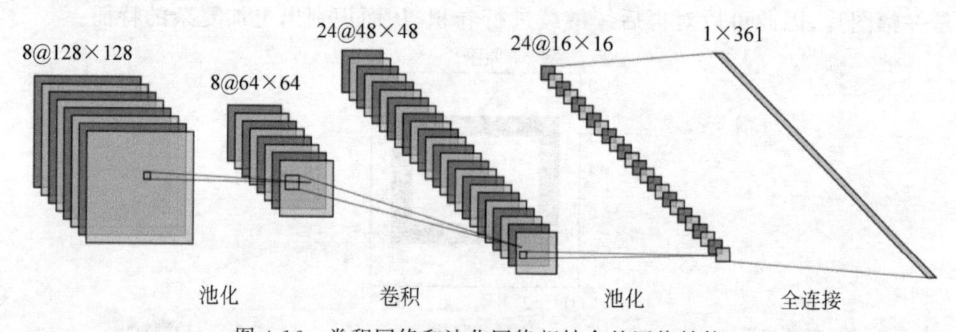

图 4-16　卷积网络和池化网络相结合的网络结构

在用卷积网络处理围棋时，可以把棋盘看作是一张图片，而图片中的数据就是棋子的颜色。在对标准 19 路棋盘进行卷积网络时，可以把它看作是一个 19×19×1 的图片，图片里的数据由－1，0 和 1 构成。其中，数字－1 表示白棋，0 表示空的点位，而黑棋就用 1 来表示。围棋棋盘上的每个子都是重要的，所以一般在处理棋盘数据时不太会需要使用池化操作，即便是使用池化，也只应该使用类似平均池化的方法来判断池化窗口尺寸范围内双方棋子的多寡。

卷积过程和池化过程都会缩小上一层数据的尺寸。为了方便未来使用编程语言编程(如 PyTorch)，需要利用尺寸变化公式来计算下一层数据的尺寸。以正方形的图像为例，经过一次卷积后的数据尺寸 N 为公式(4-7)：

$$N=\frac{W-F+2P}{S}+1 \tag{4-7}$$

其中，N 是输出数据的尺寸大小，W 是输入数据的尺寸，F 是卷积核的大小，P 是算法做填充时边界的大小，S 表示滑动步长的大小。假设有一个 32×32×3 尺寸的彩色图片，如果用 100 个 32×32×3 的卷积核对它做卷积，在不采用填充的情况下，按照上面的公式，会得到一个 1×1×100 的数据结构。通过这种操作就能将二维 32×32 的图片数据退化成了一个长度为 100 的一维数据。这也就是为什么在一开始的时候会说“在满足一定的条件下，卷积网络可以退化成全连接网络”的原因。

池化后的尺寸计算公式和卷积过程的公式一样，其中，F 代表的含义由卷积核的大小变为池化窗口的尺寸。

4.1.5 反向传播算法

视频讲解

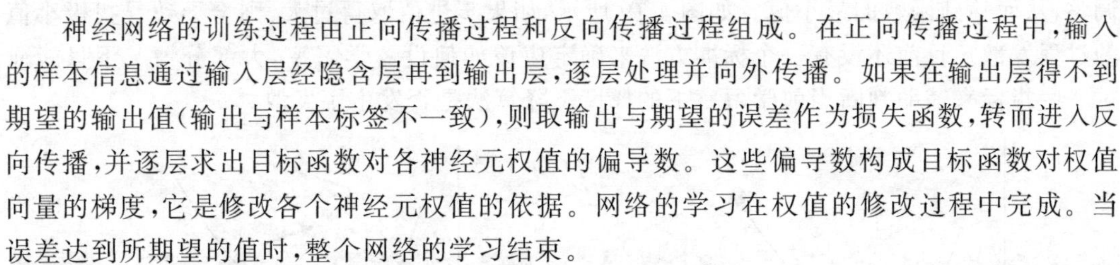

神经网络的训练过程由正向传播过程和反向传播过程组成。在正向传播过程中，输入的样本信息通过输入层经隐含层再到输出层，逐层处理并向外传播。如果在输出层得不到期望的输出值（输出与样本标签不一致），则取输出与期望的误差作为损失函数，转而进入反向传播，并逐层求出目标函数对各神经元权值的偏导数。这些偏导数构成目标函数对权值向量的梯度，它是修改各个神经元权值的依据。网络的学习在权值的修改过程中完成。当误差达到所期望的值时，整个网络的学习结束。

手工计算神经网络的反向传播是没有意义的，由于具有实际应用价值的神经网络规模是如此庞大，以至于脱离了强大的计算能力，这项技术就失去了实用的价值，这也是为什么直到最近几年人工神经网络才开始大规模普及的原因。反向传播的核心算法是梯度下降算法，这个算法也被称为最陡下降法。其思想是通过计算自变量的偏导数，并将自变量往因变量减小的方向移动，从而找到因变量的最小值。接着将着重介绍梯度下降算法，从而自然地引出反向传播。

1. 梯度下降法

数学上，一个函数在某一点的导数描述了这个函数在这一点附近的变化率。这个变化率指明了函数因变量向取得最大值变化最快的方向，这个最快方向被称为梯度。对于单调函数来说，根据定义，沿着这个梯度方向的反方向便可以达到最小值。如图 4-17 所示，要寻找函数的最小值，自变量就需要沿着梯度的反方向移动，才会使得因变量减小，这种沿着因变量减小的方向来移动自变量的方法就称作梯度下降法。

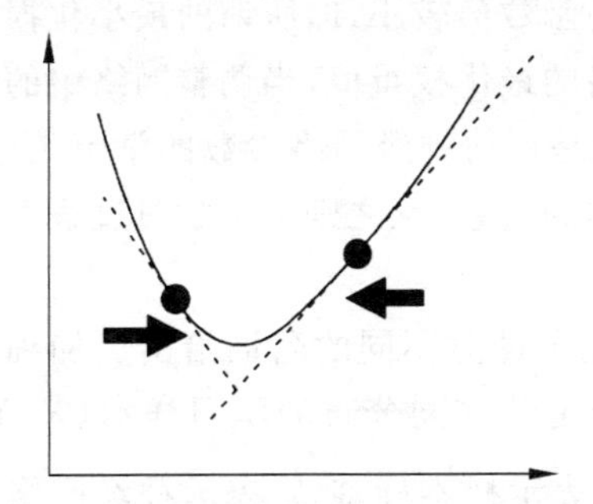

图 4-17 梯度下降总是沿着因变量减小的方向来移动自变量

通常在实际应用中，人们不太会关心被处理的函数是不是单调的，他们更关心是不是能够通过梯度下降法找到满足实际应用要求的解。也许有人会反驳说并不是所有的函数都具有导数，一个函数也不一定在所有的定义域内都有导数。对于神经网络而言，这不是一个很严重的问题，因为整个神经网络里的结构都是人为定义的，所以需要做梯度下降法的函数总是人为选取的，因此可以人为地避开那些无法求导的网络结构，或者使用可以连续求导的函数来逼近这些所谓的病态函数。

根据数学定义，导数实际上指出的是自变量在某一点附近无限趋近于零的邻域中取值并导致因变量变化的趋势。在梯度下降法中，通常会默认假设函数的因变量在一段比较长的邻域上都会保持这种变化趋势。如果函数的抖动十分剧烈，这种方法很容易失效，所幸实际应用场景中很少会遇到这种情况，只要选择合适的学习率，多尝试几次，大部分情况下都能找到令人满意的极值解。可以用称为学习率的变量来控制自变量在邻域中移动距离的尺度。学习率乘以自变量的偏导可以表示自变量调整的大小，这个乘积称为梯度下降的步进。自变量每次仅向最小值方向调整一个步进，之后再重新评估最小值的位置，周而往复，直至接近最小值。图 4-18 演示了一个合适步进是如何一步一步逼近最小值的。可以证明，对于可导函数，越接近极值点，导数将越小，如果学习率是固定的，产生的步进值也会越来越小，整个系统也将会逐渐收敛到最小值。一个合适的步进值能够使得自变量在合理的取值域上调整，从而达到函数的最小值。如图 4-19 所示，如果步进值取得过大，则会导致寻找极小值的过程发散。目前还没有一个标准方法来确定应该如何设置学习率，大部分情况下只能通过一些指标来辅助判断当前学习率下的梯度下降算法是否发生了发散。

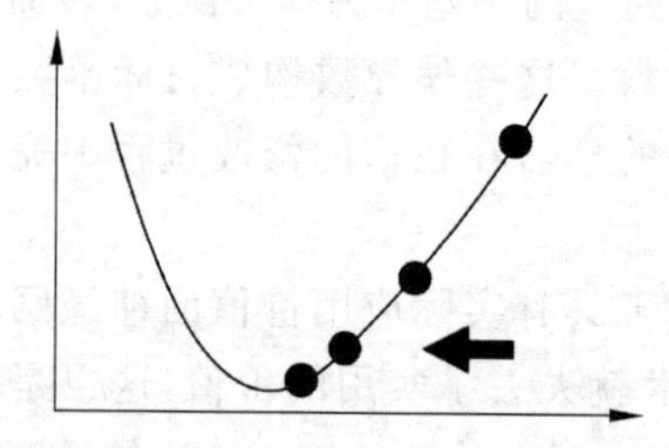

图 4-18　采用合适的步进逼近最小值

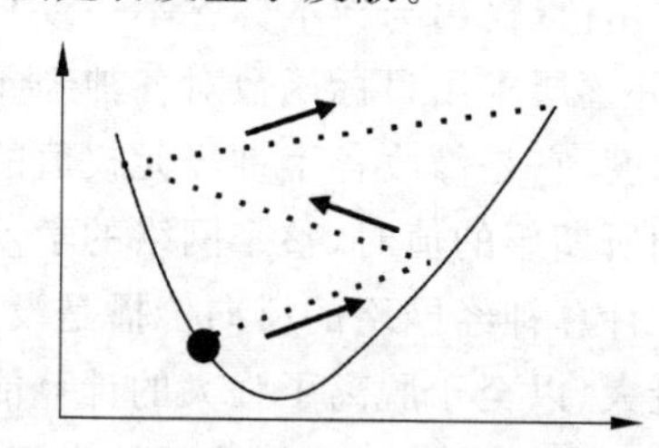

图 4-19　过大的步进会导致系统发散

2. 损失函数

损失函数是一个非负实值函数，它可以是一个帮助判断系统是否发散的工具，而且通常作为学习准则与优化问题相联系，用于衡量预测值与实际值的偏离程度。一般来说，在进行机器学习任务时，使用的每一个算法都有一个目标函数，算法便是针对这个目标函数进行优化，特别是在分类和回归任务中，通常都是使用损失函数作为其目标函数。机器学习的目标就是希望预测值与实际值偏离程度较小，也就是希望损失函数值较小，即所谓的最小化损失函数。最小化损失函数具备两个作用，一是求解神经网络的最优权重值，当调整网络中的参数使得损失函数达到最小时，便找到了系统的最优解；二是评估神经网络参数的学习效果，如果损失函数值在不断地收敛，便表示系统正在学习样本的信息，反之则表示学习过程发散了，需要人为介入对系统的参数进行调整。

损失函数有时也称为代价函数或误差函数，有人可能会针对不同的名词给出更加细致的区别，但是基本上它们是可以混用的。机器学习中，给定独立同分布的学习样本(X,Y)和神经网络结构$\hat{Y}=f(X,\omega)$，其中，X 表示学习样本，Y 表示样本标签，$\hat{Y}$ 表示神经网络对样本标签的估计，ω 表示神经网络的参数，损失函数被作为神经网络的输出和观测结果间概率分布差异的量化，数学公式表示为公式(4-8)，其本质上就是将损失函数定义为 $\hat{Y}-Y$ 上的一个范数，用 L 来表示，这个范数越小，模型的性能就越好。常见的损失函数有均方差和对数损失函数。

$$L(\hat{Y},Y)=\| f(X,\omega)-p(Y \mid X)\| \tag{4-8}$$

均方差损失函数常常被用来处理逻辑回归问题。假设回归模型对输出 Y 的估计是 $h_{\Theta}(x_i)$，数据量为 N，均方差损失函数用数学公式来表达见公式(4-9)：

$$L=\frac{1}{2N}\sum_{n=1}^{N}(y_i-h_{\Theta}(x_i))^2 \tag{4-9}$$

对数损失函数也称为对数似然损失，它是在概率估计上定义的，常被用于逻辑回归以及一些期望极大算法的变体。逻辑回归的输出范围为 0～1，通常用 $\log P_i$ 表示回归模型对输出的估计，它的数学表达式见公式(4-10)：

$$L=-\frac{1}{N}\sum_{n=1}^{N}(y_i\cdot\log P_i+(1-y_i)\cdot\log(1-P_i)) \tag{4-10}$$

对数损失函数有一个扩展应用称为交叉熵损失函数，数学表达式见公式(4-11)，其中，M 表示需要分类的总数量，y_{ic} 表示样本的真实类别，P_{ic} 表示对观测样本的估计。对数损失函数会限制输出在 0～1。对数损失函数一般应用在单输出的场景。如果是多输出，特别是在分类问题中，人们倾向于使用交叉熵损失函数。交叉熵损失函数的单个节点输出也被限制在了 0～1，而且所有输出节点的和总是等于 1 的。多输出场景下也可以使用对数损失函数，但是所有输出节点的总和并不能保证等于 1。可以认为交叉熵损失函数是在对数损失函数的基础上对输出节点做了归一化处理。本书后面在实现围棋智能程序的过程中基本上仅使用交叉熵损失函数作为神经网络训练的目标函数。

$$L=-\frac{1}{N}\sum_{i}\sum_{c=1}^{M}(y_{ic}\cdot\log(P_{ic})) \tag{4-11}$$

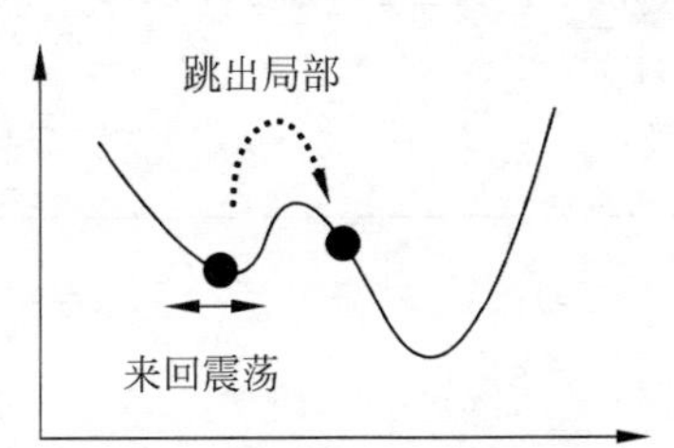

图 4-20 梯度下降算法容易陷入局部最小

如图 4-20 所示，如果把函数调整为具有多次起伏震荡的特性时，就会发现使用梯度下降算法很容易陷入一些极值点，从而得到的并不是整个系统的最优解。只有当系统是用凸函数来描述的时候，才可以保证梯度下降法的解是全局最优解。之前有提过，在实际应用中，人们不太会关心要处理的问题是不是完全满足梯度下降算法的要求，更多的是关心能不能够通过这种方法找到满足实际应用要求的解。有很多优秀的算法对梯度下降法进行了改进，改进的目的一是为了加快寻找最小值的过程，另外就是为了能够使得算法避免陷入驻点。这些算法还没有一个统一的观点能够指出孰优孰劣，在不同的情况下这些算法会有不同的性能表现。

3. 利用梯度下降法和损失函数实现线性回归

对于样本和标签的数据组合(X,Y)，尝试使用系统 $f(X,\theta)$来拟合，其中，只有 θ 是变量，X，Y 以及系统表达函数 f 都是已知的。根据前面的描述，梯度下降算法的过程可以归纳如下。

(1) 随机初始化系统 f 的参数 θ。

(2) 根据实际应用场景选择一个合适的损失函数 $L(\hat{Y},Y)$来评估系统预测与样本标签的差异量。

(3) 根据历史经验选择一个可能的学习率 lr。

(4) 根据历史经验尝试一个合理的迭代次数 n 并反复执行下列后续步骤 n 次。

(5) 使用参数 θ 计算系统 f 对输入 X 的输出估计。

(6) 计算损失函数的值 $L(\hat{Y},Y)$。这一步不是必需的,但是通过在迭代过程中观察这个值,可以知道模型在当前学习率 lr 下是收敛的还是发散的。

(7) 逐一计算参数的梯度 $\frac{\partial L}{\partial \theta_i}=\frac{\partial L}{\partial f}\times\frac{\partial f}{\partial \theta_i}$。

(8) 逐一计算参数 θ_i 的调整步进 $\mathrm{lr}\times\frac{\partial L}{\partial \theta_i}$。

(9) 逐一调整参数 $\theta_i=\theta_i-\mathrm{lr}\times\frac{\partial L}{\partial \theta_i}$。使用减法是因为梯度指向的是因变量增长的方向,而算法的目的是要寻找因变量的最小值,所以需要将参数 θ_i 的取值向梯度的反方向进行调整。

上述步骤中的核心是第(7)步关于梯度的计算。由于参数可能层层嵌套,为了方便计算微分值,还需要用到微积分中的链式法则原理。链式法则也是整个梯度下降算法中最核心和最复杂的部分。在实际应用中,计算机工程软件会自动完成这部分工作。读者如果对如何进行反向传播的细节感兴趣,可以阅读本书附录 C 中的相关部分。

下面将用一个实例来具体演示如何根据上面的梯度下降算法步骤来做数据的一阶线性回归。首先利用公式 $y=0.97x+0.55+\mu_n$ 生成一系列用于一阶线性回归的原始数据(X,Y),其中,μ_n 表示一个很小的随机噪声。这里尝试使用模型 $y=a\times x+b$ 来拟合这些数据。根据前面的步骤以及说明,这里选择均方差损失函数来求解这个模型。代码片段 4-1 演示了使用 Python 依据上述步骤来求得模型参数 a 和 b 的估计。

【代码片段 4-1】 估计线性函数的参数。

```
import numpy as np
np.random.seed(4)                                                 #1
x = np.arange(-1,1,0.1)                                           #2
y = 0.97 * x + 0.55 + np.random.random(size = (20,))/10           #2
a_hat = np.random.random()                                        #3
b_hat = np.random.random()                                        #3
lr = 0.1                                                          #3
iter = 200                                                        #4
for i in range(iter):                                             #4
    y_hat = a_hat * x + b_hat                                     #5
    Loss = np.sum((y_hat - y) * (y_hat - y))/(2 * x.shape[0])     #6
    if i % 10 == 0:                                               #6
        print('Loss = %f' % Loss)                                 #6
    pd_a = np.sum((y_hat - y) * x)/x.shape[0]                     #7
    pd_b = np.sum(y_hat - y)/x.shape[0]                           #7
    a_hat = a_hat - lr * pd_a                                     #8
    b_hat = b_hat - lr * pd_b                                     #8
```

【说明】

(1) 固定住 NumPy 的随机数种子,使得结果可复现。学会使用 NumPy 是利用 Python 处理数据的一个好习惯。

(2) 从原函数中等距抽样 20 个样本用于数据拟合。为了防止引入的随机变量对原函数系统的数据影响过大,将随机数降低了一个数量级。

(3) 使用随机数初始化待估计参数 $\hat{a}$ 和 $\hat{b}$，选择学习率为 0.1。根据经验来看，建议初始学习率设置为 0.001～0.1，而后根据情况适当调整。

(4) 设置程序迭代 200 次。

(5) 计算模型的输出估计，这一步主要是为了方便后面计算参数的梯度。

(6) 计算损失函数，并且每迭代 10 次输出一次损失函数的值，通过观察这个值的变化，就能判断梯度下降算法有没有发散，如果发散了，需要适当调整学习率 lr。

(7) 计算损失函数对估计参数的偏导数。将回归模型 $y=a\times x+b$ 代入均方误差的公式，可以得到 $\frac{\partial L}{\partial a}=\frac{1}{20}\sum(\hat{y}_i-y_i)x_i$。

(8) 计算参数 $\hat{a}$ 和 $\hat{b}$ 的步进值，并更新参数。

执行代码可以发现，大约迭代 180 次后，损失函数的值基本上就固定在 0.000 604 上了。下面是代码的执行结果。

```
Loss = 0.144828   Loss = 0.032735   Loss = 0.011993   Loss = 0.005808   Loss = 0.003185
Loss = 0.001911   Loss = 0.001269   Loss = 0.000943   Loss = 0.000777   Loss = 0.000692
Loss = 0.000649   Loss = 0.000627   Loss = 0.000616   Loss = 0.000610   Loss = 0.000607
Loss = 0.000606   Loss = 0.000605   Loss = 0.000604   Loss = 0.000604   Loss = 0.000604
```

利用代码片段 4-2 将 a、b 和对它们的估计 $\hat{a}$，$\hat{b}$ 打印出来，可以看出整个拟合过程是相当成功的。

$$a=0.97,\quad b=0.55,\quad \text{a\_hat}=0.96,\quad \text{b\_hat}=0.60$$

这里估计值和真实值之间的差距是由于在之前公式中引入了噪声所导致的，读者如果去掉原函数中的噪声，那么将会得到近乎完美的估计结果。

【代码片段 4-2】 打印估计的结果。

```
print('a = %.2f,b = %.2f,a_hat = %.2f,b_hat = %.2f' % (a,b,a_hat,b_hat))
```

为了能够有直观的感受，可以使用下面的代码来观察一下拟合系统在坐标上的实际效果。

【代码片段 4-3】 线性回归的结果演示。

```
import matplotlib.pyplot as plt
plt.rcParams['font.sans-serif'] = ['SimHei']
plt.rcParams['axes.unicode_minus'] = False
plt.figure(figsize = (10,10))
font = {
'size'  : 20,
}
y_hat = a_hat * x + b_hat
y_o = a * x + b
l1 = plt.plot(x,y,'r-',label = '含噪数据')
l2 = plt.plot(x,y_hat,'g-',label = '拟合数据')
l3 = plt.plot(x,y_o,'y-',label = '去噪数据')
plt.plot(x,y,'ro-',x,y_hat,'g+-',x,y_o,'y^-')
plt.title('梯度下降法计算线性回归',font)
plt.xlabel('x',font)
```

```
plt.ylabel('y',font)
plt.legend()
plt.show()
```

图 4-21 展示了线性回归的结果，通过这个图可以看出，梯度下降算法计算得到的线性系统可以比不含噪声的原函数更好地预测含有噪声的数据。

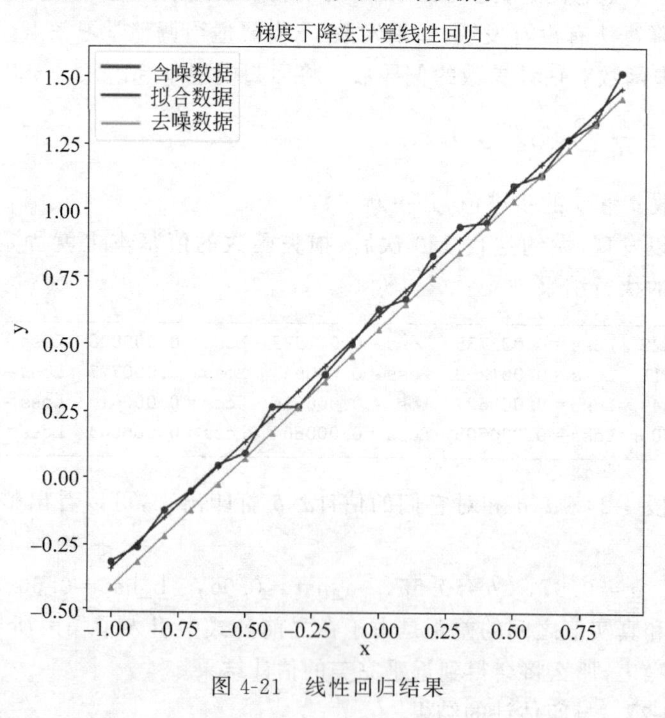

图 4-21　线性回归结果

4. 利用反向传播计算神经网络的权重

神经网络的反向传播算法和上面提到的梯度下降算法本质上是一样的。只是神经网络由于参与计算的节点太多，手工计算很容易出错，必须借助计算机工程软件才能将其应用到实践中。如图 4-22 所示，可以认为在寻找神经网络最优解的时候，损失函数和神经网络是连接在一起的，通过损失函数作为媒介，逐级逆向求解神经网络内各层参数的梯度并更新，当网络进行预测时再将损失函数拆走。由于神经网络是由多级神经元层拼接组成的，计算各个参数的梯度时从损失函数开始通过输出层向输入层的方向逐级更新，这个顺序与计算系统预测输出的过程相反，反向传播也由此得名。

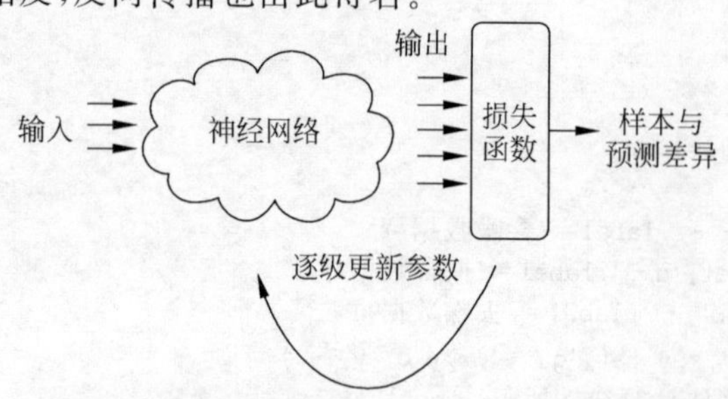

图 4-22　使用反向传播时可将损失函数和神经网络看作是一体的

理论上，神经网络可以拟合任意函数。下面将用神经网络来计算线性回归中 $\hat{a}$ 和 $\hat{b}$ 的值。通过比较就会发现，使用神经网络的方法和使用传统的手工计算梯度的方法没有什么本质上的差别。这个问题比较简单，如图 4-23 所示，只采用含有一个神经元的神经网络。由于是线性问题，也没有必要使用激活函数。根据神经元的数学定义，神经元的输入端突触权重和偏置权重就正好是需要计算的 $\hat{a}$ 和 $\hat{b}$ 值。

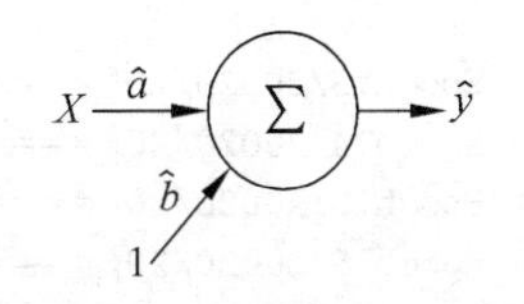

图 4-23　单个神经元组成的神经网络

代码片段 4-4 演示了具体的实现方法，其中使用了 Keras 工具库，如果读者对 Keras 不熟悉，附录 A 中有专门的 Keras 入门以供参考。

【代码片段 4-4】　用神经网络来做线性回归。

```
import numpy as np                                          #1
np.random.seed(4)                                           #1
a = round(np.random.random(),2)                             #1
b = round(np.random.random(),2)                             #1
x = np.arange( - 1,1,0.1)                                   #1
y = a * x + b + np.random.random(size = (20,))/10           #1
import tensorflow as tf                                     #2
from tensorflow import keras                                #2
tf.random.set_seed(0)                                       #3
def model():                                                #4
    inp = keras.layers.Input(shape = 1)
    outp = keras.layers.Dense(1,name = 'Dense_1')(inp)
    return keras.models.Model(inputs = inp, outputs = outp)
model = model()                                             #4
model.compile(optimizer = keras.optimizers.SGD(learning_rate = 1e - 1),      #5
              loss = keras.losses.MeanSquaredError())                        #6
model.fit(x, y, epochs = 200)                                                #7
a_hat,b_hat = model.get_layer('Dense_1').get_weights()                       #8
print("a_hat = %.2f,b_hat = %.2f" % (a_hat[0][0],b_hat[0]))                  #8
```

【说明】

(1) 生成用来回归的带噪数据。

(2) 调用 TensorFlow 及其子库 Keras。

(3) 固定住 TensorFlow 的随机数种子，使得结果可重现。

(4) 定义单个神经元的神经网络结构。这里没有显式地初始化网络的各个参数，Keras 工具会自动进行网络参数的初始化。

(5) 设置系统利用梯度下降法对神经网络的参数进行求导，并将学习率设置为 0.1。

(6) 采用均方差函数作为估计与样本标签之间误差评估的损失函数。

(7) 将样本和样本标签带入软件的 fit()方法中，指定软件按照反向传播的算法自动迭代并更新参数 200 次。

(8) 神经元的输入端突触和偏置的权重就是需要估计的参数 $\hat{a}$ 和 $\hat{b}$。

执行代码得到的输出如下：

```
…
Epoch73/20020/20[ ================================= ] - 0s150us/sample - loss:0.0013
Epoch74/20020/20[ ================================= ] - 0s100us/sample - loss:0.0013
Epoch75/20020/20[ ================================= ] - 0s100us/sample - loss:0.0012
Epoch76/20020/20[ ================================= ] - 0s100us/sample - loss:0.0012
Epoch77/20020/20[ ================================= ] - 0s150us/sample - loss:0.0012
Epoch78/20020/20[ ================================= ] - 0s300us/sample - loss:0.0012
…
a_hat = 0.96,b_hat = 0.60
```

由上面的数据可见，利用神经网络得到的估计值和利用传统算法得到的估计值是一模一样的。由于手工定义的均方误差比软件中定义的均方误差多乘了 1/2 的系数，所以这里展示的损失函数值是 0.0012，将其除以 2 就是先前手工计算时得到的 0.0006。之所以手工定义时多乘了 1/2，是为了在求导数时省去系数的计算，这种略带技巧性的处理并不会影响系统的最终结果。

视频讲解

4.1.6 小批量训练法

机器学习所要面对的实际问题大多都需要处理海量的学习数据。由于计算机内存限制，绝大多数情况下一次性将所有数据载入内存进行训练是不现实的。很自然地，将一个大数据分割成多个小数据包逐个进行系统学习训练就成了必然的选择。

例如，如图 4-24 所示的平面二分类问题，当小批量的数据分布和全量数据的分布一致时，训练得到的分割线和实际期望是非常接近的。不过即便是满足这一条件，提取的小批量数据也不能太少。极端情况下如果仅取正反数据各一个的话，分割线就可以是任意的，这样分类系统无法通过训练数据学到任何有用的信息。如果小批量的取值数据与实际全量训练数据分布不一致，小批量训练得到的结果就有可能与实际情况完全相反。通常采用随机采样就足以保证数据分布的一致性。对于简单问题，如图 4-25 所示，如果小批量中的数据分布足够好，且拆分的数据包也足够多，可能只需要进行一次训练就能够得到满意的分类曲线，这个效果就和全量数据进行多轮训练是一样的。所以采用小批量的训练方式是一种非常简单而且高效的技巧，它解决了大数据无法一次性全量载入系统内存进行计算的问题。由于每次训练的数据量小，小批量训练法还可以减少系统的计算量，使得整个训练过程可以更快地收敛到期望的结果。在后面关于多层感知器的应用示例中可以看到如何在代码中指定采用小批量训练的方法。

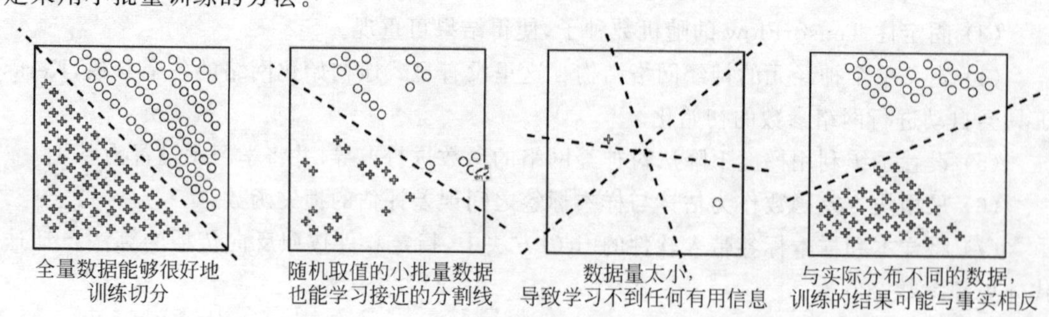

图 4-24　小批量数据训练处理二分类问题

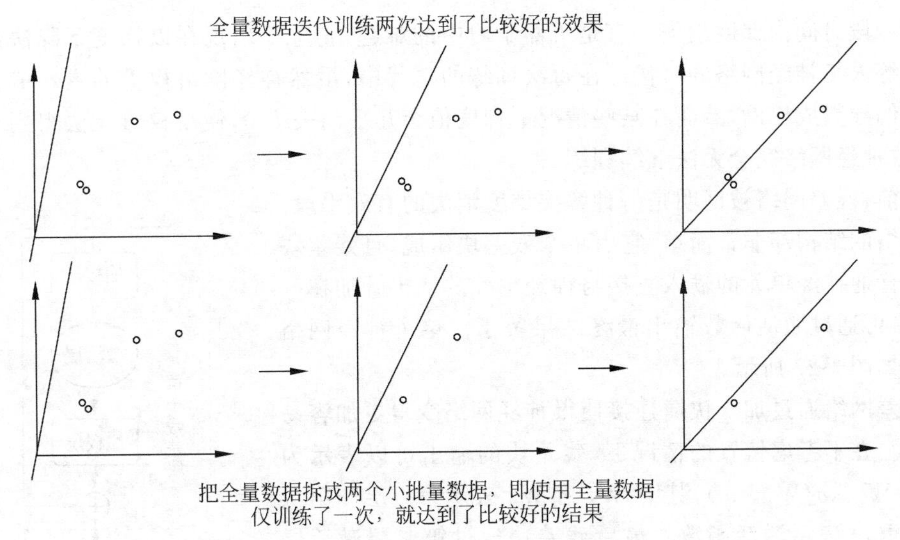

图 4-25 采用小批量训练达到了和全量数据训练一样的效果

4.1.7 残差网络

视频讲解

通常把包含多个隐藏层的神经网络称为深度神经网络。多层次的神经网络可以实现对观测值的多层次抽象。不同的层数和单层的规模可用于不同程度的抽象。高层次的概念从低层次的概念中学习得到,并从中选取有助于机器学习的有效特征。图 4-26 展示了在一个二分类问题中,不同层的神经网络学习到的抽象内容。

图 4-26 不同层的神经网络学习到的抽象内容

从图 4-26 可以看出,在最终分类结果实现之前,每一层的隐藏层都学习到了一部分分类特征,且越是靠近输出层的隐藏层学习到的特征越是具体。显然,更多隐藏层的神经网络能够为模型提供更高的抽象层次,但是如果仅仅是简单地进行训练,这种深度神经网络可能会存在很多问题。梯度消失就是其中之一,它是由赛普·霍克赖特于 1991 年首次提出的。

在很长一段时间内梯度消失一直是机器学习中的难题，它主要出现在以梯度下降法和反向传播训练人工神经网络的时候。在每次训练的迭代中，虽然神经网络权重的更新值与误差函数的偏导数成比例，然而在某些情况下梯度值会几乎消失为0，使得权重无法得到有效更新，导致神经网络完全无法继续训练。

目前，残差网络被证明是一种解决梯度消失的有效手段。残差网络的结构却非常简单，它由单个残差块组成，且残差块只是将普通神经单元的输入直接与神经单元的输出叠加在一起，然后再通过激活函数输出最终结果罢了。单个神经网络残差块如图4-27所示。

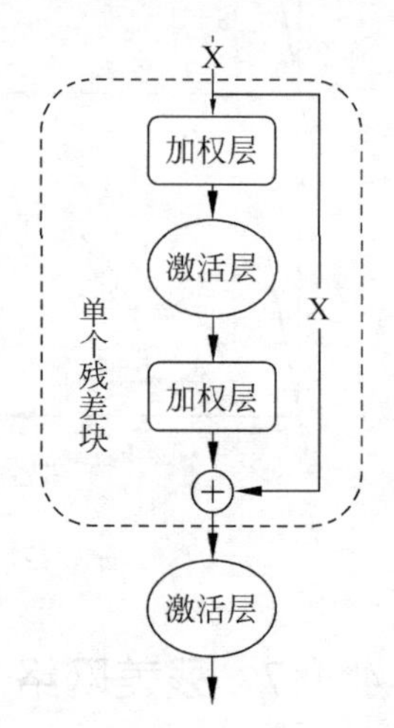

图4-27　单个神经网络残差块

残差网络通过加入快捷连接使得神经网络变得更加容易被优化。在不考虑偏置的情况下，残差块的输出可以表示为$F(x)=W_2\cdot\sigma(W_1\cdot x)$，其中，$W_1$和$W_2$表示第一层和第二层的权重，$\sigma$表示激活函数。最后残差块通过第二层激活层的输出等于$\sigma(F(x)+x)$。

如果去掉快捷连接，残差块就是一个普通的双层网络而已。它通过增加快捷连接，使得梯度在反向传播时无须通过那些被绕过的网络结构即可直接向后传播。这种操作相当于在网络的浅层处添加了与其并列的网络结构，即便网络深度增加，其训练误差也不会高于原来的浅层网络。图4-28演示了在实际应用中，为了增加网络的深度常常采用多个残差块相互串联的技术。读者在掌握了该技术后，可以尝试在围棋智能程序的网络模型中采用这种结构，它可以轻易地将神经网络的深度做到100层以上。

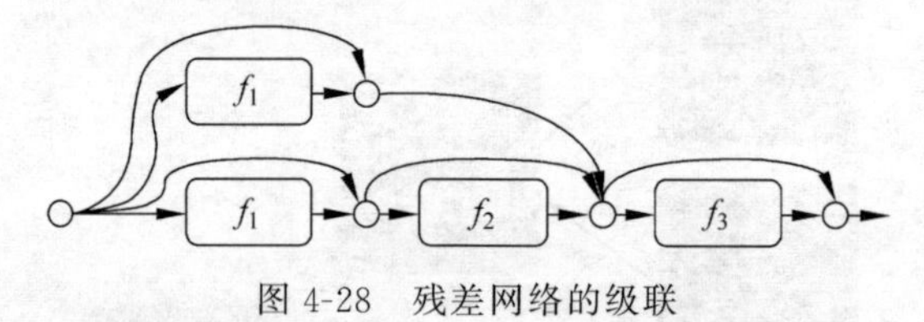

图4-28　残差网络的级联

在编程实现上，工程软件没有提供现成的残差模块。这也是可以理解的，因为软件无法知道快捷连接到底想连到哪一层上，所以需要手工编写残差网络模块。代码片段4-5是使用Keras来实现单个残差块的一个示例，读者可以根据自己的实际情况和需要来调整其中的细节部分。

【代码片段4-5】　手工编写残差网络。

```
from tensorflow import keras
def Res_Block(inp):
    x = keras.layers.Dense(64,activation = 'relu')(inp)
    x = keras.layers.Dense(64,activation = 'relu')(x)
    x = add([x, inp])
    return x
def model():
    inp = ...
    x = Res_Block(inp)
    x = Res_Block(x)
```

```
    ...
    outp = ...
    return keras.models.Model(inputs = inp, outputs = outp)
model = model()
```

4.1.8 多层感知器的应用示例

视频讲解

下面将使用多层感知器来模拟数据分割线是正弦函数的情况。正弦函数是一个非线性函数，使用神经网络来拟合可以达到非常好的效果。假设有如图4-29所示的采用正弦函数进行数据分割的分类系统，它在坐标[0,0]到[1,1]所围成的矩形区域内随机挑选一些点，如果这些点的纵坐标 y 值大于 $\sin(x)$ 的值时系统就输出1，否则输出0。

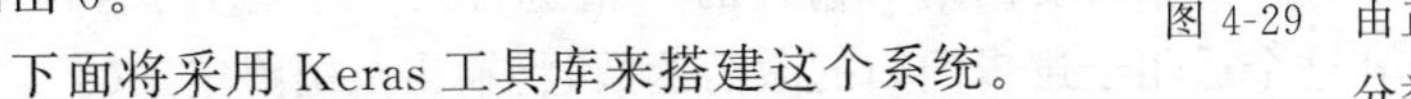

图4-29 由正弦函数进行数据分割的分类系统

下面将采用Keras工具库来搭建这个系统。

1. 手工生成训练集和测试集

由于手头没有现成的数据，首先，需要利用代码片段4-6来手工生成训练集和测试集。

【代码片段4-6】 生成训练集和测试集。

```
import numpy as np
import tensorflow as tf
from tensorflow import keras
np.random.seed(0)                        #1
tf.random.set_seed(0)                    #1
samples = 25000                          #2
x = np.random.rand(samples,2)            #3
bases = np.sin(x[:,0])                   #4
y = x[:,1]> bases                        #5
y = np.ones((samples,)) * y              #5
x_train = x[:5000,:]                     #6
y_train = y[:5000]                       #6
x_test = x[5000:,:]                      #6
y_test = y[5000:]                        #6
```

【说明】

(1) 为了方便读者重现，固定住NumPy和Keras的随机数生成结果。

(2) samples表示矩形范围内采样数据量的大小。

(3) 在[0,1)的取值范围内，随机在坐标平面上产生训练样本，格式为(x,y)。

(4) 计算 $\sin(x)$ 的值。

(5) 将样本的 y 值与 $\sin(x)$ 的值做比较，大于的设置为1，小于的设置为0，并产生样本标签。

(6) 从数据集中分别取出5000个采样数据作为训练集，剩下的数据作为测试集。

2. 构建一个简单的全连接网络

做完准备工作后，利用代码片段4-7来构建一个简单的全连接网络。

【代码片段 4-7】 定义一个简单的全连接网络。

```
def model():
    inp = keras.layers.Input(shape = 2)                          #1
    x = keras.layers.Dense(64,activation = 'relu')(inp)          #2
    x = keras.layers.Dense(128,activation = 'relu')(x)           #2
    x = keras.layers.Dense(8,activation = 'relu')(x)             #2
    outp = keras.layers.Dense(1,activation = 'sigmoid')(x)       #3
    return keras.models.Model(inputs = inp, outputs = outp)
model = model()
```

【说明】

(1) 网络采用两个输入节点分别对应坐标图上的 x 和 y 坐标。

(2) 采用 3 层隐藏层,分别由 64、128 和 8 个神经元组成,所有神经元都使用 ReLU 激活函数。

(3) 输出层就只有一个节点,由于需要网络对输入的 y 值进行大于还是小于 $\sin(x)$的逻辑判断,因此采用 sigmoid 这个适用于逻辑回归的激活函数,将输出范围限定于(0,1)。

3. 数据学习

利用代码片段 4-8 来实现数据学习。

【代码片段 4-8】 模型编译与学习。

```
model.compile(optimizer = keras.optimizers.SGD(learning_rate = 1e-1),
              loss = keras.losses.BinaryCrossentropy(from_logits = True),
              metrics = ['accuracy'])                             #1
model.fit(x_train, y_train, epochs = 500, batch_size = 128)      #2
loss, acc = model.evaluate(x_test,y_test)                        #3
print("loss: %f" % loss)
print("acc: %f" % acc)
```

【说明】

(1) 对模型的训练过程进行参数配置。利用最普通的梯度下降法来实现反向传播算法。由于采用了逻辑回归的激活函数,损失函数选用二进制交叉熵函数。

(2) 利用程序自己生成的样本和对应的标签提供给模型进行训练。这里采用小批量方式进行训练,每次使用 128 个数据进行训练,并且将全量数据循环使用 500 次。

(3) 训练完成后使用测试集对模型的泛化能力进行评估。

调用 fit()方法后,通过观察网络训练后的输出,训练集上的拟合度高达 99.46%。由于数据是根据数学公式手工造的,没有引入噪声数据,因此不存在过拟合的情况。下面是程序的执行过程。

```
Epoch495/5005000/5000[==============================] - 0s13us/sample -
loss:0.4911 - accuracy:0.9966
Epoch496/5005000/5000[==============================] - 0s13us/sample -
loss:0.4915 - accuracy:0.9948
Epoch497/5005000/5000[==============================] - 0s13us/sample -
loss:0.4913 - accuracy:0.9956
Epoch498/5005000/5000[==============================] - 0s14us/sample -
loss:0.4920 - accuracy:0.9932
```

```
Epoch499/5005000/5000[ ================================ ] - 0s13us/sample -
loss:0.4915 - accuracy:0.9952
Epoch500/5005000/5000[ ================================ ] - 0s13us/sample -
loss:0.4914 - accuracy:0.9946
```

训练完成后通过调用 evaluate()方法在测试集上进行评估可以观察到神经网络的泛化预测精度可以达到99.32%。

```
20000/20000[ ===================== ] - 1s38us/sample - loss:0.4899 - accuracy:0.9932
loss:0.489899
acc:0.993200
```

读者可以自行调整程序,通过观察预测失败的数据在坐标图上的分布就会发现判断错误的数据位置都集中在分割线附近。这是因为神经网络的数学表达式毕竟不是正弦函数,网络只能根据输入的数据去判断最佳的分割线,这条线并不是正弦的,只是网络根据输入数据去尽力拟合,由此可以得出结论:如果待解决问题的数学模型是非线性的,单纯想要通过神经网络算法达到100%的准确率是不现实的,但是在合理的范围内可以不断地逼近100%的准确度。在 $\sin(x)$ 这个问题上,训练和测试集的误差其实就是拟合误差导致的。

另外,训练出的神经网络只能处理取值范围在坐标[0,0]到[1,1]所围成的矩形区域内的数据,当输入数据超出这个范围时,网络的预测能力就会变差,甚至差到完全无法使用的地步。在当前的这个例子中,因为训练集和测试集都采样自相同分布,所以预测精度较高。想要通过机器学习来获取理想的分类效果,训练用的数据和预测的数据就必须来自于相同的数据分布。用一个通俗的类比来说,当一个只见过猫的人见到一只小花豹时,这个人也只会把豹子当作某个品种的猫来分类罢了。人类无法将某个领域的专业知识迁移到另一个不同的领域,这一点对于机器学习来说也是一样的。

4.1.9 卷积网络对图片进行多分类的应用示例

MNIST 数据集大概是全世界被用来作为图像分类识别示例最多的手写数字图片集合了,很多与图像识别相关的教材都会对它"下手",它几乎已经成为一个业界的典范。MNIST 数据集由来自250个不同的人手写数字(0~9)图片构成,这些数字均经过尺寸标准化并位于图像中心。每张图片由28×28=784个像素点构成,像素的取值为0~1。简单起见,每个图像都被平展并转换成784个特征的一维 NumPy 数组。MNIST 数据集被分成两部分,包含60 000个用于训练的示例和10 000个用于测试的示例,总数据量大约为18MB。本节将训练一个机器学习模型来预测 MNIST 图片里面的数字。下面的代码均来自 Keras 的卷积网络示例代码,读者可以直接在官网上下载源代码。

首先利用代码片段4-9装载必要的工具库。

【代码片段 4-9】 装载工具库。

```
import numpy as np
from tensorflow import keras
from tensorflow.keras import layers
```

接着再利用代码片段4-10把 MNIST 数据集装载到变量中以备后续调用。

【代码片段 4-10】 装载样本和标签。

```
num_classes = 10                                                        #1
input_shape = (28, 28, 1)                                               #2
(x_train, y_train), (x_test, y_test) = keras.datasets.mnist.load_data() #3
x_train = x_train.astype("float32") / 255                               #4
x_test = x_test.astype("float32") / 255                                 #4
x_train = np.expand_dims(x_train, -1)                                   #5
x_test = np.expand_dims(x_test, -1)                                     #5
y_train = keras.utils.to_categorical(y_train, num_classes)              #6
y_test = keras.utils.to_categorical(y_test, num_classes)                #6
```

【说明】

(1) MNIST 数据集一共包含 0～9 这 10 个数字分类。

(2) 单个图片的格式,包含 28×28 像素,且仅有一个颜色通道。

(3) 装载训练集和测试集的样本与标签。

(4) 对图片输入值进行预处理,将 0～255 的像素值转换为 0.0～1.0 的实数,这个处理可以让不同的像素特征保持在一个数量级上,使其相互具有可比较性。根据凸优化理论,神经网络各层权重以及输入输出都在一个数量级上(0.0～1.0)使得网络的训练更加容易收敛,而且训练后更加容易取得好的泛化效果,这种数据标准化的操作是数据预处理的常见手段。

(5) 由于 MNIST 数据本身没有包含通道信息,而 Keras 的卷积网络模块需要知道二维数据的通道数,因此为输入信息额外扩展一个通道信息维度。

(6) 对标签信息进行 One-Hot 编码。MNIST 数据的标签是 0～9。但是在分类问题中,神经网络的输出层通常是有多少个分类对应多少输出神经元。One-Hot 编码的作用就是把 0～9 这些数字映射到对应的 10 个神经元上去。例如,数字 0 映射到输出层是 1000000000,数字 5 映射到输出层是 0000010000,数字 9 映射到输出层是 0000000001。

初始化数据集后,接着用代码片段 4-11 继续定义神经网络结构。这里采用了卷积网络加全连接网络的架构,这也是一个通用的模式,卷积网络用于特征提取而全连接网络用于逻辑判断。

【代码片段 4-11】 定义神经网络结构。

```
model = keras.Sequential(
    [
        keras.Input(shape = input_shape),                                  #1
        layers.Conv2D(32, kernel_size = (3, 3), activation = "relu"),      #2
        layers.MaxPooling2D(pool_size = (2, 2)),
        layers.Conv2D(64, kernel_size = (3, 3), activation = "relu"),
        layers.MaxPooling2D(pool_size = (2, 2)),
        layers.Flatten(),                                                  #3
        layers.Dropout(0.5),                                               #4
        layers.Dense(num_classes, activation = "softmax"),                 #5
    ]
)
```

【说明】

(1) 卷积网络的输入数据为图片的格式,这里是宽 28、高 28、通道数为 1 的图片。

(2) Conv2D 表示二维卷积层,该层有 32 个卷积核,卷积核尺寸是 3×3,采用 ReLU 作为激活函数。

(3) 卷积网络提取完特征后通过 Flatten 层将高维结构平展为一维结构。全连接网络只能接收一维数据作为输入。

(4) 采用随机丢弃算法来避免网络过拟合。关于什么是过拟合会在本章后半部分进行介绍。

(5) 使用仅有一层的全连接网络,由于输出分类共 10 类,于是用 10 个神经元作为输出层,分类问题通常采用 softmax 函数作为激活函数。

代码片段 4-12 是常规流程,设置损失函数和反向传播使用的优化算法,最后对输入样本和标签进行小批量训练。

【代码片段 4-12】 编译模型并学习。

```
batch_size = 128                                         #1
epochs = 15                                              #1
model.compile(loss = "categorical_crossentropy",
    optimizer = "adam", metrics = ["accuracy"])          #2
model.fit(x_train, y_train, batch_size = batch_size,
    epochs = epochs, validation_split = 0.1)             #3
```

【说明】

(1) 设置 128 个样本为一个小批量,总数据循环训练 15 次。

(2) 使用多分类损失函数,并使用 adam 这个梯度下降的优化算法。

(3) 这里采用了将训练集切割出 10%用作每次训练后的内部验证,这个做法能够在每一次训练后都比较客观地评估训练效果。

利用代码片段 4-13 可对学习结果进行评估,从而可以知道网络模型到底有没有能够学习到数据的特征。

【代码片段 4-13】 对学习结果进行评估。

```
score = model.evaluate(x_test, y_test, verbose = 0)
```

【说明】

用测试集对模型的训练结果进行评估。该模型的精度基本可以保持在 99%左右,这个准确率已经和人类处理该数据的水平相当了。

4.2 优化神经网络

假设你正在创建一家旨在为多家围棋教育机构提供训练程序的初创公司,你的团队打算应用神经网络技术来构建一个超越人类水平的围棋智能程序,并期望通过该智能程序来提供可以与人类棋手进行围棋对弈的在线软件。但是目前情况很不乐观,你的团队设计的学习算法并不够好,智能程序的水平也仅仅是比随机下法强那么一丁点,连一些刚入门的初级选手也无法击败。为了改进这个程序,你正面临着巨大的压力。可你该怎么做呢?

你的团队给出了许多建议,例如:

(1) 获取更多的数据,即收集更多的围棋对局用来提供给机器训练时使用。

(2) 收集更加多样化的训练数据集，如开局就落天元的下法在人类对局中并不会出现，但是人类与机器对战时可能就会主动下出这些非常规落子以扰乱程序。

(3) 通过增加梯度下降的迭代次数，使算法训练得更久一些。

(4) 尝试使用一个拥有更多层/更多隐藏神经元/更多参数的、规模更大的神经网络；尝试一个更小的神经网络。

(5) 尝试加入正则化(如 L2 正则化)。

(6) 改变神经网络的架构(激活函数、神经元连接方式等)。

……

在上面众多的方向中，如果你做出了正确的选择，就可以建立起一个效果领先的围棋智能程序，并带领你的公司取得成功。但如果你选择了一个糟糕的方向，则可能因此浪费掉好几个月的时间。那么你该如何做出决定呢？

下面将通过列出核心的调优方法来告诉读者应该怎么做。众多的机器学习问题会留下一些线索，表明什么样的尝试有用，什么样的没用。而学会解读这些线索将会节省开发者几个月甚至几年的开发时间。

4.2.1 训练集、验证集、测试集以及交叉验证

由于神经网络中可人工调整的参数太多，有一个能够量化评估不同神经网络结构下应用可靠性的指标就显得格外重要。为了实现这个目的，通常会把手头的数据划分成三块，分别是训练集、验证集和测试集。训练集，顾名思义就是指提供给神经网络学习用的数据样本。验证集是用来验证不同的神经网络参数下各自学习效果的数据集。在比较各个不同参数神经网络在验证集的表现后，一旦确定好采用哪种神经网络架构，最后一步就用测试集来评估被选用的神经网络的泛化能力。在数据量较大的前提下，一般这三个数据集会采用 6：2：2 的比例进行提取，如果数据量较小，则可酌情处理。

训练集、验证集和测试集需要在总体数据样本中使用相同的采样方式按比例进行提取。例如，随机抽取就是一个常用的方法。之前提到过，数据集的分布需要和实际应用场景的数据具有相同的分布，这三个数据集也是一样的道理，需要保证它们的数据分布是相同的，且相互之间不要有交集。训练集、验证集和测试集的提取只需要操作一次，一旦确定好就不能改动。整个过程使用通过训练集训练好的神经网络在验证集上进行可靠性评估，并以此为依据进行网络参数的调整，再根据网络在各种参数结构下的表现来最终确定使用哪种模型来处理当前的应用问题。最后再使用测试集对神经网络进行泛化能力的评估。一旦泛化能力评估结果不符合要求，就要从原数据集中重新提取训练集、验证集和测试集，并重新设计神经网络的结构。完整的最佳模型的查找过程如图 4-30 所示，通过在固定的三类数据集中反复验证，周而复始，直至通过最后泛化能力的评估。经常见到有人因为验证集或者测试集的评估结果不够理想，就重新抽取训练集重新训练原网络模型，然后再在验证集上和测试集上进行验证，这种做法是错误的，应该是让系统去适应数据，而不是让数据去适应系统。

很多人容易混淆验证集和测试集之间的区别，并在实际应用中忽略掉测试集的作用。通常来说，验证集用于调整神经网络的超参并对神经网络的能力进行初步评估。例如，通过验证集比较在不同的网络深度下系统的表现并寻找最优的网络深度，或者在神经网络中选

择一个合适的隐藏层神经元的数量。最终再利用测试集来评估在认为的最佳网络参数下神经网络的泛化能力。这个评估结果不能作为调参、选择特征等算法相关的选择的依据。调参以及其他相关内容的调整只能在使用验证集的阶段实施。使用测试集的目的仅是为了反映网络模型的真实能力。可能除了中国的高考制度不知道以外，大部分人都知道单凭一次表现就对事物或者人的好坏进行评判显然是不合理的。在之前的论述中采取仅依靠一次验证集的评估结果来选择潜在的最佳网络，并对该网络进行最后的测试集评估，这种方式显然也是不合理的。为了更具公平性，可以引入交叉验证的方法来对验证集的结果进行评估。

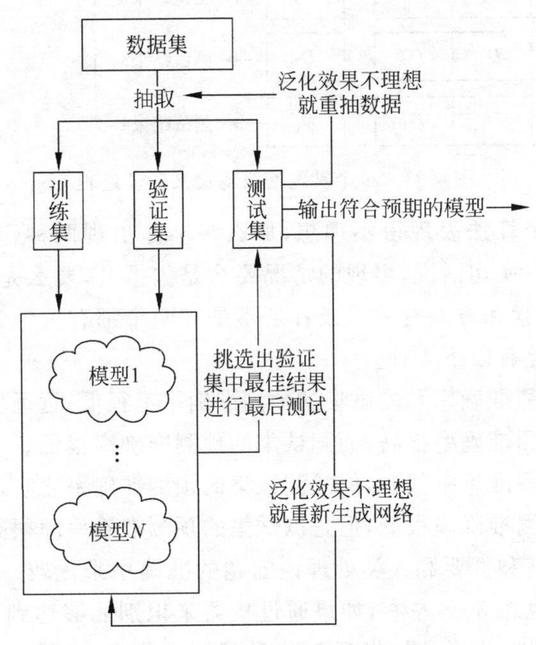

图 4-30　最佳模型的查找过程

与之前将数据集分成训练集、验证集和测试集不同，使用交叉验证法只需要将数据集分成训练集和测试集即可。图 4-31 演示了单个神经网络的交叉验证过程，在实际操作中，需要把训练集 D 相对比较均匀地分成 N 份，使其满足 $D=D_1 \cup D_2 \cup D_3 \cup \cdots \cup D_N$，同时 $D_i \neq D_j$。每次重新训练单个网络模型时，从中取出 $N-1$ 份数据子集合作为训练集，余下的一个数据子集作为验证集，这个操作一共 N 次，并得到 N 个验证集结果，然后对这些结果计算平均值作为该网络的最终测试集评价。

为了取得更加公平的评估值，交叉验证加重了总体的训练计算量。针对 M 个待选网络结构，对于 N 份交叉验证数据，总计算量是原先的 N 倍。之后对于平均结果最好的网络模型，还要再用完整的训练集对其重新进行一次训练，最后再使用测试集对其泛化能力进行最终的评估。交叉验证会增加大量的计算，这也是为了更好且更合理地选择网络结构所付出的代价。

4.2.2　欠拟合与过拟合

机器学习的理想情况是样本的预测精度和测试集的预测精度尽可能地接近。但是机器学习的过程中涉及很多超参，而且机器学习又是基于统计学的方法。对于初学者而言，当运

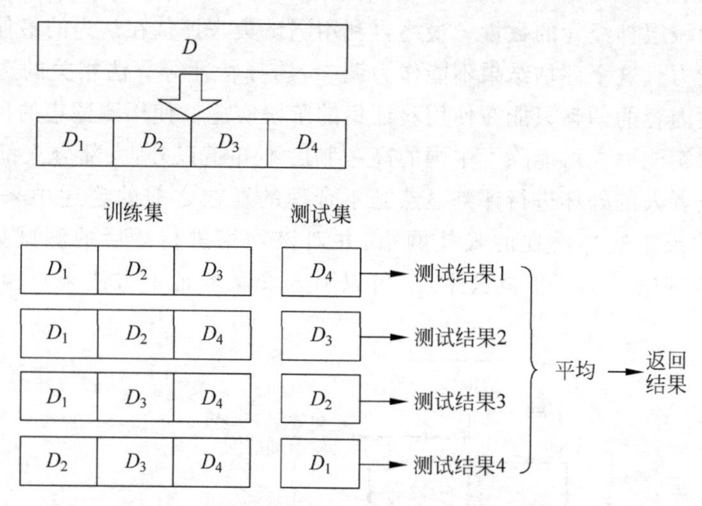

图 4-31　单个神经网络的交叉验证过程

行一个算法时，如果这个算法表现得不理想，那么多半是出现两种情况：要么是偏差比较大，要么是方差比较大。换句话说，出现的情况要么是欠拟合，要么是过拟合。但是哪些因素和偏差有关？哪些因素和方差有关？或者是不是和两个都有关？为了搞清楚，下面以神经网络为例，常见的情况有以下 4 种。

（1）样本的标签预测准确率和测试集的预测准确率都很低，远远低于人类的准确率。

（2）样本的标签预测准确率很高，而测试集的预测准确率很低。

（3）样本的标签预测准确率很高，但是测试集的预测准确率比它还要高。

（4）样本的标签预测准确率很低，但是测试集的预测准确率却很高。

需要注意，准确率高和低要和人类处理该问题的准确率来比较。例如识别网站验证码的时候，人类的准确率也才 50%左右，如果通过机器来识别能够达到 48%就可以认为是高准确率了。又如人脸识别，人类能够做到 99%的识别准确率，机器即使做到了 90%的准确率，也不能说这是一个高的准确率。

情况 1 称为欠拟合，是指模型没有很好地捕捉到数据的特征，不能够很好地进行数据预测。与之相对的概念称为过拟合，它是指模型在训练样本上能够比其他假设模型更好地进行数据拟合，但是在训练样本以外的数据上却不能很好地拟合，此时认为这个模型的训练过程出现了过拟合的现象。

有许多种情况会导致欠拟合。例如，神经网络设计得过于简单，明明实际问题是非线性的，但是网络只支持线性拟合，又或者可能设计了过于强大的防止过拟合的功能，导致神经网络在拟合数据时发生了困难。训练的时间不足也会导致欠拟合。网络明明还有提升的空间，但是由于训练过程结束的太早，导致网络学习没有完成。当网络的数据预测能力在不断地提升时不要过早地结束训练，通常可以在多次数据预测结果没有显著提升或者些许下降后再停止训练。

如果神经网络设计得太过简单，面对复杂的问题时会很容易发生所有的神经元参数饱和，饱和的神经元难以学习到新的知识。应对这类问题的方法也很简单，如果是网络不够强大，就调整网络结构，通常卷积网络要比全连接网络在提取图像方面的能力更强。如果防止过拟合的机制影响了网络本身拟合样本数据的能力，那么就要适当减小预防过拟合的机制。

如果网络结构足够强大，训练的太久就容易出现过拟合。过拟合的神经网络能够很好地拟合样本数据，但是在预测验证数据集的时候就容易表现得不够好，甚至还会比较差。情况 2 就是发生了过拟合的情况。图 4-32 展示了一个线性回归发生过拟合的样例，虚线部分是需要回归模型学习到的一次函数。但是由于某些设计上的问题，模型实际上学习到的是实线展示的分段函数，过拟合会导致模型在泛化时表现得不好，会产生较大的预测误差。

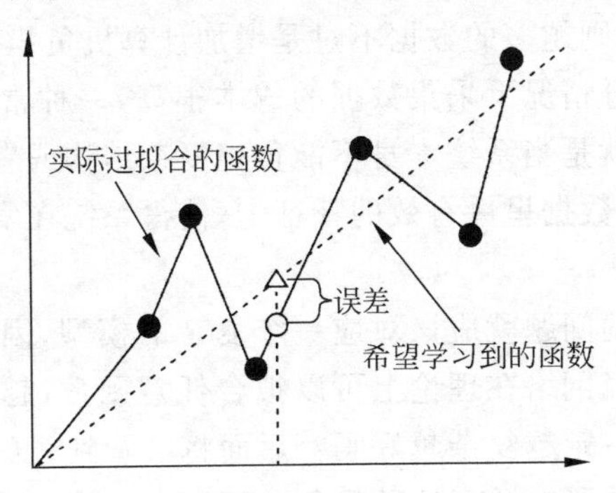

图 4-32　线性回归发生了过拟合

有很多原因可能会产生过拟合的现象，主要有以下 4 个。

(1) 训练集质量不高，训练集本身包含大量的标签错误。

(2) 训练集、测试集以及验证集的数据来源并不是独立同分布的。

(3) 训练样本的噪声太大。

(4) 模型设计不合理。

如果训练集本身就包含大量的错误，那么再好的模型也没有办法施展。这个问题通常是很容易发现的，只需要通过一些简单的采样工作再加上一点人工判断。如果数据量很大或者数据很复杂，这个处理过程可能会花去一些时间。训练前，模型的设计者应该对自己的学习样本有一些了解。例如在后面的章节里，需要从围棋网站上下载一些人类对弈的棋谱，不好的消息是很多时候这些网络对弈的棋谱中记录的落子未必都是认真思考过的，或许下棋的人只是想随便玩玩。另外网络对弈的棋谱中棋局的胜负可能也未必完全可信，执白方可能在占据优势的时候赶着去吃饭就选择了主动投降。为了提高样本的质量，在后面的章节中还会提到如何生成读者自己的样本，通过机器下棋得到的棋谱总是比人类选手在网络服务器上下棋产生的棋谱可靠得多。

在训练模型的时候会把整个数据集人为地分成训练集、测试集和验证集。有的模型设计者在模型定型前，还会把数据集拆分成多个交叉验证集来判断哪种模型结构会更好一些。为了能有效地评价训练后的模型，刚才提到的这三个集合必须是独立同分布的。假设现在要做一个人脸识别的分类模型，如果训练集只包含成年人的照片，测试集里却含有大量老年人的信息，而验证集合仅有女性照片，算法上就很难依赖这类有偏差的数据所运行出的结果来判断模型是否有效。要改善这个问题，数据集的使用者可以通过随机采样的方式来对数据进行划分，而不是按比例把数据集顺序切割成三部分。

样本是否包含大量的噪声比较难以发现，特别是一些复杂结构的数据集。数据集的使用者如果不能自行采集数据，只能寄希望于数据采集者尽量地提高其采集技术与手段。大部分付费数据应该不存在这个问题，或者使用网络上被大量使用和验证过的数据都会是相对安全的做法。所幸这个问题不会对围棋智能程序的设计造成困扰，后面的章节中会专门介绍生成围棋数据集的方法，这种方法也是不断提高围棋软件下棋水平的技术手段之一。解决由于数据质量引起的过拟合最好的方法就是训练时能够采用更完备的数据，越完备的数据使得网络能够学到更多的特征。扩大数据规模是提高数据完备性的方式之一，但是有效采样才是该方案的核心。所谓有效采样可以简单理解为获取全新特征的数据或者实际应用场景中感兴趣的数据，否则越多的数据不过是增加计算机负担罢了，并不会对网络的实际训练效果有所改善。大部分情况下采集数据的成本很高，一种常见的变通方法就是利用正则化算法。正则化本质上就是当系统本身不能负担复杂结构或者训练时只有少量的数据样本时，将注意力尽量集中在数据里最有效的特征上，使得系统在实际验证时能够最大效率地发挥网络的预测效果。

有些人可能觉得复杂的问题就应该对应一个复杂的模型，因为复杂问题必定对应一个复杂的抽象函数。人工神经网络在理论上可以拟合任意函数，越是复杂的函数就越需要复杂的网络结构。但是网络一定越复杂越好吗？后面将会看到，复杂的模型容易发生过拟合，设计者需要通过一些技术手段来缓解这种现象。可是太过简单的模型又不能发现样本中的模式规律，导致训练过程没有进展，变成了欠拟合。这样的讨论似乎形成了一种矛盾，但是又不得不必须巧妙地设计模型使得这两种情况都不发生。但是相比于考虑欠拟合还是过拟合，人们其实更关心的是模型的泛化能力，而不是尽量好地去拟合样本，泛化能力强的模型才是好模型。

对于一个分类任务，如果人类能够达到 99%的准确度，理论上就会期望设计的计算机模型也可以达到这个精度，因为只有达到甚至超过人类的水平才有用模型来代替人类工作的价值。当模型在训练集上的精度只有 70%，和 99%的目标差距较大，就可以认为模型存在较大偏差。如果模型在验证集上的表现只有 70%的准确率时，则认为当前模型的方差较大。偏差和方差可以同时存在。表 4-1 列出了不同的偏差程度与其对应的原因。

表 4-1　偏差程度与其对应的原因

分　类	情况 1	情况 2	情况 3	情况 4
验证方差	大	小	大	小
训练偏差	大	大	小	小
存在问题	欠拟合	欠拟合和过拟合同时存在	过拟合	理想模型

(1) 产生偏差大的原因主要有以下两点。

① 训练不足。

② 设计的模型和实际情况不匹配。例如，模型的特征值提取太少或者过度地进行了正则化处理。

(2) 产生偏差小而方差大的原因主要有以下两点。

① 训练集太小，不能体现实际问题的全部特征。

② 模型设计不合理，与实际情况不匹配。例如，过多地提取了特征值导致特征重复或者正则化程度不够。

在训练的过程中，如果损失函数的值还在持续下降，可以判断出当前模型还有进步的空间，一般不应该停止训练。存在训练偏差大而验证方差小的情况，这种情况发生很有可能是因为在模型内部针对某一类型的数据发生了过拟合。欠拟合与过拟合不是矛盾的，训练偏差和验证方差是两个同时存在的指标，通过这两个指标可以判断训练模型可能存在哪些问题。针对模型在训练集上的大偏差和在验证集上的大方差，都可以通过调整模型来缓解这两个问题。人工神经网络可以增加隐藏层中的神经元或者直接增加隐藏层来降低训练偏差。对于图像识别类的应用问题可以使用卷积网络来代替全连接网络，这也是一种降低训练偏差的方法，从实际应用效果来看，这种方法也可以同时降低验证方差。针对偏差小而方差大的情况还可以增加训练的样本，从而尽可能多地学习到实际应用问题的有效特征。

之前多次强调训练集和实际使用的场景数据必须具有一致的概率分布。例如，一个为了实现中文语音识别的训练集数据采样自中国各省的普通话发音，而测试验证集的数据仅包含北京人的普通话发音，由于北方人的普通话发音水平要远远高于南方人，所以系统在采用这样的数据来验证训练结果时显然会发生系统具有更好识别率的情况，但是这并不能代表系统可泛化到现实场景给全中国人民使用。有时候训练样本与验证样本分布不一致的情况很难被识别，想象一下，如果前面提到的全国数据与北京数据反过来会怎么样。来自北京的样本数据训练出的系统应用在全国的语音采样下一定会表现得远远不如预期。从数据上来看，情况似乎很像是过拟合，所以这类情况具有很强的隐蔽性，而且也无法通过处理过拟合的方法解决。能够解决数据分布不一致的方法只能是优化数据的采样过程，并没有其他的什么好办法。生成对抗器好像是唯一需要训练集和测试集样本分布不一致的场景了，但是这个内容与本书的主题不相关，有兴趣的读者可以自己另外去查找相关资料。当训练数据集的拟合程度不高，而测试验证的效果又好于训练集时，说明系统同时存在欠拟合与数据样本分布不一致的问题。解决方法可以参考欠拟合与数据分布不一致的相关方案。

总之，当设计的模型没有达到预期时，对方差和偏差这两个指标进行分析是非常必要的，它们可以帮助设计者定位当前模型可能存在的问题，设计者依据指标对可能存在问题的部分进行调整和优化，而不仅仅是盲目地期望通过增加训练样本使得模型可以有好的预测表现。

4.2.3 损失函数的正则化

根据前面的论述，对神经网络进行训练集和测试集的预测结果进行分析是优化神经网络过程中一个必要的过程。表4-2对于在人类水准92%的情况下各种不同的训练情况简要进行了说明。

表4-2 训练和预测的不同情况说明

分　类	情况1	情况2	情况3	情况4	情况5
样本预测精度	75%	93%	93%	93%	75%
测试集预测精度	65%	75%	92%	95%	93%
存在问题	欠拟合	过拟合	正常	测试集与训练集的分布不一致	欠拟合，同时测试集与训练集的分布不一致

对于欠拟合和数据分布不一致的问题只能靠经验来进行调整，这部分内容不涉及太多机器学习的技术手段，解决方案前面也已经讨论过了。现在要着重讨论一下正则化，正则化是一种避免过拟合的有效技术。

参考图4-33，以二分类问题为例，当样本中出现异样数据时，通常会希望网络训练时能够避免将分类的标准往异常数据倾斜，通俗来说，就是引入一个抵抗函数来阻止分类标准往这类数据倾斜。当异样数据足够多，超过了抵抗函数的阈值时才允许分类标准对这部分数据进行划分。而由于数据足够多，其实异常数据也就不再是异常的了。加入抵抗函数的这个行为称为正则化，抵抗函数也称为正则函数。在训练网络时总是希望网络的输出和样本标签之间的差异越小越好，网络的学习过程其实就是找出神经网络上各参数使得代价函数最小，即公式(4-12)：

$$J(\theta)=\operatorname{argmin}\sum L(y_i,f(x_i,\theta_i)) \tag{4-12}$$

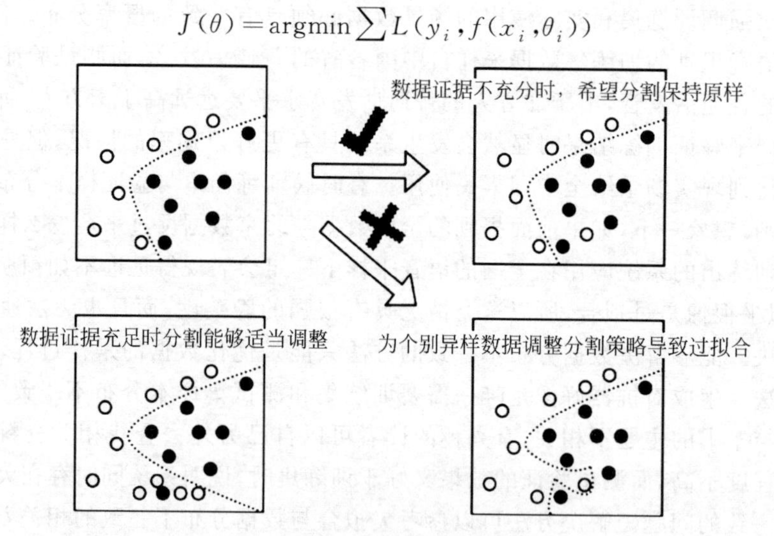

图 4-33　分类时的数据调整

为了让网络能做到不被个别的样本所影响，因此加入抵抗函数，于是代价函数就变成公式(4-13)。

$$J(\theta)=\operatorname{argmin}\left[\sum L(y_i,f(x_i,\theta_i))+\lambda\cdot\Phi(\theta_i)\right] \tag{4-13}$$

其中，λ 是一个超参，用来控制抵抗函数的抵抗程度。在训练一开始，代价函数 $J(\theta)$会一路下降，但是当到达某个临界值时，前半部分损失函数 $L(\theta)$的下降会导致抵抗函数 $\Phi(\theta)$上升，当 $L(\theta)$和 $\Phi(\theta)$的上升与下降效果相互抵消时，就达到了这个新代价函数的最小值。要使得 $J(\theta)$继续变小只有通过引入新的样本输入来调整 $L(\theta)$的值，这样 $\Phi(\theta)$也会跟着调整。图 4-34 显示了当 θ 仅含有一个参数时代价函数、损失函数和抵抗函数随 θ 的变化而相互变化的关系。

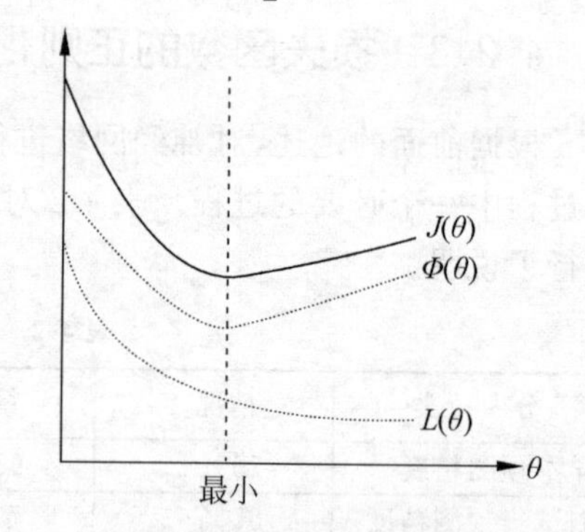

图 4-34　代价函数、损失函数和抵抗函数的相互变化关系

增加抵抗函数的正则方式称为权重正则，常见的用于权重正则的抵抗函数有 L1 范数和 L2 范数。L1 范数指参数 θ 的绝对值求和，L2 范数指参数 θ 的平方和。还有一种称作随机丢弃的泛化方法，这种方法是指网络在每一次的训练过程中会随机屏蔽掉一些神经元，这样每一次机器学习的过程中只有一部分网络参数参与计算并通过反向传播算法得到更新，使得网络内部那些没有参与学习的参数在预测时对那些有变动的神经元起到了牵制作用。当然由于神经网

络要反复训练，通常所有的神经元都会学习到一些知识，只是各自学到的程度不一样，所以在最终泛化预测时，学习不足的神经元就会影响学习过多的神经元，也就达到了防止过拟合的目的。每次训练屏蔽多少神经元也是一个超参，只能凭感觉和多次反复实验来找到一个合适的屏蔽比例。当网络容量过大而样本数据很少的情况下，多次训练之后就很容易发生过拟合。设计恰到好处的网络容量的确是一门玄学，它需要设计者反复实验和反复验证。有两种策略可以尽可能地避免过拟合，一是从一个规模比较小的网络开始，小的网络容易发生欠拟合，可以通过逐步提升网络规模来找到一个合适的网络结构。另外一种就是在一开始就使用正则化的方法，多种正则方法可以结合起来使用，也可以单独只使用其中的一种，如果训练效果达到预期，可以再通过删除正则化功能对网络进行微调，以使网络能够有更好的表现。Keras 里实现权重正则和随机丢弃都是非常简单的。如代码片段 4-14 所示，使用权重正则时只需在网络层的定义里指明是采用 L1 还是 L2 范数，而实现随机丢弃时只需要在网络的输出层后再加入一层随机丢弃层就可以了。

【代码片段 4-14】 在模型中加入随机丢弃层。

```
x_out = layers.Dense(512, activation = 'elu',kernel_regularizer = regularizers.l2(0.001))(x_in)
x_out = layers.Dropout(0.5)(x_in)
```

在围棋游戏的学习过程中不会在网络中引入正则化，原因是围棋的每个点的落子都有其独特的作用，而且围棋极其复杂，样本中所谓的长尾数据只是由于对弈局数不足、采样不足才发生的，因此不能忽略少数样本的变化。虽然正则的技术在围棋智能程序成熟架构中不会采用，但是为了快速验证算法，在训练数据不足时利用正则化可以起到提取主要特征的作用，读者可以在自己的神经网络实现中引入正则化并对比效果。一般当数据较少时，正则化后的智能体表现要好于没有使用该技术的神经网络。不过让神经网络记住学习样本并不是算法的目的，通常只要扩大网络的容量，拟合有限的样本数据不会是一个问题，真正的挑战是在学习样本之后让神经网络能够在实际应用场景中有效使用，更值得关注的其实还是网络的泛化能力。

4.2.4 精确率和召回率的权衡

在医学诊断过程中，误诊与漏诊总是存在的，难以避免。之前有过一个新闻，说是一个孕妇被诊断患有艾滋病，于是她把孩子打掉了，可后来又被通知是诊断结果错了。这就是一个典型的由于误诊导致的社会悲剧。漏诊的害处也是显而易见，患有早期肿瘤的人群如果未能及早筛查出来，将会错失最佳的治疗时间。思考一下，如果设计一个医学诊断系统，是尽量地多诊断出阳性患者好呢？还是为了避免误诊而仅诊断出那些高危人群好呢？正如之前提到的，无论偏向哪种其实都会带来相应的副作用，需要根据实际情况在两者之间进行平衡。

还拿肿瘤疾病为例。假设某种肿瘤疾病仅有 0.5%的可能性是恶性的，而 99.5%的可能性是良性的。这时候设计两个系统，一个是正常的神经网络，通过训练它的误差率为 1%，另外一个系统对任何情况均判断为良性，显然它的误差率仅有 0.5%，单凭数字并不能说神经网络的效果不如那个什么也不做的系统，所以不能仅依靠数字来比较算法模型的准确性，需要更加可靠的方式来比较模型的有效性。

虽然本书的主题并非性命相关，但是为了保证系统预测的有效性和准确率，在设计时所要考虑的情况实际上与医学系统是一样的。为了解决上面谈到的这些问题引入了两个指标：查准率和查全率。在给出这两个指标的计算公式前，下面先列出系统预测可能出现的4种结果。

(1) 真阳性(TP)：预测为真，实际为真。

(2) 真阴性(TN)：预测为假，实际为假。

(3) 假阳性(FP)：预测为真，实际为假。

(4) 假阴性(FN)：预测为假，实际为真。

据此，把查准率定义为公式(4-14)：

$$P=\frac{\mathrm{TP}}{\mathrm{TP}+\mathrm{FP}} \tag{4-14}$$

把查全率定义为公式(4-15)：

$$R=\frac{\mathrm{TP}}{\mathrm{TP}+\mathrm{FN}} \tag{4-15}$$

根据公式可以看出，查准率即查出的真阳性占所有检测阳性数量的比例，查全率即查出来的真阳性占所有实际阳性的比例。很明显，查准率和查全率都是越大越好。当然极限值是查准率和查全率都等于1，即模型能做到0误差预测。

理想状态下，查准率和查全率都能等于1是最好的，但是实际上往往不可能做到这一点。这时候就需要考虑在实际的算法模型中，究竟对于查准率和查全率哪个更看重，它们各自的目标值是多少。例如，对于液晶屏生产线来说，检出所有的坏屏是首要考虑的，因为坏屏一旦流入消费者手上将会严重影响品牌的声誉，而由此产生的大量误判的好评则可以作为成本消耗摊薄到生产成本中去。对于这种场景，可以将查全率定为99.9%，而查准率可能只需要60%就可以了。

表4-3中有多个模型可供选择，如何在不同的查准率和查全率中进行选择呢？

表4-3 不同的查准率和查全率

可选项	查准率	查全率
算法1	0.7	0.2
算法2	0.6	0.5
算法3	0.1	1

取二者的平均值是最简单的方法，但是这种方法比较粗糙。公式(4-16)引入了一种称为F_1值的公式来对这两种指标进行评判。

$$F_1=2\times\frac{P\times R}{P+R} \tag{4-16}$$

这种方式中如果P或R某一项较大，则F_1值较小，P和R较为接近和平均，则F值较大。当然也可以根据业务需求自己拟定合适的P或R的比例权值，如$P\times 0.2+R\times 0.8$。

4.3 其他人工智能方法简介

目前常见的人工智能算法主要分为两类，一种称为判别式模型，一种称为生成式模型。简单来说，判别式模型是针对条件分布$P(Y|X)$建模，而生成式模型则针对联合分布$P(X,Y)$进行建模。表4-4列出了神经网络之外的其他几种常见算法模型。

表 4-4 常见人工智能算法模型

判别式模型	生成式模型	支持向量机(SVM)	贝叶斯网络
线性回归	朴素贝叶斯	决策树	马尔可夫随机场
逻辑回归	混合高斯模型	条件随机场	深度信念网络(DBN)
K 邻近(KNN)	隐马尔可夫模型(HMM)	Boosting 方法/Bagging 方法	变分自编码器

当读者学习到最后的章节时会发现无论是 AlphaGo 还是 AlphaZero,它们都是基于传统的方法,并将多种传统方法进行融合后才取得了如今令人侧目的成就。所以说,如果离开了前人的研究成果,就不会有现在的远超人类水平的围棋智能程序了。之所以额外补充这些算法的简要说明,其目的也是希望也许有一天读过这本书的读者能在传统的方法中寻找突破,制作出一款远超 AlphaGo 和 AlphaZero 水平的智能体软件。

4.3.1 K 近邻算法

K 近邻算法又称最近邻居算法,是一种用于分类和回归的非参数统计方法。K 近邻算法应该可以算是分类算法中最简单的算法了。它的核心思想就是对于已知的样本分类数据,从中找出与待分类数据距离最接近的 K 个数据,这 K 个数据中哪种分类的占比最多,待分类数据就被归为哪个类别。这个算法应该也算是最原始的投票算法了。如果把这个算法应用到围棋中,如何定义棋盘局面之间的距离会是一个很大的挑战。

4.3.2 朴素贝叶斯法

朴素贝叶斯法顾名思义就是利用贝叶斯公式,通过先验知识和观测知识来对样本进行分类。即通过 P(局面|落子)的估计来预测 P(落子|局面)。这个算法的问题是实践中无法统计到所有的局面,如果应用到围棋游戏中的话,如何评估从未见过的局面的先验概率就是一个待解决的问题。

4.3.3 决策树

决策树的分类方法也有很多成功的例子。现有的决策树算法主要还是关注于寻找最佳决策路径与最佳决策的判断概率。举个简单的例子,读者是一所高中的校长,希望根据各个学生的模拟考成绩来评估他们最终能否进入大学。通过搜集以往学生的学习情况形成数据如表 4-5 所示。

表 4-5 学生历史成绩表

学生	语文	数学	英语	政治	自选科目	考入大学
A	84	95	78	80	92	是
B	78	81	83	64	91	否
C	77	88	93	91	94	是
…	…	…	…	…	…	…

通过表中的样本数据,生成的一棵决策树可能会长成如图 4-35 所示的样子。

如何排列这棵树的各个判定节点以及为各个节点判定指标中阈值 P 的确定值是主流决策树算法 ID3、C4.5 和 CART 等关心的问题。但是具体节点的内容属性还是需要人为手工设置。如果围棋游戏想采用决策树的方法，如何定义这些判定节点的属性就会是首先需要解决的问题。还是人为来设置吗？是不是该由数据说话，让算法来定义这些判断节点的具体内容呢？

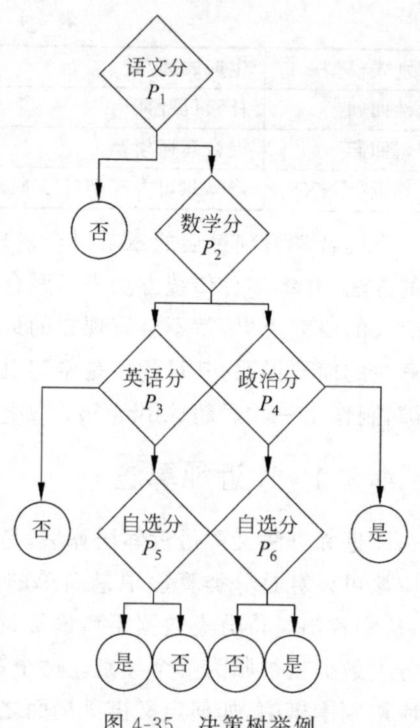

图 4-35 决策树举例

4.3.4 Boosting 算法/Bagging 算法

不管是 Boosting 还是 Bagging 算法，都属于集成学习的范畴。本质上都是通过构建并结合多个学习器来完成学习任务。通过将多个学习器进行结合，常常可以获得比单一学习器更加显著的泛化性能。它的一大优势就是这些学习器可以是弱学习器，并由这些弱学习器来组成一个强学习器。事实上，集成学习的理论研究都是针对弱学习器进行的。实践中，通常的做法是先产生一组"个体学习器"，再用某种策略将它们结合起来。不过根据一般经验可以知道，如果把好坏不等的东西掺到一起，那么通常结果会是比最坏的要好一些，比最好的要坏一些。对下围棋这件事情而言，集成学习要克服的问题除了这个，还需要解决弱学习器数量的问题。由于围棋太过复杂，如果采用少量的弱学习器，是不是最后产生的还是一个弱学习器，最多就是比原来更弱的强一点而已？但是如果增加弱学习器的数量是否会对性能和成本造成压力，效果反而不如直接采用单个强学习器？

4.3.5 支持向量机

支持向量机是神经网络火爆起来之前被人们认为最有前途的分类方法。支持向量机包含一个称为核函数的乘积项。简单理解，支持向量机就是为核函数设置权重并将其按比例求和来对样本进行分类的。支持向量机在大数据面前表现得不如神经网络，支持向量机适用于样本较少的情况，对于围棋游戏，如果依赖少量数据案例就做出落子判断是否恰当这一点值得讨论。

4.3.6 随机场算法

随机场可以认为是随机过程在空间上的拓展，由原先时间上的随机性调整为高纬度空间上的随机过程。目前研究比较多的随机场有马尔可夫随机场、吉布斯随机场、条件随机场和高斯随机场。不管是哪种随机场算法，都是假设随机状态之间具有相关性或者依赖关系，也只有当这些变量之间有依赖关系的时候，将其单独拿出来看成一个随机场才有实际意义。但是对于围棋来说，对于当前盘面，除了一些明显的低价值落子点外，很难通过经验来判断哪些落子点是有价值的，静态地对各个落子点进行价值评估的方法也被证明是失败的，所以找到一个局面之间可靠的依赖公式是一个难题。

4.3.7 传统智能算法所面临的挑战

所有上述算法，包括使用神经网络来做监督学习的过程，即使上述简介中所列出的问题都能得到解决，想要将其应用在围棋上依然需要面对一个致命的缺陷，那就是样本中棋局的局面与落子标签的匹配是否恰当。围棋是一项复杂的博弈游戏，在没有找到可以拟合围棋游戏的函数前，棋局局面与落子之间的匹配关系只能算是“在主观感觉上可能应该这么下”。在图 4-36 中，○点的落子很难说就一定是比×点的好，甚至都不能说落在○点或者×点是当前盘面的最好选择。

如图 4-37 所示的棋谱展示了 AlphaGo 在第二局对战李世石时双方的落子过程，其中著名的第 37 步五路肩冲令所有职业围棋选手震惊就是最好的证明。在 AlphaGo 之前，几乎所有的职业围棋选手都认为开局就在五路肩冲是一步弱棋。当时普遍的观点认为如果在四路肩冲，那么双方得到的利益是相同的。现如今越来越多的人在对战中尝试使用当初 AlphaGo 下出的着法。如此看来，仅依靠使用人类棋手下出的棋谱来训练人工智能程序这种单一的手段想要战胜人类选手是非常困难的。

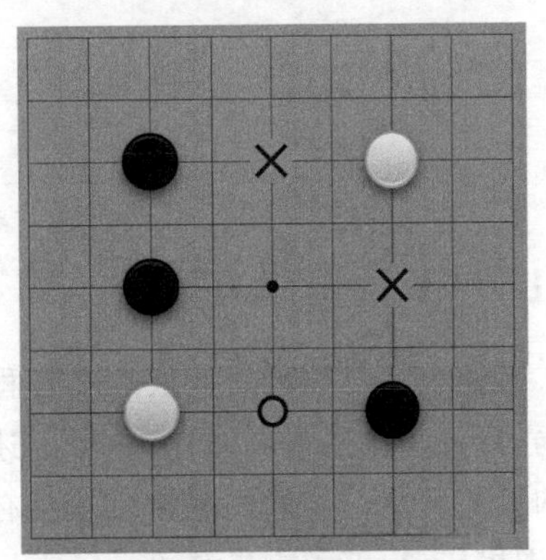

图 4-36 困难的选择

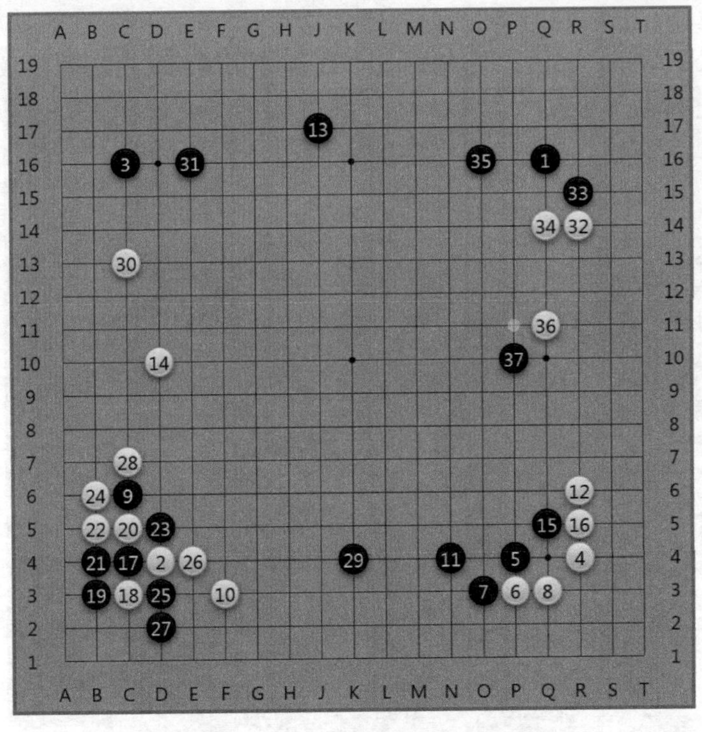

图 4-37 AlphaGo 执黑对战李世石执白

第5章

第一个围棋智能体

视频讲解

5.1 电子围棋棋谱

棋谱是一盘棋局对弈发展的过程记录，是用图和文字记述棋局的基本技术。利用开局、中局、残局着法的书和图谱，按所记述的棋局排演，人们可以参考吸收其着法，或探讨研究名手的棋艺风格。不同的棋类游戏会有不同的棋谱，按照棋种可分为中国象棋棋谱、国际象棋谱、围棋棋谱、五子棋棋谱等。

一张典型的围棋棋谱如图5-1所示，是围棋对弈过程的记录，在纸上画上棋盘，并在黑、白棋双方落子的位置上注明该手手数。围棋在世界文化中的传播和发展，离不开棋谱的编撰和出版。据现有文献资料，中国围棋棋谱的产生年代，还不能推到汉朝以前。《敦煌棋经》指出：

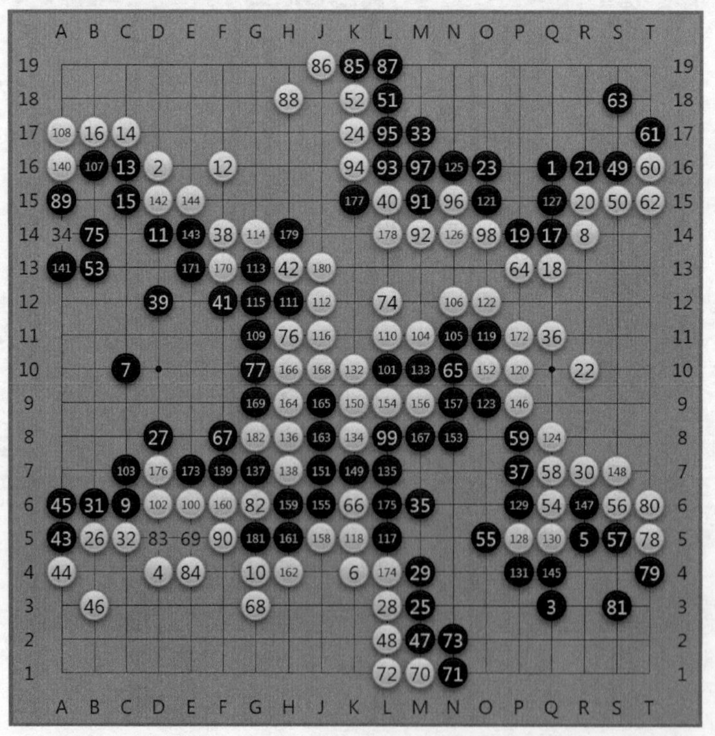

图5-1 典型的围棋棋谱

汉朝时有《汉图十三势》，三国时有《吴图二十四》，这两本围棋棋谱大概算得上是中国最古老的棋谱了。到了晋朝，有棋圣之称的马绥明等人撰写了《围棋势》29卷，这是中国古代卷数最多的一套围棋棋谱。这些编撰成集、经过校定的围棋棋谱无疑都是当时名棋手对局中的精华。它们的流传对围棋的发展起到了不可低估的作用。遗憾的是，这些宝贵的棋谱后来全部都失传了。现在保存下来的最老的围棋对弈史料是载于宋朝李逸民《忘忧清乐集》一书中的"孙策诏吕范弈棋局面"。但值得庆幸的是，如今已经可以将棋谱保存为电子文档格式以供软件阅读和围棋爱好者打谱。其中，SGF 和 PGN 是两种最常见的棋谱电子文档格式。国际象棋以 PGN 作为记录棋谱的标准规范。网络围棋使用 SGF 格式作为记录围棋棋局的格式，绝大多数围棋软件都在使用它。SGF 和 PGN 不是专门为某一种棋类设计的棋谱格式，它们最初设计的目的都是为了可以记录所有棋类游戏的棋谱，所以用 SGF 格式记录国际象棋的棋谱和用 PGN 格式记录围棋的棋谱也都是可行的。目前最通用的围棋棋谱格式是 SGF 格式，本书也选择使用这种格式来保存围棋棋谱。说一句题外话，中国象棋的电子棋谱采用什么格式保存目前还没有统一的标准，由于 PGN 在国际象棋棋谱上的地位，采用 PGN 格式来记录中国象棋可能会是一个好的选择。

SGF 文件是由一组属性和属性对应的值组成的。它存储的内容是纯文本，可以移植到不同的平台，并且短小精悍。下面的这串文本就记录了一个完整的 SGF 格式文件。

(;FF[4]GM[1]RE[W+26.5]SZ[19];B[pd];W[dd])

读者可以使用任何支持 SGF 格式文件的围棋软件打开它。这个仅 41 个字符的文本就是一张棋谱，为了演示方便，这局棋只进行了两手对弈，图 5-2 是采用软件 Sabaki 将这个 SGF 格式文件转换为人类可理解的方式。

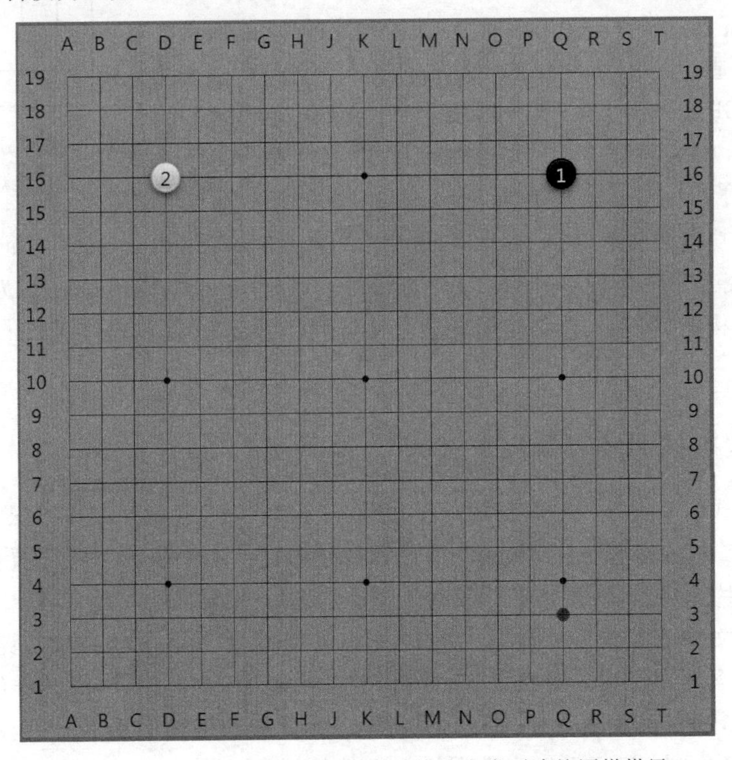

图 5-2 Sabaki 软件将 SGF 棋谱转换为人类可读的围棋棋局

SGF 文件记录整张棋谱时以左括号开始，以右括号结束，每个信息段落以分号开头。棋局的基本信息必须记录在 SGF 文件的第一个段落里，一般把它看作是文件头。关于棋局的信息如果记录在后续的段落内是无效的。双方每一步落子都是一个独立的段落。每条记录的属性用大写英文字母表示，属性对应的值则紧跟在属性之后，并用一组方括号提示。表 5-1 列出了 SGF 文件中常见的关键字说明。对于设计一款围棋智能软件，这些信息已经足够了。读者如果想要了解更多详细的内容可以参考 red-bean 网站中的介绍。

表 5-1 SGF 文件关键字说明

属　性	定　义
GM	游戏种类，1 代表围棋
RE	比赛结果，[W+26.5]表示白棋胜 26.5 目
SZ	棋盘尺寸大小
FF	SGF 采用的版本，目前第四版是最新版本
HA	表示让子数，0 表示分先（由黑棋先下第一手棋）
KM	表示贴多少目
B	黑棋落子，[pd]表示右上角星位
W	白棋落子，[dd]表示左上角星位

SGF 的棋盘坐标以棋盘的左上角为原点，图 5-3 展示了 SGF 文件格式的棋盘坐标定义。它的横轴和纵轴均以字母 a 开头并逐个往后排，直到 s（19 路棋盘）结束。在记录落子方位时，先数横轴再数纵轴。

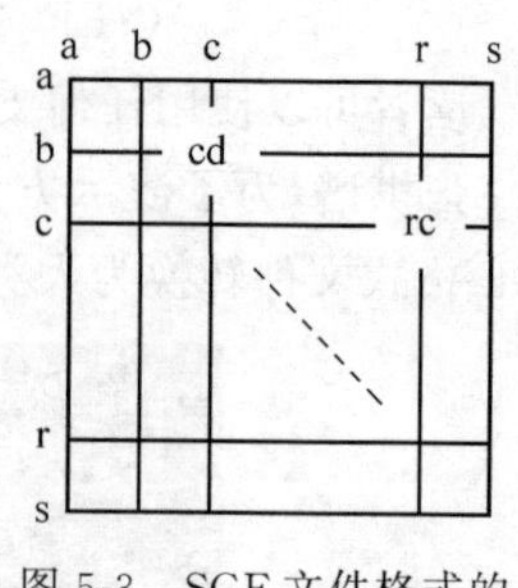

图 5-3　SGF 文件格式的棋盘坐标定义

用 Python 语言操作 SGF 文件可以使用现成的库，这样可以尽量避免重复造轮子并努力站在巨人的肩膀上。gomill 是一个非常优秀的 SGF 文件操作库，唯一的遗憾是它只支持 Python 2. x，而 Python 2. x 的支持在 2020 年就结束了，目前作者 Matthew Woodcraft 似乎也没有将它移植到 Python 3. x 的意愿。所幸他还提供了一个功能简化版的 sgfmill 库，这个库可以在 Python 3. x 上使用，而且工作得相当好。对读写 SGF 文件来说，sgfmill 已经足够了。通过 gomill 或者 sgfmill 为 SGF 文件生成一个文档结构图，引入文档结构图的概念使得操作 SGF 文件和操作 XML 文件一样简单方便。

5.2 HDF5 文件结构

HDF5 格式的文件是一种常见的跨平台数据存储文件，它是存储和组织大量数据的一组文件格式，常被用来存储不同类型的图像和数字数据。由于机器学习需要使用大量的数据，HDF5 文件是存放训练样本和标签的一个非常好的选择。

HDF5 的文件结构非常简单，文件中的资源采用类似 POSIX 语法的“/路径/至/资源”来访问。它包含两种主要的对象类型，数据集（dataset）和群组（group）。群组类似于文件夹，每个 HDF5 文件其实就是文件夹的根目录。而数据集则类似于 NumPy 中的数组。数据集除了存放数据本身，还可以为数据增加额外的属性。例如，在 DHF5 文件中存放了一张图片，如果想为这个图片数据额外增加图片内容的描述，便可以为这张图片增加一个图片描述的属性。属性本身没有个数限制，可以根据应用场景的实际需要进行添加。Python 中可以使用 h5py 这个库来处理 HDF5 格式的文件。

本书使用 HDF5 格式文件来保存棋局中的每一个局面情况。HDF5 的结构采用扁平化的方式，即每一局棋保存为一个单独的群组，一局棋的每一个局面情况均保存为一个单独的数据集。假设一局棋黑棋执先，在第 70 手的时候白棋投子认输，那么这局棋就被单独保存为一个群组(group)，并且这个群组下会有 70 个数据集(dataset)。如果把 1000 局棋局保存到一个 HDF5 文件中，那么这个 HDF5 文件里就会有 1000 个并列的群组。

如图 5-4 所示的是棋局对弈信息保存在 HDF5 文件中的内部数据结构。6×6 大小的棋盘可以用一个二维的 6×6 的矩阵表示，空棋盘用数字 0 表示，黑棋棋子用 1 表示，白棋棋子用 −1 表示，于是输入棋盘可以表示为矩阵：

$$\text{样本棋盘}\begin{bmatrix} 0 & 0 & 0 & 0 & 0 & 0 \\ 0 & 0 & 0 & 0 & -1 & 0 \\ 0 & 0 & 1 & 0 & 0 & 0 \\ 0 & 0 & 0 & 0 & 1 & 0 \\ 0 & 0 & 0 & 0 & 0 & 0 \\ 0 & 0 & 0 & 0 & 0 & 0 \end{bmatrix}$$

对于输出标签来说，这里没有用 1 和 −1 表示黑棋和白棋，而是仅用数字 1 标注落子的位置，并把当前落子方的颜色信息保存到 HDF5 数据集的属性里。读者如果采用 1 和 −1 这种方式来标注落子位置也不会有问题。

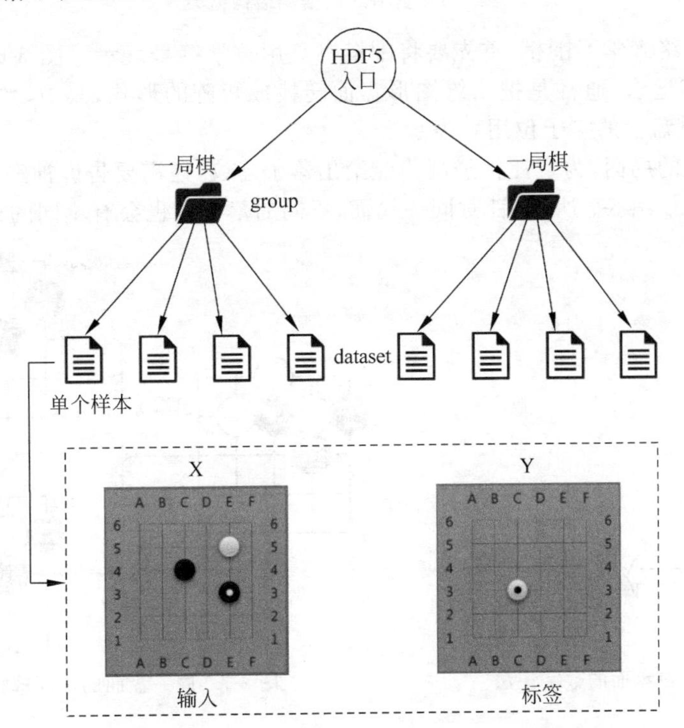

图 5-4　保存棋局对弈信息的 HDF5 文件的内部数据结构

$$
落子标签\begin{bmatrix}0&0&0&0&0&0\\0&0&0&0&0&0\\0&0&0&0&0&0\\0&0&1&0&0&0\\0&0&0&0&0&0\\0&0&0&0&0&0\end{bmatrix}
$$

视频讲解

5.3 数据模型

神经网络的训练过程需要将 HD5 文件中的样本数据解析出来。数据集中的棋盘局面可以提取后直接输入卷积网络进行特征提取。从属性中取出样本标签用于神经网络的损失计算和反向传播。如图 5-5 所示，落子方信息从属性中提取后不用参与棋盘局面的特征提取，而是直接加入之后的逻辑判断中。

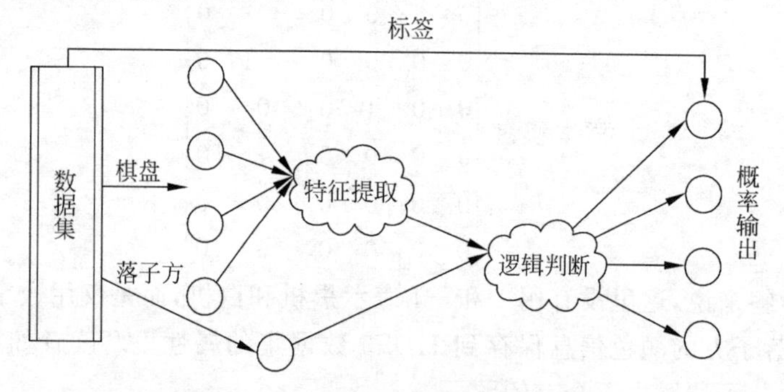

图 5-5　基本的数据流结构框架

要用神经网络来学习围棋，首先要将围棋棋盘用数学符号表示。图 5-6 显示的是 5×5 围棋棋盘的数字记法，通常是把二维图形盘面转换成矩阵的形式，其中，数字 1 代表黑棋，−1 代表白棋，棋盘上的空子位用 0 表示。

除了有棋盘的局面，为了让神经网络能给出落子建议，还需要告诉神经网络当前是该轮到谁来落子了。如图 5-7 所示，针对同一局面，不同的落子方也会有不同的选择。

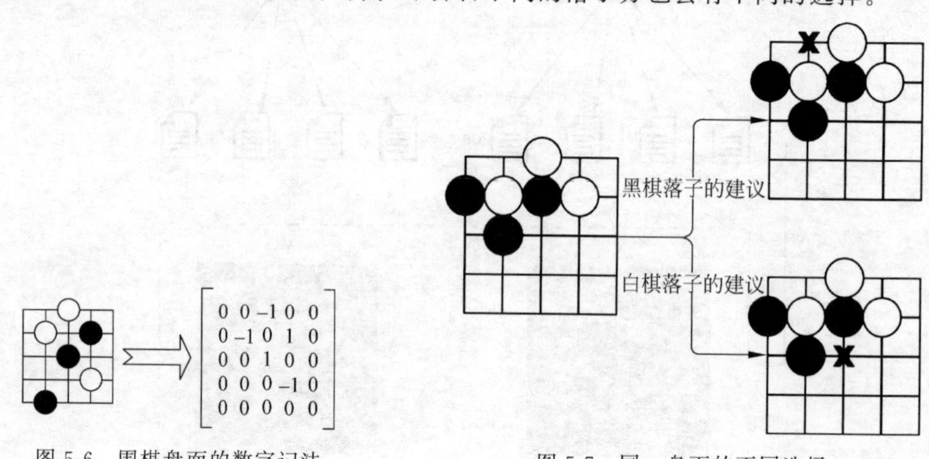

图 5-6　围棋盘面的数字记法　　　　图 5-7　同一盘面的不同选择

如图 5-8 所示，如果整个策略完全是由全连接网络组成的，除了要把二维的棋盘摊平成一维数据之外，从保持神经网络的结构尽量简洁这个角度出发，可以只为逻辑判断网络增加一个表示是哪方落子单一输入接口，用 1 和 −1 来分别表示当前应该是黑方还是白方落子。

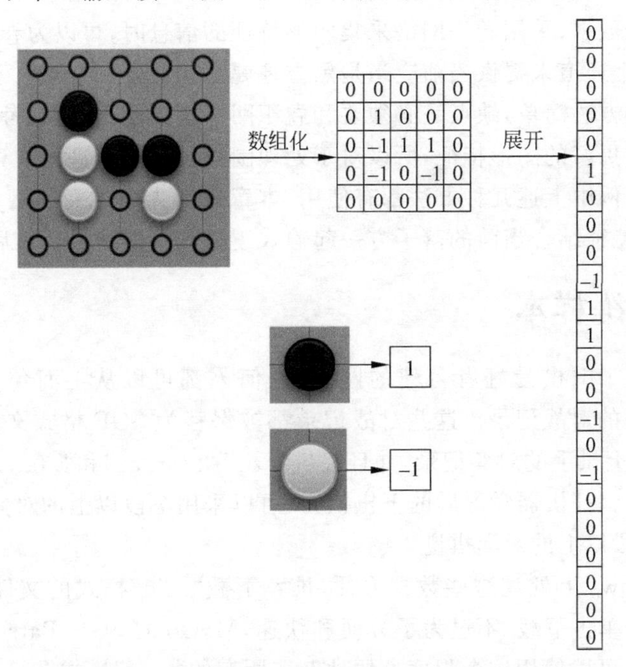

图 5-8 使用全连接神经网络时的数据预处理

图 5-9 演示了采用卷积网络对围棋盘面进行处理时可选用的两种方式。一种是和前面采用全连接网络对输入进行预处理的方式类似，把对棋盘的二维结构特征提取过程和当前

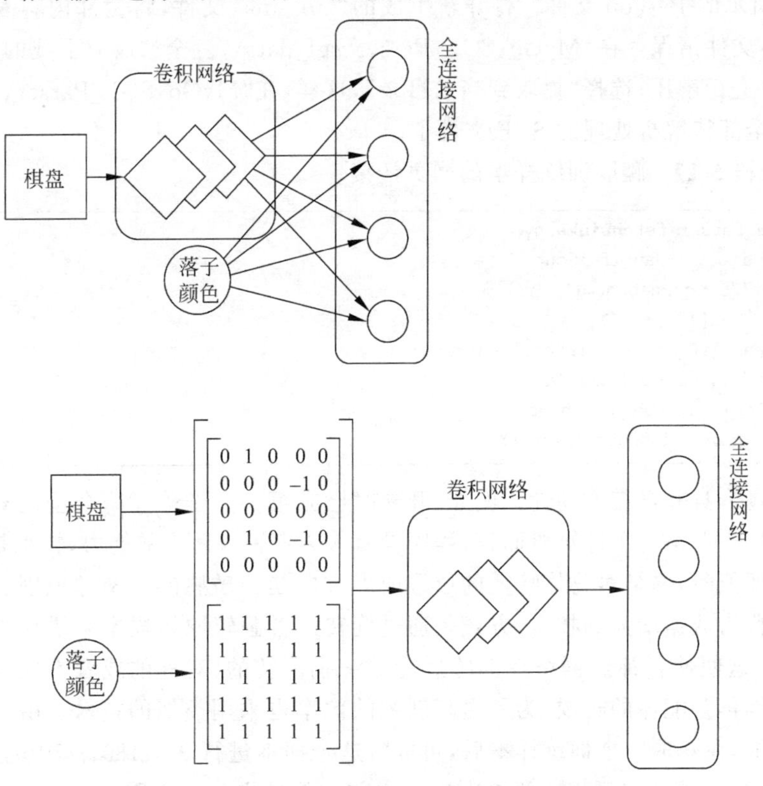

图 5-9 卷积神经网络对围棋盘面的两种处理方式

的落子方信息分开，当前落子方仅作为逻辑判断网络的一个单独输入节点。或者考虑到棋盘局面是一个二维数据，采用卷积网络采集图形特征的信息时，可以为卷积网络的输入多增加一个通道，用这个通道来提供当前应当是黑方还是白方落子的信息。这种方法的好处是实现上要比上一种方法简单，缺点是必须要和卷积网络搭配使用，但是考虑到围棋棋盘采用卷积网络能获取到更好的图形特征，所以对于处理围棋游戏而言这并不算是一个缺点。

本书的代码样例中上述几种方法都有使用，本章采用先通过卷积网络提取棋盘局面的特征，而后将盘面特征结合当前的落子方一起输入逻辑判断网络进行最后的落子选择。

视频讲解

5.4 获取训练样本

u-go.net是一个围棋爱好者自建的网站，任何人都可以从上面免费下载KGoServer(KGS)网站上棋手的对战记录。这些对战记录都被保存为SGF格式文件。网站上提供了7段以上或4段以上棋手的对弈记录，并且提供“.zip”“.tar.gz”和“.tar.bz2”三种格式文件的下载。通常为了保证机器学习后的下棋棋力，可以采用7段以上的对弈棋谱，如果样本偏少，再考虑使用4段以上的对弈棋谱。

为了在Windows上处理这些数据方便，推荐下载“.zip”格式的文件。如果读者愿意，完全可以手工逐个单击下载，不过为了方便和快速，MyGo的SGF_Parser目录下提供了一个Python小程序，可以使用这个程序方便地获取所有的“.zip”格式链接。具体的操作方法为：右击浏览器，把网页文件保存在MyGo\SGF_Parser文件夹下，使用默认文件名“u-go.net.html”保存。再在cmd窗口里运行python fetchLinks.py>zip.link来执行如代码片段5-1所示的Python文件。打开新生成的“zip.link”文件，将全部内容复制后粘贴到迅雷中下载，文件请保存在“MyGo\SGF_Parser\sgf_data\”。全选所有下载的ZIP文件，右击选择7-zip进行解压，选择“提取到当前目录”，这样，在“MyGo\SGF_Parser\sgf_data\”目录下就会有全部待解析处理的SGF文件了。

【代码片段5-1】 爬取训练样本的网页链接。

```
MyGo\SGF_Parser\fetchLinks.py
from bs4 import BeautifulSoup
f = open('u-go.net.html', 'r')
html = f.read()
soup = BeautifulSoup(html,"html.parser")
for link in soup.find_all('a'):
    if 'zip' in link.get('href'):
        print(link.get('href'))
```

围棋棋盘本身并没有方向性。例如，开局时己方第一个子落在哪个星位对对手而言并没有什么区别。但是对于计算机而言，程序没有人类那种自适应的能力，特别是通过卷积网络来提取特征值时，网络对物体特征的位置或者方向是很敏感的。图像识别的人工智能训练中有一种称为数据增强的技术，方式是通过旋转或者翻转原始样本来增加神经网络训练时的样本集，这便使得神经网络在训练后能够识别倒转的、对称的或者不同角度的目标物体。在训练围棋智能体的时候，为了提高训练的效率也采用类似的技术。由于围棋棋盘总是一个四方形，在获取一个训练样本后，可以对这个样本进行90°、180°、270°的旋转，同时还可以对样本进行水平镜像翻转，并再次进行之前的旋转操作。如图5-10所示，一盘盘面通过上述这种技术处理后就变成了 8 个样本。

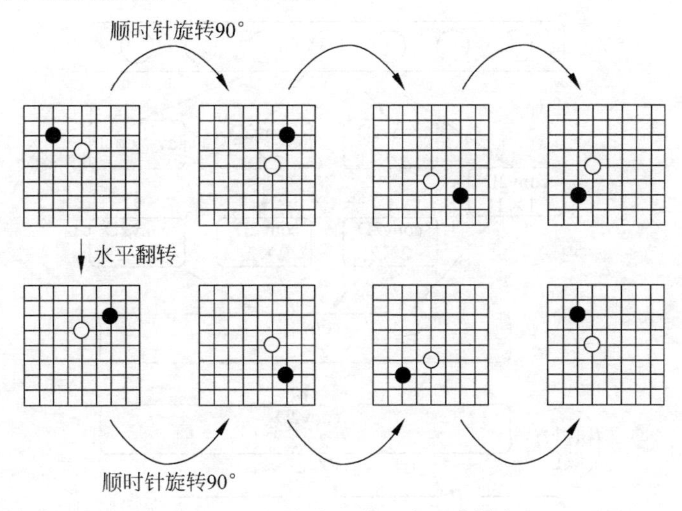

图 5-10　一盘盘面处理成 8 个样本

由于人工棋谱的数量相对于机器学习所需要的数量来说还是相对偏少的，通过上述技术可以缓解这个问题，但是要从根本上解决，必须要将样本生成的过程自动化。最方便的产生棋谱的方式是使用现有的围棋智能程序来相互对弈，通过这种方式可以产生源源不断的围棋棋谱。但是这种方式有一个致命的缺点，就是被训练的智能程序在棋力上很难突破原智能程序。这个致命缺点也是传统的以监督学习为核心算法的人工智能的一个通病。在后面的章节中将会看到其他更加有效的方法来增强围棋智能体的训练结果。不过目前而言，通过这种传统方法，围棋智能程序在棋力上已经能够胜过随机落子的系统了。

5.5　代码演示

传统的神经网络通过监督学习来更新其中的参数信息，本质上就是通过拟合训练集中的数据从而建立一个预测函数，并依靠这个函数对新的数据推测出新的结果。其中，训练资料是由输入样本和预期输出的标签所组成。而函数的输出可以是一个连续的数值或是预测一个分类。简单来看，围棋游戏可以抽象为人工智能研究领域的分类问题。19 路棋盘的 361 个落子位就是 361 种分类。本节将会利用前面的知识并使用神经网络来具体实现一个智能程序，它可以根据棋面的不同局势判定当前棋局局面应该归类为 361 个分类中的哪一个，并给出落子建议。

结构上可以借鉴著名的 Inception 来构建围棋智能程序网络。在 Inception 出现之前，大部分流行的卷积神经网络仅仅是把卷积层堆叠得越来越多，使网络越来越深，以此希望能够得到更好的性能。

Inception 结构的主要特点是采用了不同大小的卷积核对同一对象进行特征提取并在最后对不同尺度的特征进行拼接融合。初级阶段可以不必使用像 Inception 那么深的网络，图 5-11 是模仿并简化了 Inception 后的卷积网络结构，它只借鉴 Inception 的一组模块用于棋盘的棋形识别，然后再使用全连接层来做逻辑判断。为了能平滑地从卷积网络过渡到感知网络，可以故意让最后一层卷积的输出是一个 $1\times1\times c$ 的形状，然后再使用 flatten 功能把这层展开为感知网络。

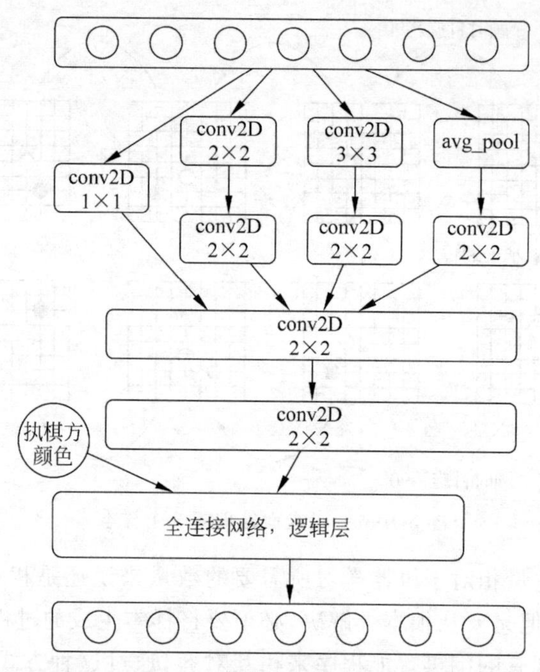

图 5-11　模仿并简化 Inception 后的卷积网络架构

在机器学习中，样本常常不能一次性获取全部完整的样本，它总是一点一点积累的。在围棋训练样本这件事情上也是一样，得到一些棋谱就把它们拿来作为训练样本，等有新的赛事结束后再把新的棋谱拿来作新的样本。每次获取到新的样本集后都可以为其独立生成一个 HDF5 文件，而无须每次都全量重新生成一个单独的 HDF5 文件。在训练时，每次都从文件系统上随机抽取 HDF5 文件会增加磁盘 I/O 的开销。由于 HDF5 文件结构非常简单，从理论上看，只要保证 group 名不重复，把新增的 HDF5 文件合并到原来的 HDF5 文件上是完全可行的。技术上，HDF5 官方套件提供了一个叫作 h5copy 的命令行工具可以用来做 HDF5 文件的合并，但在使用它之前，需要下载完整的 HDF5 应用程序，Windows 用户可以在官网上直接下载。

代码片段 5-2 定义了存放学习记录的位置、学习样本文件和网络模型。

【代码片段 5-2】　初始定义。

```
filePath = "./game_recorders/game_recorders.h5"    #1
games = HDF5(filePath,mode = 'r')                  #2
type = 'pd_dense'                                  #3
model = DenseModel(dataGenerator = games.yeilds_data, boardSize = 9, dataSize = 1024 * 100,
model = type)                                      #4
```

【说明】

(1) 学习样本的数据存放在 HDF5 的格式文件中。训练样本可以从历史棋局中获取，也可以通过程序来自动生成，如何通过程序来自动生成棋谱将在通用化围棋智能体程序中进行介绍。

(2) 通过 games 来实现从存储样本的 HDF5 文件中获取训练样本和对应的标签。

(3) 在 DenseModel()中预定义了网络模型，pd_dense 类型包含一个可选的参数用来专门指定是使用全连接网络还是卷积网络，默认是卷积网络。type 也可以直接设定为 cnn，从而显式地指出使用卷积网络。

(4) 调用预定义的 DenseModel()神经模型。使用 games 中的数据发生器来产生源源不断的训练数据。数据发生器是一项非常好用的技术，特别是对于样本数据量巨大的训练过程，系统由于内存限制，不可能一次性载入全部数据，通过这项继续，训练过程可以逐个按需获取训练样本。附录 A 中有对数据发生器这项技术的详细介绍。

代码片段 5-3 定义了模型的编译、学习及保存的方法。

【代码片段 5-3】 模型的编译、学习及保存。

```
MyGo\sample_loader.py
model.model_compile()          #1
model.model_fit(batch_size = 16 * 2,epochs = 10000,earlystop = 10,checkpoint = True)     #2
model.model_save(type + '.h5')          #3
```

【说明】

(1) 使用 DenseModel()方法预定义的梯度优化算法和误差函数。

(2) 开始训练，这里使用了早停和记录网络参数的功能。由于训练回合过多，对训练效果也不清楚，所以使用早停和参数记录可以避免由于网络设计不合理导致的训练时间浪费。

(3) 训练完成后保存模型。

使用 Keras 来做传统的神经网络训练十分方便，代码写作方式也基本固定，额外要做的仅是在参数选择上进行调整。读者可以使用 MyGo\test_fast_play.py 来看一下使用这种训练方法的棋力。代码片段 5-4 演示了其中如何装载和使用学习后的智能体。

【代码片段 5-4】 装载智能体并开始下棋。

```
MyGo\test_fast_play.py
from board_fast import *                                          #1
board = Board(size = 9)
bot1 = None                                                        #2
bot2 = Robot(ai = 'SD',boardSize = 9,model = 'pd_dense')          #2
game = Game(board)
print(game.run(play_b = bot1,play_w = bot2,isprint = True))       #3
```

【说明】

(1) 引入 board_fast 工具下的所有类方便后续调用。

(2) bot1 设置手工输入，bot2 采用刚刚训练好的模型。Robot 类默认装载 MyGo 目录下的 lj.h5 神经网络权重文件，所以在使用训练结果时要记得手工调整一下训练结果文件的文件名。

(3) 运行棋局并打印出胜负结果。

第6章

通用化围棋智能体程序

视频讲解

6.1 在网络上发布围棋智能体

通过搭建一个Web应用便可以把围棋智能程序发布在网络上,这样更多的人可以通过网络来与MyGo进行对弈。还有一种网络对战的方式是在专业围棋对战网站上为MyGo注册一个账号,MyGo通过这个账号在网上和玩家下棋。第二种方法是可以让MyGo具备主动寻找对手的能力,如何实现将在后面介绍。通过自己的网站发布MyGo是有好处的,相对于专业对战网站,这种方式对用户来说门槛较低,用户只需要一台可以上网的计算机打开网页就可以下棋了。Python有很多轻量的Web服务器框架,Flask和Bottle是两款使用比较广泛的框架。如果用户熟悉JavaScript,推荐采用NodeJS技术,使用Express框架来实现后端HTTP服务。为了保持本书编程语言的连贯性,图6-1演示了使用Bottle框架来搭建Web服务的架构。在第2章中已经实现了一个可以在本地下围棋的软件,并把下围棋这件事情抽象成了三个类:棋盘、棋手和裁判。现在为了能够让用户通过网页来下棋需要把棋盘和裁判这两个抽象概念搬移到网页上,而在服务器的后端只部署棋手的功能。

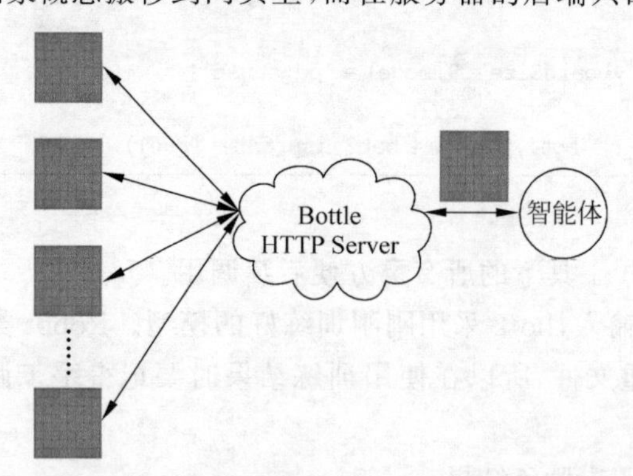

图6-1 使用Bottle框架搭建Web服务的架构图

棋盘和裁判这两样东西是固定的,每当用户访问围棋服务器时,没有必要在后台服务器上为每个玩家实例化一整套围棋类,棋盘和裁判的功能就交给用户的浏览器去实现。服务器端只需要关心棋手这个类就行了。根据围棋的特性,智能程序只需要知道当前盘面和哪个颜色落子这两样信息就可以判断出接下去该走哪一步,所以需要把智能程序的chooseMove()

方法设计成一个类方法(通过@classmethod装饰符标记),而不是每次都去实例化一个具体的实体对象。由于需要和前端浏览器打交道,可以使用JavaScript在浏览器端实现棋盘和裁判的功能。幸运的是,开源网站上有许多人已经实现了棋盘和裁判这两个功能的前端浏览器代码,只需拿来稍加修改就可以满足编程者的个性化需求。这里选择使用ismyrnow的Go程序。图6-2是对ismyrnow的前端界面调整后的截图,软件的代码非常优秀,稍加修改就足够使用了。

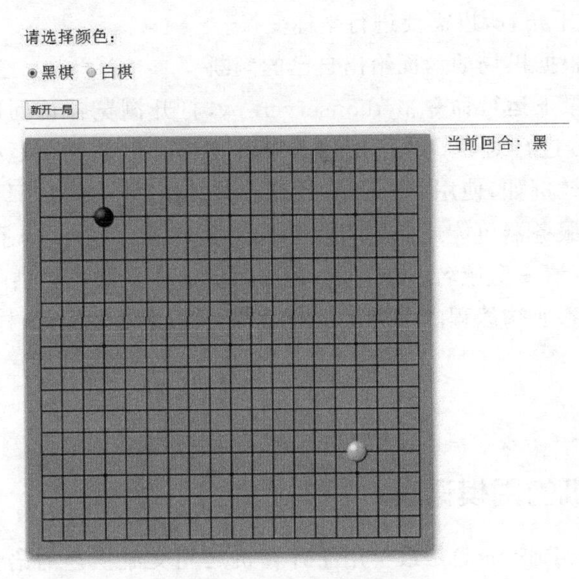

图6-2 前端界面截图

由于本书的主题是关于如何实现围棋智能程序,所以这里就不多展开讨论与之无关的前端技术细节。读者如果感兴趣可以直接参考MyGo的源代码。在webserver目录下可以找到server.py,它是服务器应用文件。代码片段6-1实现了网络服务和围棋智能程序的交互。

【代码片段6-1】 Bottle实现的服务端程序。

```
MyGo\webserver\server.py
from board_fast import Robot,Point                                    #1
@route('/genmove')
def genmove():
    color = request.query.color
    board = request.query.board
    board_array = board.split('_', -1 )                               #2
    board_array = [ -1 if i == '0' else i for i in board_array]       #3
    npboard = np.array(board_array)                                   #3
    npboard[npboard == '.'] = 0                                       #3
    npboard[npboard == 'X'] = 1                                       #3
    npboard = npboard.astype(int)                                     #3
    npboard = np.flip(npboard.reshape(int(np.sqrt(len(npboard))), int(np.sqrt(len
(npboard)))).T,axis = 1)                                              #4
    point = Robot.quickChooseMove(npboard,color = color)              #5
    return {'x':str(point.row),'y':str(point.col)}
```

【说明】

(1) 从之前编写的文件里引入机器人智能程序。

(2) 前端把棋盘变成一维数组后转成字符串传到后台,字符串里用下画线作为数组元素的连接符,后端收到后需要把字符串再转回成数组。

(3) 把一维数组转成 NumPy 数组,由于传入的是字符串,需要进行特殊处理。

(4) 把一维数组转成二维数组,变成棋盘的样子。NumPy 数组的圆点在左上角,而 Web 棋盘的原点在左下角,所以需要进行坐标变换。

(5) 智能体程序根据棋局的盘面给出自己的判断。

在 webserver 目录下运行命令 pythonserver. py,打开浏览器访问即可(网址详见前言中的二维码)和 MyGo 进行对弈。为了使得 MyGo 能够在互联网上运行得更好,读者自己可以再多做一些工作。例如,使用 Ngnix 来处理静态文件,让 Bottle 只负责处理 request 请求。如果没有专门的服务器可能还需要租用一台云服务器。另外,为了方便互联网用户访问服务器,还得额外申请一个域名。在中国,把域名绑定到云服务提供商的服务器时需要进行域名备案。鼓励熟悉前端编程的读者对界面做额外的美化工作,这样可以吸引更多的人来使用它。

6.2 本地对战

视频讲解

6.2.1 计算机的围棋语言

GMP(Go Modem Protocol)是最早用于计算机之间交流棋艺的语言。基于该协议,程序员只需要关注围棋的智能算法,而无须考虑绘制棋子、缩放棋盘等其他无关的事情。这个协议是一个所有围棋程序都“应该”支持的标准。虽然这个协议历史悠久,但是目前大多数计算机围棋锦标赛使用的还是 GMP。不过该协议在通信方面非常落后,比赛中为了实现两台计算机可以互弈,需要将两台计算机的串行通信端口以“nullmodem”电缆连接。

GNU Go 3.0 引入了一个新协议,称为 GTP(Go Text Protocol),其目的是建立一个比 GMP 的 ASCII 接口更适用于双机通信、更简单、更有效、更灵活的接口。GTP 作为围棋智能程序间的通信协议已被越来越多的程序采用,包括围棋下棋引擎和围棋的图形客户端。除了可以让计算机之间相互对弈,GTP 还有很多用途,包括回归测试开发者自己的围棋程序,对接在线围棋对弈网站,甚至是桥接围棋图形界面与在线围棋对弈网站。主流的围棋软件和在线对弈网站都支持该协议。

GTP 目前有两个版本:版本 1 与版本 2。版本 1 是正式发布的围棋通信协议,但是它缺少一些围棋的个性化特色。目前被广泛支持的是 GTP 的版本 2,但是它依然是一个草稿协议,并没有正式发布过。鉴于 GTP 的普遍性,这里为 MyGo 引入该协议。

这里介绍 GTP 中最常用的两条命令:genmove 和 play。其他的 GTP 命令可以参考官方网站上的详细说明。后面的内容中会使用到这两条命令。如图 6-3 所示,genmove 的作用是请求围棋软件给出当前盘面应该下哪一步,它仅有一个参数,表示当前请求的是哪个颜色的落子。例如,genmove B 表示请求告知黑棋应该落哪个子。黑色可以用大写的 B 或者小写的 black 表示,同样地,白色可以用 W 或者小写的 white 表示。GTP 中所有命令的应答都以等号开头,紧跟一个空格后给出当前命令的执行结果。如果命令不需要反馈结果,只需给出一个等号。play 命令是告诉软件当前有什么颜色进行了落子，以及落在了哪里。因此 play 命令后有两个参数，分别表示棋子颜色和落子的位置。play 命令不需要应答，程序接收后反馈等号表示成功接收到了命令。

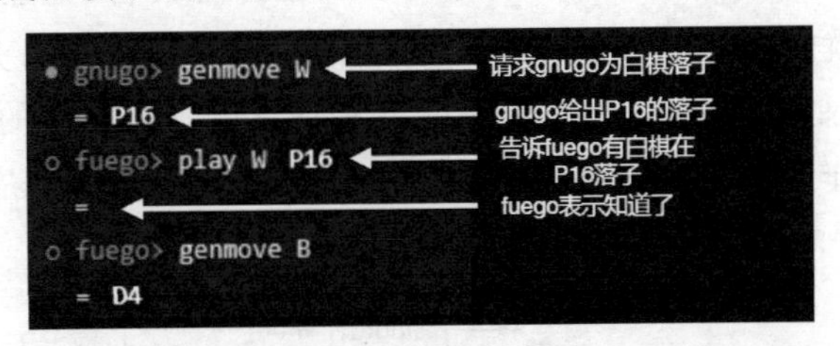

图 6-3 GTP 示例

6.2.2 围棋的对弈图形界面

随着围棋游戏在世界范围内的普及，Linux、Windows 和苹果的 Macintosh 上都有开发者贡献了界面精美并且免费的围棋图形对弈软件。在 Windows 系统中，Drago、GoGui 和 Sabaki 是 3 款人们最常用到的围棋界面软件。如果读者使用了其他操作系统，可以参考 GNU Go 网站对这些软件的介绍。和 GTP 简陋的类 DOS 界面相比，正是有了这些精美的图形界面，使得围棋游戏被更多的普通人接受。

6.2.3 围棋引擎

通常围棋的对弈图形界面软件并不包含围棋智能体程序，它们只提供基本的围棋下棋展示界面。但是主流的围棋图形界面都支持外挂围棋的智能引擎。

1. 基本原理

围棋图形界面和围棋智能程序是两个独立的程序。和许多游戏外挂软件的基本原理类似，围棋图形界面调用围棋智能程序下棋涉及两个不同进程间的通信。进程间的通信有许多种实现方法，最常用的有管道、消息队列、信号量、共享存储、Socket、Streams 等。其中，管道这种方式又分成匿名管道和命名管道。采用匿名管道进行进程间通信的典型应用场景有：先由进程创建匿名管道，然后再创建一批子进程继承这个匿名管道并进行数据通信。由于是未命名的管道，匿名管道只能在本地计算机中使用，只能实现父进程和子进程之间的通信，不能实现任意两个本地进程之间的通信，不能实现跨网络之间的进程间通信。匿名管道也不能支持异步读/写操作。匿名管道虽然提供的功能很单一，但是它的系统开销小，结构简单，非常适合用作围棋引擎本地对战。

键盘和鼠标是最常见到的计算机输入设备。显示器则是常见的计算机输出设备。但是准确地说，无论是键盘还是显示器，它们并不直接和程序发生数据流转的关系。外部设备和计算机直接打交道的是计算机内部的 stdin 和 stdout，stdin 的全称为标准输入，stdout 的全称为标准输出。还有一个不太常见的设备叫作 stderr，全称是标准错误输出。它们是计算内数据流转的通道。stdin 的作用是把输入数据传递给程序。stdout 则是把程序的输出数据传递到计算机外部。stderr 主要负责向计算机外部传递程序执行时发生的错误信息。对大多数人来说，stdout 和 stderr 是一样的，因为它们都是从显示器上读到计算器向外输出的信息，但是在计算机内部，stdout 和 stderr 采用的是两个完全不同的数据通道。

外部设备和计算机程序间的数据流转关系如图 6-4 所示。外部输入设备负责向 stdin 通道输入数据，如果程序有数据输入的需求，就从 stdin 通道获取数据。当程序有输出需求时，它会根据情况把数据传递给 stdout 或者 stderr，当外部设备（如显示器）发现 stdout 或者 stderr 有数据时，就向外输出这些数据。由此可以发现，当程序 B 是通过接收外部输入设备输入的信息来控制行为的话，如果想通过 A 程序来控制 B 程序的行为，只需要让 A 程序代替外部输入设备向 stdin 输入数据，从 stdout 和 stderr 获取 B 程序的输出数据，就可以实现 A 程序与 B 程序之间的互动。

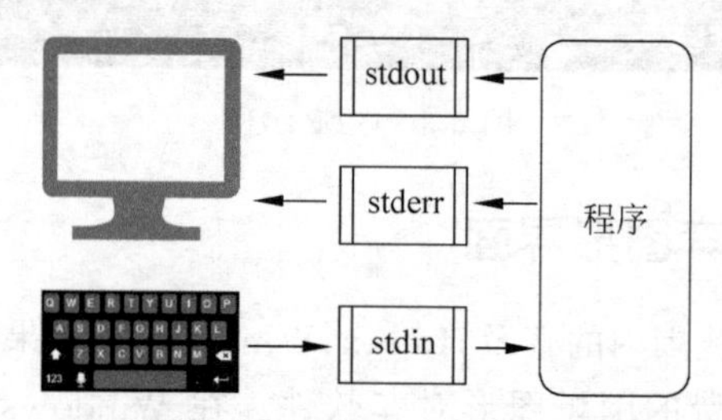

图 6-4　标准输入/输出设备作为数据流转的通道

把围棋的图形界面程序看作 A 程序，将围棋智能引擎当作 B 程序。在计算机的世界中它们还有属于自己的专用名字，A 程序称为父进程，B 程序称为子进程。为了实现父进程与子进程之间的信息交互，父进程首先要在程序内部调用子进程，然后声明将子进程的 stdin 和 stdout 绑定到调用子进程时创建的属于父进程的句柄上。父进程的操作对于子进程而言是透明的，它不能区分它的输入是来自用户键盘还是某一外部程序。如图 6-5 所示，当父进程对接了子进程的输入/输出后，就不能再通过外部设备来输入或者接收子进程的数据了，与子进程的一切交互都必须通过父进程来实现。

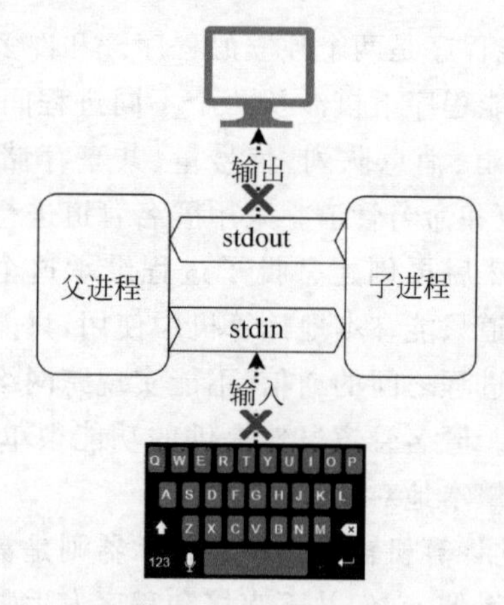

图 6-5　父进程接管子进程的输入（stdin）输出（stdout）

Python 中可以使用 subprocess 模块来产生新的进程（子进程），它的主要功能就是执行外部的命令和程序。代码片段 6-2 和代码片段 6-3 演示了如何用 subprocess 的 Popen()函数来调用其他程序，如何创建一个匿名管道来对接子程序的标准输入输出。示例中，father 程序调起 son 程序后，向 son 传递消息并接收 son 反馈的信息，程序会把接收到的信息打印在各自的日志文件中。

【代码片段 6-2】 父进程创建匿名管道并输入信息。

```
MyGo\gtp\father.py
from subprocess import *
import logging
log_file = 'father.log'
log_level = logging.DEBUG
logging.basicConfig(filename = log_file, level = log_level)
logger = logging.getLogger()
p = Popen(["son"], shell = True, stdin = PIPE, stdout = PIPE, bufsize = 0, universal_newlines =
True)                                    #1
p.stdin.write('Hello,son.\n')            #2
line = p.stdout.readline()               #3
logger.debug(line)
```

【说明】

(1) 调起子进程 son，为 son 的标准输入和输出建立起一个匿名管道。标准输入和标准输出重定向到匿名管道中。将匿名管道的 stdin 和 stdout 都设置成不缓存。Windows 系统还需要额外把函数的 shell 参数设置为 True。

(2) 把通信的数据设置成字节流并写入绑定标准输入的匿名管道中。传输的数据必须以换行符结束。

(3) 等待从标准输出里读取子进程的输出。

【代码片段 6-3】 子进程读取匿名管道中的信息。

```
MyGo\gtp\son.py
#!python -u                              #1
import sys
import logging
log_file = 'son.log'
log_level = logging.DEBUG
logging.basicConfig(filename = log_file, level = log_level)
logger = logging.getLogger()
s = sys.stdin.readline()
logger.debug(s)
sys.stdout.write("Hello,Dad.\n")         #2
```

【说明】

(1) 将 stdin 和 stdout 都设置成不缓存。如果标准输入输出有缓存，会破坏 GTP 的正常工作。stderr 默认是没有缓存的。如果不显式地指明对标准输入输出设置缓存，可以在程序中使用 flush()函数来强制输出设备中的内容。需要特别指出，Python 2 和 Python 3 在-u 参数上的表现是不同的。Python 2 会把 stdin 和 stdout 都设置成不缓存。Python 3 会区别对待字节流和文本流。-u 参数只能对字节流起作用，文本流不会受到这个参数的影响，所以为了使得标准输入输出的缓存为 0，需要将数据强制转换为字节流。

(2) Python 的 sys 库默认以字节流进行数据传输。传输的数据以换行符结束。

执行 father 后，不需要再额外输入其他信息，屏幕上也没有任何输出信息。代码片段 6-2 和代码片段 6-3 执行后在日志记录里的输出如图 6-6 所示。

如图 6-7 所示，如果单独通过命令行手工执行 son. py，通过键盘输入“Hello，son.”后，可以从屏幕上看到程序输出“Hello，Dad.”。

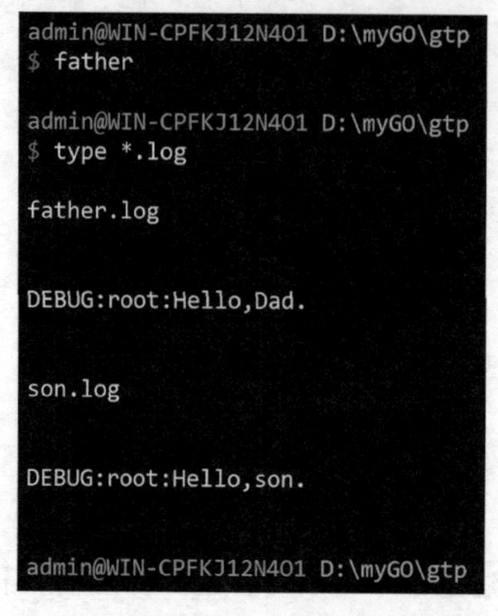

图 6-6 father. py 通过匿名管道调用 son. py 后的日志输出

图 6-7 son 程序的单独执行效果

对比两种不同的调用方式，可以看出它们在信息输入与输出方面的差异。和手工调用 son. py 相比，father. py 程序作为父进程，完全接管了子进程的 stdin 和 stdout，在显示器上就无法观察到任何关于子进程的信息，也无法向子进程输入任何信息。

有些 Windows 围棋图形界面软件只支持载入编译成 exe 可执行程序的围棋引擎，有些用户可能没有安装过 Python，为了使这个引擎更具普遍性，可以用 pyinstaller 程序把“. py”文件编译成 exe 二进制可执行文件。

执行表 6-1 中的命令，可以看到详细的生成过程。生成完成后，会在当前目录下看到多了一个 dist 目录，father. exe 和 son. exe 文件就在这个 dist 目录下。

表 6-1 pyinstaller 的使用

步　骤	命　令
用 pip 安装 pyinstaller	pip install pyinstaller
将 father. py 和 son. py 分别编译成 exe 可执行文件	pyinstaller --onefile father. py
	pyinstaller --onefile son. py

大部分情况下，pyinstaller 都可以工作得很好，但是注意，在 son. py 中使用了 #!python -u 这个特殊编译命令，pyinstaller 不能使其在 exe 可执行程序中生效，如果要编译成 exe 可执行程序，需要额外加上清空缓存的命令：

```
sys.stdout.write("Hello,Dad.\n")
sys.stdout.flush()
```

2. MyGo 对战 GNU Go

如果仅仅是为了完成对战，genmove 和 play 这两条命令就足够了。GNU Go 是现成的程序，它支持 GTP，MyGo 调起 GNU Go 后通过 GTP 与它通信。如图 6-8 所示，流程中 genmove 是询问 GNU Go 落在什么位置，play 则是告诉 GNU Go 自己（MyGo）下哪步棋。

站在 MyGo 的角度，它告诉 GNU Go 下了什么，然后再问 GNU Go 打算下什么。

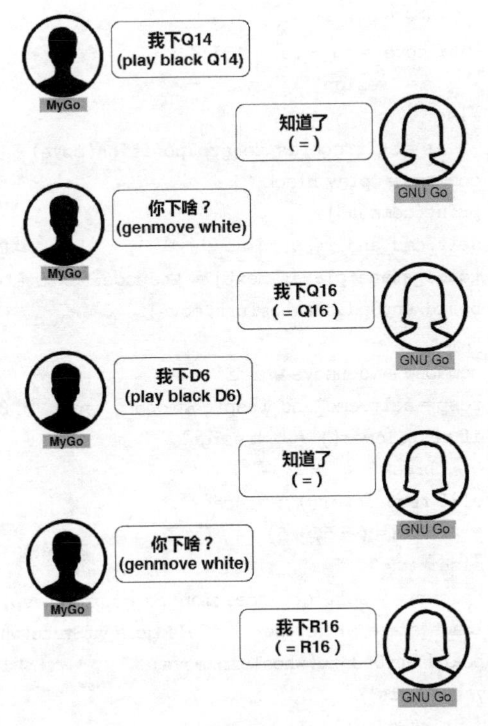

图 6-8　MyGo 调起 GNU Go 后通过 GTP 对战

模仿前述 father、son 两个程序的运行模式，代码片段 6-4 通过匿名通道尝试与 GNU Go 对弈。

【代码片段 6-4】 调用 GNU Go 进行对弈。

```
MyGo\gtp\play_locally.py
class Play_Gtp:
    def __init__(self, bot = None, handicap = 0, opponent = ["gnugo", "--mode", "gtp"], output_
sgf = None, our_color = 'b'):                                          #1
        self.bot = bot
        self.dataFlow = Popen(opponent, shell = True, stdin = PIPE, stdout = PIPE, bufsize = 0,
universal_newlines = True)                                             #2
    def cmd_and_resp(self,command):                                    #3
        self.cmd_to_op(command)
        return self.get_resp()
    def play(self):
        board = GoBoard()                                              #4
        whosTurn = Player.black
        player_next = whosTurn
        game_state = GameState.g_continue
        if self.bot is None:                                           #5
            ...
        else:
            while game_state == GameState.g_continue:
                if whosTurn == Player.black:
                    move = self.bot.chooseMove('R', board)            #6
                    board.envUpdate(whosTurn, move)
```

```
            if move == (-5, -5):
                s = 'pass'
            elif move == (-10, -10):
                s = 'resign'
            else:
                s = self.coords_to_gtp_position(move)
            commond = 'play black ' + s
            print(commond)
            self.cmd_and_resp(commond + '\n')          #7
            [game_state, player_next] = GoJudge.NextState(whosTurn, move, board)
            board.envUpdate(whosTurn, move)
        else:
            commond = "genmove white"
            resp = self.cmd_and_resp(commond + '\n')   #8
            if resp.lower() == 'resign':
                break
            elif resp.lower() == 'pass':
                move = (-5, -5)
            else:
                move = self.gtp_position_to_coords(resp)
            [game_state, player_next] = GoJudge.NextState(whosTurn, move, board)   #9
            board.envUpdate(whosTurn, move)             #10
        os.system('cls')
        board.printBoard()
        if game_state != GameState.g_over and game_state != GameState.g_resign:   #11
            whosTurn = player_next
        else:
            print("Game Over!")
```

【说明】

(1) 采用命令 gnugo --modegtp 即可调用 GNU Go 的 GTP 模式。

(2) 引入之前编写的机器人。

(3) 通过匿名管道传入命令后等待 GNU Go 给出应答后才继续运行，如果不同时与多个引擎对战，采用阻塞的方式并不会影响性能。

(4) 使用之前编写的棋盘类来记录游戏。

(5) 使得程序能够支持手工输入 GTP 命令，这个功能更多的是为了方便调试。

(6) 让智能程序根据当前棋局选择落子。

(7) 把智能程序的落子情况通知 GNU Go。

(8) 请求 GNU Go 落子。

(9) 更新当前棋局的状态记录。

(10) 更新棋盘上的落子情况。

(11) 如果棋局没有结束就继续。

现在代码已经具备了调用围棋引擎来下棋的能力，使用这个技术可以生成大量的围棋对局。机器学习需要大量的学习样本，获取人类的对战棋局一是数量有限，二是相互对弈的棋手水平参差不一。如果可以让程序自己生成棋局记录，学习样本的质量和数量问题就可以得到有效解决。执行 MyGo\gtp\ai_vs_ai.py 可以调用 GNU Go、Fuego 或者 Pachi 来进行自动对弈并生成对弈的棋谱。

3. 通过 Sabaki 让 MyGo 对战 GNU Go

使用 MyGo 调用 GNU Go 来对弈就像两个人通过微信小窗聊天，而通过 Sabaki 来调用 MyGo 和 GNU Go 对战有点像是两个说不同语言的人需要通过中间人翻译才能理解对方的意图。Sabaki 充当的就是翻译者的角色，如图 6-9 所示，它通过反复在双方间传话使得 MyGo 和 GNU Go 之间可以传递信息。

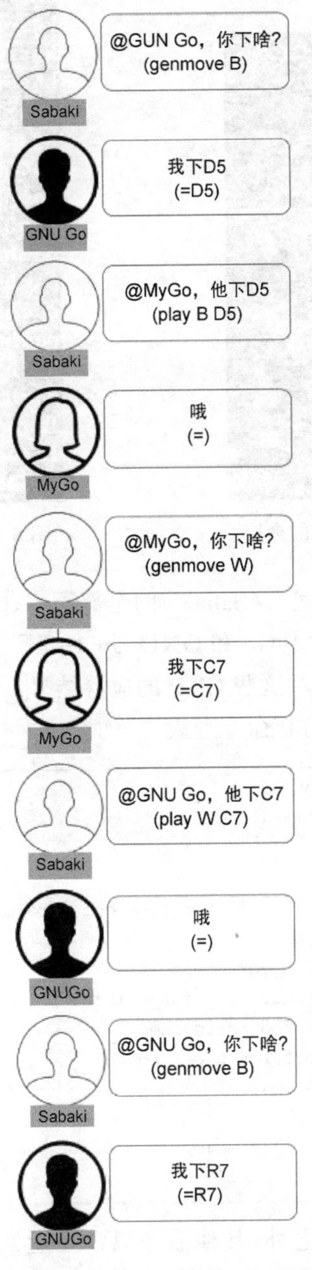

图 6-9　Sabaki 作为中间人在 MyGo 和 GNU Go 之间传递信息

用MyGo直接调用GNU Go对弈时，程序只需要实现两个核心GTP命令：genmove和play。但是现在由于中间人（Sabaki）的存在，程序还需要让MyGo能听懂一些中间人的语言。可以通过list_commands来查看GNU Go、Fuego和Pachi都支持哪些命令。GNU Go的执行结果见图6-10。

除了标准GTP以外，GNU Go、Fuego和Pachi还会有一些自己的内部命令。例如，Pachi会加入支持kgs在线平台的命令，也会有一些自己使用的专有命令，如图6-11所示。

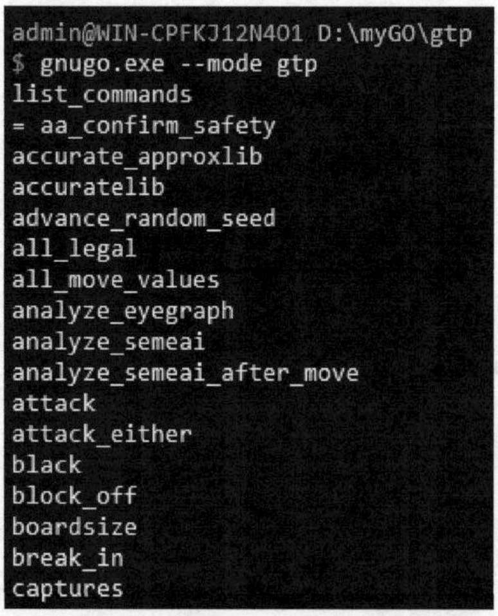

```
admin@WIN-CPFKJ12N401 D:\myGO\gtp
$ gnugo.exe --mode gtp
list_commands
= aa_confirm_safety
accurate_approxlib
accuratelib
advance_random_seed
all_legal
all_move_values
analyze_eyegraph
analyze_semeai
analyze_semeai_after_move
attack
attack_either
black
block_off
boardsize
break_in
captures
```

图6-10 查看GNU Go支持的命令

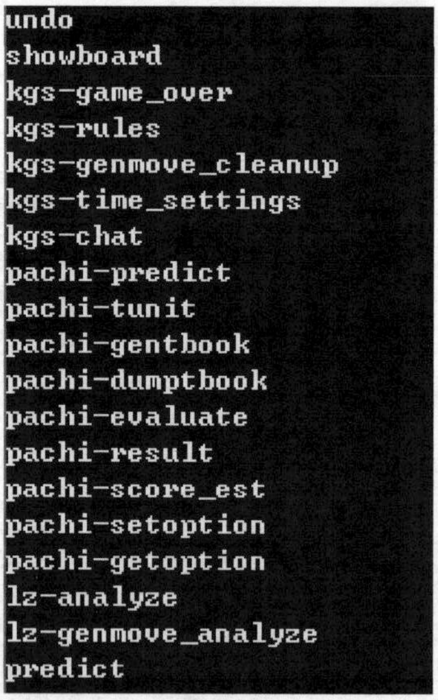

```
undo
showboard
kgs-game_over
kgs-rules
kgs-genmove_cleanup
kgs-time_settings
kgs-chat
pachi-predict
pachi-tunit
pachi-gentbook
pachi-dumptbook
pachi-evaluate
pachi-result
pachi-score_est
pachi-setoption
pachi-getoption
lz-analyze
lz-genmove_analyze
predict
```

图6-11 Pachi支持的专用命令

如果只是对弈，无须听懂中间人（Sabaki）的全部语言（GTP）。非常幸运，只需支持9个常用命令就可以通过Sabaki让MyGo和GNU Go对弈了。代码片段6-5定义了程序支持哪些GTP，代码片段6-6实现了对这些GTP的应答结果。

【代码片段6-5】 支持的GTP命令列表。

```
MyGo\gtp\go_engine_program.py
class gtp_client:
    def __init__(self):
        self.commands_mini = {
            "protocol_version":self.foo_protocol_version,
            "name":self.foo_name,
            "version":self.foo_version,
            "list_commands":self.foo_list_commands,
            "boardsize":self.foo_boardsize,
            "clear_board":self.foo_clear_board,
            "komi":self.foo_komi,
            "play":self.foo_play,
            "genmove":self.foo_genmove,
        }
```

除了play和genmove命令之外，其他命令只需要返回固定字符或者空就行了。GTP定义的命令非常简单，关于GTP的详细解释可以查看GTP的说明文档。

【代码片段 6-6】 GTP 的应答。

```
MyGo\gtp\go_engine_program.py
def foo_protocol_version(self,args):              #1
    return '2'
def foo_name(self,args):                          #2
    return 'MyGo'
def foo_version(self,args):                       #3
    return '1.0'
def foo_list_commands(self,args):                 #4
    return 'protocol_version\nname\nversion\nlist_commands\n' + \
        'boardsize\nclear_board\nkomi\nplay\ngenmove'
def foo_boardsize(self,args):                     #5
    return '' if args[0] else 'board size outside engine\'s limits'
def foo_clear_board(self,args):                   #6
    return ''
def foo_komi(self,args):                          #7
    return ''
```

【说明】

(1) 围棋智能程序支持的版本，由于 GTP2 是实际在网络上流行的围棋通信协议，MyGo 也以支持这个版本为目标。

(2) 围棋智能程序的名字。

(3) 围棋智能程序的版本号。

(4) 围棋智能程序支持的 GTP 列表。

(5) 当前游戏的棋盘大小。如果只支持 19 路围棋，需要对输入的这个命令进行判断。

(6) 清空棋盘。

(7) 此局贴多少目。一般中国规则是 6.5 目。

最后需要仿照前面的章节内容来制作一个支持 play 和 genmove 命令并且能够自己下围棋的智能体程序，代码片段 6-7 只是把一些需要的功能从之前的代码中移植过来就实现了 play 和 genmove 命令的功能。

【代码片段 6-7】 适配 GTP 的智能体。

```
MyGo\gtp\go_engine_program.py
class gtp_client:
    def __init__(self):                                      #1
        self.agentB = GoAgent(Player.black)
        self.agentW = GoAgent(Player.white)
        self.board = GoBoard()
    def foo_play(self,args):
        if len(args)!= 2:
            return 'Unknown command.'
        if args[0].lower()!= 'b' and args[0].lower()!= 'black' \
            and args[0].lower()!= 'w' and args[0].lower()!= 'white':
            return 'Unknown command.'
        if args[0].lower() == 'b' or args[0].lower() == 'black':
            whosTurn = Player.black
```

```
        else:
            whosTurn = Player.white
        move = self.gtp_position_to_coords(args[1])                  #2
        self.board.envUpdate(whosTurn,move)                          #3
        return ''
    def foo_genmove(self,args):
        if len(args)!= 1:
            return 'Unknown command.'
        if args[0].lower() == 'b' or args[0].lower() == 'black':
            whosTurn = Player.black
        elif args[0].lower() == 'w' or args[0].lower() == 'white':
            whosTurn = Player.white
        else:
            return 'Unknown command.'
        if whosTurn == Player.black:
            move = self.agentB.chooseMove('R',self.board)            #4
        else:
            move = self.agentW.chooseMove('R',self.board)
        self.board.envUpdate(whosTurn,move)
        return self.coords_to_gtp_position(move)
```

【说明】

(1) 引入之前编写的 GoAgent 和 GoBoard 类作为对弈引擎内部使用的机器人智能体和棋盘。GTP 只负责传递命令信息,因此围棋引擎需要自己维护一份对弈棋盘的副本,程序使用 GoBoard 类的实例来维护对弈的棋盘。

(2) 把人类语言描述的棋盘坐标转换成程序认识的坐标。

(3) 对于 play 命令,只需要在棋盘里记录对方的落子即可。

(4) 对于外部输入的 genmove 命令,使用智能程序的 chooseMove()功能来对当前盘面进行落子位置选择。

go_engine_program.py 在代码开头引入了一些自己写的模组块,使用 pyinstaller --onefile 命令生成可执行文件的时候不会自动把这些模组一起编译进去。虽然编译时可以顺利通过,但是在执行时会报错:nomodule named 'xxx'。如果需要 pyinstaller 把这些自己编写的模组一起放入可执行文件中会有点麻烦,具体的操作方式和本书的内容无关,读者可以自己查看 pyinstaller 的文档。本书开源的版本里额外提供了 go_engine_program_exe.py 这个文件,可直接用 pyinstaller 编译成可执行文件。如果读者想使用围棋图形界面软件与围棋引擎对弈,可以载入 go_engine_program_exe.exe 这个程序。

视频讲解

6.3 让围棋智能体自己去网上下棋

为了让这款自制的智能体程序能够在网络上下棋,必须要实现全部的 GTP,对于某些在线对弈网站可能还需要针对网站自定义的命令实现一些功能。KGS(Kiseido Go Server)是目前网络上最活跃的围棋对弈服务器之一,每天服务器上都会聚集超过 1000 名全世界的围棋爱好者在上面下棋,不仅是人类,KGS 还设有专门的机器人房间,提供全球各地的围棋智能程序在上面下棋。如果已经有了一个可以接收 GTP 的智能围棋机器人,就可以使用 KGS 提供的工具将智能程序接入网站,并与网站上的其他人进行围棋的较量。

KGS 提供了专门的 Java 工具 kgsGtp 用来对接围棋智能程序。读者需要在自己的计算机上安装 Java 的运行环境才能使用这个工具。使用 kgsGtp 的方法和使用围棋 GUI 非常类似,要做的也仅仅是提供一个可以支持 GTP 的智能程序,其他的工作则交由这个工具来处理。

首先需要在 KGS 上注册一个账号,KGS 账号的使用是完全免费的。接着要做的就是配置一个关于智能程序的配置文件,代码片段 6-8 展示使用 GNU Go 在 KGS 上的下棋配置文件,用户只需要调整这个配置里的相关参数就可以使得自己的围棋智能程序在 KGS 上下棋了。

【代码片段 6-8】 GNU Go 关于 KGS 的配置。

```
myGnuGoBot.ini
engine = gnugo.exe -- mode gtp -- quiet
name = myGnuGoBot
password = myPassword
room = Computer Go
mode = custom
reconnect = true
rules = chinese
rules.boardSize = 19
rules.time = 15:00 + 5x0:15
talk = I'm a computer.
gameNotes = Computer program GNU Go
```

读者只需要具备一些英语单词的基础知识便可以明白上面这个配置文件的内容。这个配置是大小写敏感的,不要混用大小写字母。当下载好 kgsGtp 工具后,压缩包里会有一个名叫 kgsGtp.xhtml 的文件,这是一个 kgsGtp 说明书文件,用浏览器打开后读者可以了解更细节的内容,包括各种参数命令和使用场景等,在这里就不做翻译工作了。

有了 Java 运行环境,有了 kgsGtp 工具,有了能够按 GTP 运行的围棋智能程序,有了 KGS 账号,剩下的就只需要运行命令 java -jar kgsGtp.jar myGnuGoBot.ini 就能让围棋智能程序在网络上和其他人类对手或者计算机一较高下了。

如果读者觉得使用别人的工具不是很方便,或者有的人有一些特殊控制上的需求,KGS 现在也提供利用 JSON 文件与服务器进行交互,读者可以自己实现一个类似 kgsGtp 的控制软件。KGS 的 JSON 文件的传递方法和网站与用户交换 JSON 文件并没有什么区别,这部分的内容纯粹是计算机工程上的事情了,与本书内容无关,也就不再赘述了,详细内容可以参考 KGS 提供的文档。

互联网上还有一个专门提供给计算机之间对弈的网站叫 CGOS,它和 KGS 的最大区别是 CGOS 平台只提供计算机程序之间对弈围棋,人类选手不能在上面进行围棋切磋。CGOS 由于只需要提供计算机下棋的环境,因此在规则上要比 KGS 简单许多。CGOS 的客户端软件 cgosGtp 和 kgsGtp 一样,也需要一个配置文件,但是 cgosGtp 的配置文件要简单许多。下面是 cgosGtp 的一个配置示例。

```
config.txt
% section server
    server yss - aya.com
    port 6809

% section player
     name       go11test
     password   secretpass
     invoke     go11.exe
     priority   7S
```

同样,关于cgosGtp更多详细的细节在软件下载包里有说明,读者可以自行下载下来研究。如果觉得cgosGtp不够灵活,可以使用Christian Nentwich提供的Python版本cgos-client-python。

中国有很好的围棋群众基础,但是能够支持计算机智能体接入的目前只发现了"野狐围棋"这个平台。"野狐围棋"在接入文档上还是比较友好的,但缺点是接入前需要申请并通过审批。如果读者对国内的围棋游戏平台不满意,可以架设自己的公众围棋对弈服务。OGS是一个优秀且开源的互联网在线围棋对弈平台,它有一套完整的在线围棋对弈机制,并且支持计算机智能体接入。

第三部分

强 化 学 习

第7章

策略梯度

前面的章节中已经学习了如何利用监督学习使得神经网络学会下围棋。不过仅利用监督学习，智能程序下出的着法还是相当幼稚的。由于人类选手几乎不会浪费棋子在提掉对方已经死掉的棋子上，所以神经网络基本上学习不到提子的概念。利用这个优势，人类选手通过巧妙设计布局可以很轻易地战胜通过监督学习训练出来的人工智能程序。目前来看，在监督学习的理论没有突破性发展的情况下，现有的方法不是很行得通。之前的方法仅能够让智能体学到下围棋的“感觉”。

“理论和实践的辩证统一”是一个天才般的提法，具体来说，就是利用理论来指导实践，再根据实践的结果来修正理论。而人们熟悉的“摸着石头过河”这句话其实就是这个思想的一种具体表现，是对通过实践不断总结经验的一种形象性说法。大儒王阳明先生也把这种思想称为“知行合一”。策略梯度就是利用理论与实践相互作用的关系来不断提升机器智能的一种算法。

下面通过一个小游戏来演示理论与实践的相互作用是如何提升机器的智能水平的。游戏中A和B双方各执五张牌，牌上各有一个数字，从1到5。每回合双方各从自己的五张牌中抽出一张来比大小，点数大的获胜。当然，这个游戏本身并不具备实际意义，正常人可以很轻易地得到结论：只要每个回合都出5就可以使得自己立于不败之地。设计这个游戏规则仅仅是为了说明上的方便。由于A和B都不够聪明，他们并不能一目了然地知道应该如何出牌，他们只会以相等的概率随机出牌，但是A和B都会学习，他们能够根据游戏的结果来更新自己的出牌策略。根据理论与实践的相互作用关系，A和B双方都把以相等的概率随机挑选一张牌作为自己的初始理论，他们在这个理论的指导下出牌，出牌是实践这个理论的过程，而游戏胜负的结果就是实践的结果。A和B根据实践结果来更新自己的出牌策略就是用实践来反作用于理论，使得理论逐步趋于完善。

回到游戏本身，以最极端的情况为例，虽然出1到5的概率相同，但是很不巧，A每回合都出的是1，显然B只要出的牌不是1就能获胜。假使A和B玩了10局，A和B分别计算了一下10局内各种数字的出牌次数。

A以等概率的方式对1到5这5张牌进行选择，$A=[0.2,0.2,0.2,0.2,0.2]$

B以等概率的方式对1到5这5张牌进行选择，$B=[0.2,0.2,0.2,0.2,0.2]$

根据表7-1的游戏记录，A发现自己出了那么多1，最好的结果也就是平局，所以出1看起来应该不是什么好的事情，或许出其他牌可能会更好一些。所以A打算调整一下自己的策略，原来出 1 到 5 的概率都相同，现在需要调整一下各张牌的出牌概率。首先就是要降低出 1 的概率。而对于 B 来说，他发现只要自己不出 1 都可以获胜，B 认为只要少出 1 就能提高胜率，所以 B 也调整了自己的出牌策略。

表 7-1　游戏记录 1

回合	玩家	出牌	胜负平	玩家	出牌	胜负平
1	A	1	负	B	2	胜
2	A	1	负	B	4	胜
3	A	1	负	B	5	胜
4	A	1	平	B	1	平
5	A	1	平	B	1	平
6	A	1	负	B	2	胜
7	A	1	负	B	3	胜
8	A	1	负	B	3	胜
9	A	1	负	B	5	胜
10	A	1	负	B	2	胜

A 调低了出 1 的概率，相对地，由于概率的总和是 1，其他牌出牌的概率就提高了：

$$A=[0.16,0.21,0.21,0.21,0.21]$$

B 也调低了出 1 的概率，但是 B 出 1 并没有什么不利的情况发生，B 对出 1 的概率调整不如 A 那么大：

$$B=[0.18,0.205,0.205,0.205,0.205]$$

调整后 A 和 B 又玩了 10 局，游戏记录在表 7-2 中。

表 7-2　游戏记录 2

回合	玩家	出牌	胜负平	玩家	出牌	胜负平
1	A	2	负	B	4	胜
2	A	4	负	B	5	胜
3	A	1	负	B	2	胜
4	A	5	胜	B	3	负
5	A	3	胜	B	1	负
6	A	4	胜	B	3	负
7	A	2	负	B	3	胜
8	A	3	平	B	3	平
9	A	5	胜	B	2	负
10	A	3	负	B	5	胜

根据表 7-2 对新一轮游戏的记录结果，A 又重新统计了一下自己的出牌情况。他发现出 1 会输，出 2 和 4 也输了，出 3 有胜有负有平局，出 5 赢了一局，于是 A 打算根据这个情况继续降低出 1 的概率，同时也相应地降低出 2 和 4 的概率，由于出 3 有胜有负，不知道什么情况，暂时不做调整，而出了一次 5 就赢了，看来出 5 可能是个好事情，自己应该在策略中提高一点出 5 的概率。对于 B 来说，他发现自己这一次出 1 输了，出 2 有胜有负，出 3 的时候虽然有胜负，但是胜少负多，出 4 和出 5 都赢了，根据这个情况，B 继续调低出 1 的概率，由于对出 2 的结果不太确定就暂时保持不动，出 3 虽然互有胜负，但是总体来说是输多赢少，

所以也调低了出 3 的概率，出 4 和 5 都赢了，就顺势提高一点出 4 和 5 的概率。

A 根据游戏的反馈调整了对 1 到 5 这 5 张牌出牌的概率：

$$A=[0.14,0.195,0.21,0.195,0.26]$$

B 同样根据游戏情况对 1 到 5 这 5 张牌的出牌概率进行了调整：

$$B=[0.15,0.205,0.19,0.2275,0.2275]$$

A 和 B 更新完自己的策略后，又继续玩这个游戏。显然，除了出 5，出别的牌都有可能输给对方，所以长远来看，双方都会不停地提高自己出 5 的概率，同时降低出其他牌的概率。随着游戏玩的局数越来越多，最终就会发现：偶尔出 5 偶尔爽，一直出 5 一直爽。假使 A 比 B 先知道了出 5 就会一直赢，那么 B 只有出 5 才能保持不输，通过上述学习方法，B 会一直降低出其他牌的概率，只需要不多的几个回合 B 就能得到和 A 一样的策略。这种通过不断实践与反馈来更新博弈策略的做法就叫作策略梯度。

程序 MyGo\p_g\easy_policy_game.py 对这个游戏进行了模拟，读者有兴趣的话可以自己执行一下代码看看效果。非常有趣的一个现象是，当仅更新一方的策略时，策略收敛得非常快，但是缺点是当训练回合不足时有一定概率会收敛到局部最优点。如果同时更新双方的策略，虽然策略不会收敛到局部最小，但是收敛的速度相较前一种方法会慢一些。这些内容读者也可以自行实验。推荐结合这两种方案，既同时更新双方的策略，但是也保持一定的比例将最新策略与随机策略进行比较。具体到这个小游戏来说，就是 10 回合中可以有 5 回合是 A 和 B 进行游戏，还有 5 回合让 A 或者 B 与采用随机策略的第三方 C 进行游戏。游戏结果仅用于更新 A 和 B 的策略，C 的策略保持不变。

图 7-1 通过类比上述的出牌游戏与围棋游戏，尝试着将这种方式用于神经网络的更新学习，让神经网络在围棋对弈的过程中逐步学会应该如何下棋。从流程上来说，出牌游戏和围棋游戏的学习过程是一样的，都是利用两个自带初始策略的游戏双方进行多局游戏，然后根据游戏的结果逐步更新原有策略。

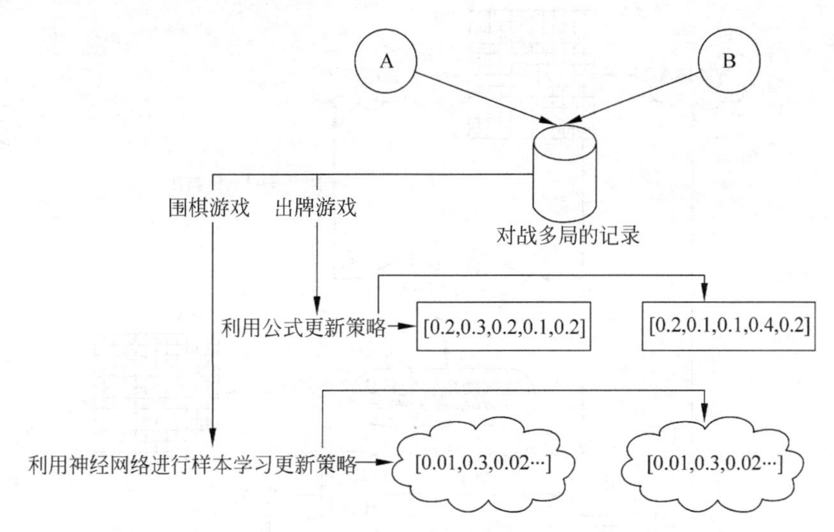

图 7-1　出牌游戏与围棋游戏在策略梯度流程上的类比

如图 7-2 所示，采用策略梯度算法对于整体的数据流架构并没有什么变动，我们继续采用神经网络来生成围棋的对弈策略。神经网络的输出是每个可能落子位置的概率，后续通过让两个采用这种方式的神经网络相互下棋来实现智能程序棋力逐步变强的目的。标准的围棋游戏采用 19 路的棋盘，为了加快机器程序的学习速度，下面将用 9 路棋盘来做演示。如果读者有足够的计算机算能，可以自行调整神经网络的规模，使得模型可以学习 19 路棋盘的围棋下法。

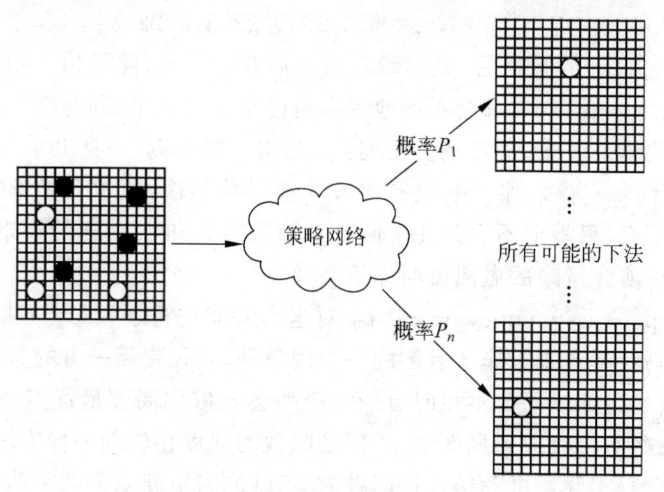

图 7-2　围棋智能体的数据流结构

图 7-3 演示了如何通过策略梯度算法来训练两个计算机程序相互下棋并逐步提高棋力的过程。首先通过用两个网络结构一样的神经网络进行对弈，并将多局对弈的过程保存成若干个 SGF 文件。然后再用一个专门的程序来解析这个 SGF 文件集合，把棋局还原成棋面与对应的着法。神经网络利用还原后的数据集合来进行训练，从而实现神经网络学会如何下棋。整个过程中没有引入人为的学习样本，完全依赖策略梯度的算法教会神经网络自己下棋。

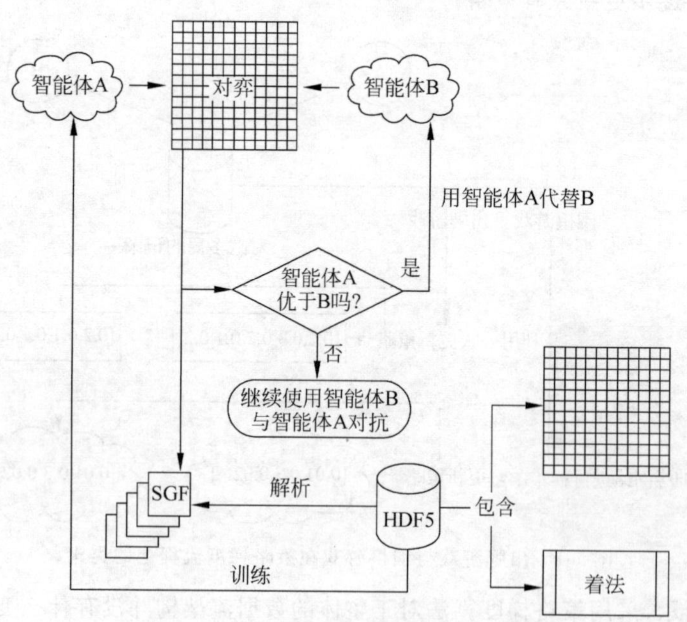

图 7-3　利用策略梯度训练神经网络

整个过程归纳起来可以拆分成以下 6 步。

(1) 创建两个使用相同神经网络结构的智能程序进行对弈,我们暂时称它们为智能程序 A 和智能程序 B。

(2) 对弈一定局数,并将棋局保存成 SGF 格式文件。

(3) 根据对弈的结果判断是否智能程序 A 比智能程序 B 的水平高,如果 A 显著比 B 厉害,则用 A 的网络参数替换 B 的网络参数。

(4) 解析刚才对弈的 SGF 文件,将棋谱还原成可以训练的样例数据。

(5) 使用样本数据训练智能程序 A。

(6) 返回第(2)步,循环往复。

通过上面的流程就完成了一轮智能程序的训练。但是仅靠一轮学习训练肯定是不够的,就拿前面那个简单的游戏来说,至少也要训练 10 轮才能出现收敛的趋势,要显著收敛的话,怎么也要训练 100 轮以上。围棋智能程序则可能要训练十几万轮才能够体现出优势。但是无论训练多少轮,都是重复上面的这个过程。

策略梯度算法在神经网络的结构上并没有什么特别之处,读者可以用普通的前馈网络或者卷积网络来构造自己的神经网络,不过建议初学者不要把网络设置得过深,能运行即可。实际应用中,可以参考谷歌的 Inception 网络来设计自己的神经网络结构。下面先定义神经网络的结构,而后再对图 7-3 提到的几个过程一一进行说明。

【代码片段 7-1】 神经网络模型类。

```
MyGo/utility/keras_modal.py
def Model_PD(boardSize,type='C'):
    input = keras.layers.Input(shape=(boardSize ** 2 + 1,))
    if type == 'D':    #1
        feature = keras.layers.Dense(64 * boardSize ** 2, kernel_initializer = 'random_uniform', bias_initializer = 'zeros', activation = 'tanh')(input[:, :-1])
        feature = keras.layers.Dense(32 * boardSize ** 2, kernel_initializer = 'random_uniform', bias_initializer = 'zeros', activation = 'tanh')(feature)
        feature = keras.layers.Dense(32 * boardSize ** 2, kernel_initializer = 'random_uniform', bias_initializer = 'zeros', activation = 'tanh')(feature)
        feature = keras.layers.Dense(16 * boardSize ** 2, kernel_initializer = 'random_uniform', bias_initializer = 'zeros', activation = 'tanh')(feature)
        feature = keras.layers.Dense(16 * boardSize ** 2, kernel_initializer = 'random_uniform', bias_initializer = 'zeros', activation = 'tanh')(feature)
        lnk = keras.layers.concatenate([feature, input[:, boardSize ** 2:boardSize ** 2 + 1]], axis = -1)
        logic = keras.layers.Dense(32 * boardSize ** 2, kernel_initializer = 'random_uniform', bias_initializer = 'zeros', activation = 'tanh')(lnk)
        logic = keras.layers.Dense(64 * boardSize ** 2, kernel_initializer = 'random_uniform', bias_initializer = 'zeros', activation = 'relu')(logic)
        logic = keras.layers.Dense(32 * boardSize ** 2, kernel_initializer = 'random_uniform', bias_initializer = 'zeros', activation = 'relu')(logic)
        logic = keras.layers.Dense(32 * boardSize ** 2, kernel_initializer = 'random_uniform', bias_initializer = 'zeros', activation = 'relu')(logic)
        logic = keras.layers.Dense(16 * boardSize ** 2, kernel_initializer = 'random_uniform', bias_initializer = 'zeros', activation = 'sigmoid')(logic)
    elif type == 'C':    #2
        reshape = keras.layers.Reshape((boardSize,boardSize,1))(input[:, :-1])    #3
```

```
        feature = keras.layers.Conv2D(3 ** 4, 2, strides = 1, padding = 'same', activation = 'tanh', kernel_initializer = 'random_uniform', bias_initializer = 'zeros')(reshape)
        feature = keras.layers.Conv2D(3 ** 4, 2, strides = 1, padding = 'valid', activation = 'tanh', kernel_initializer = 'random_uniform', bias_initializer = 'zeros')(feature)
        feature = keras.layers.Conv2D(3 ** 4, 2, strides = 1, padding = 'valid', activation = 'tanh', kernel_initializer = 'random_uniform', bias_initializer = 'zeros')(feature)
        feature = keras.layers.Conv2D(3 ** 4 * boardSize ** 2, boardSize - 3, activation = 'tanh', kernel_initializer = 'random_uniform', bias_initializer = 'zeros')(feature)
        feature = keras.layers.Flatten()(feature)
        lnk = keras.layers.concatenate([feature, input[:, boardSize ** 2:boardSize ** 2 + 1]], axis = -1)
        logic = keras.layers.Dense(1024 * 4, kernel_initializer = 'random_uniform', bias_initializer = 'zeros', activation = 'tanh')(lnk)
        #logic = keras.layers.Dense(1024 * 2, kernel_initializer = 'random_uniform', bias_initializer = 'zeros', activation = 'elu')(logic)
        #logic = keras.layers.Dense(1024 * 2, kernel_initializer = 'random_uniform', bias_initializer = 'zeros', activation = 'elu')(logic)
        logic = keras.layers.Dense(512 * 2, kernel_initializer = 'random_uniform', bias_initializer = 'zeros', activation = 'relu')(logic)
        #logic = keras.layers.Dense(256, kernel_initializer = 'random_uniform', bias_initializer = 'zeros', activation = 'softplus')(logic)
    else:
        None
    output = keras.layers.Dense(boardSize ** 2, activation = 'softmax')(logic)
    return keras.models.Model(inputs = input, outputs = output)
```

【说明】

(1) 使用全连接网络来搭建神经网络结构，提取图像特征的前馈网络和负责逻辑处理的逻辑网络全部采用简单的全连接网络来实现。

(2) 也可以用卷积网络来负责图像特征提取，从一些已实现的案例来看，卷积网络对图像特征识别上能工作得更好。

(3) 网络的输入是将棋盘上的点平铺了，如果要使用卷积网络，需要先将平铺的输入转换成适合卷积核处理的高维度图片数据格式。

首先是创建两个结构相同的神经网络，网络的结构读者可以自行组装，使用前面章节介绍的卷积网络或者全连接网络都可以。代码片段 7-1 是可自定义的神经网络模型类，通过 type 参数来指定不同的自定义网络结构。对于初学者而言不建议将网络创建得过深，虽然可以使用残差结构缓解梯度消失的问题，但是过深的网络会需要更长的训练时间。也不一定必须要创建两个神经网络。由于围棋游戏的拟合函数比较复杂，按照神经网络的规模，网络的参数可能有上百万个甚至上千万个。使用两个神经网络进行对弈会占用大量的内存，如果是放在 GPU 里进行训练，一般用户的显存也不足以运行两个大规模神经网络。由于智能程序 A 和 B 的网络结构是相同的，可以只创建一个神经网络，然后在不同的阶段装载各自的参数。智能程序进行对弈也很简单，利用前面章节介绍的方法可以轻易地实现机器之间下棋。由于只训练智能程序 A，在互弈时，如果固定 A 一直执黑棋或者一直执白棋将会导致智能程序学习到的内容有限，训练时一定会造成偏差，因此应当保证智能程序 A 执黑棋和执白棋的机会均等，不要只下单边。代码片段 7-2 便是依照这个思想搭建起的流程框架。

【代码片段 7-2】 定义智能体并设置对弈流程。

```
MyGo\p_g\p_d.py
if __name__ == "__main__":
    pd = PD_Object()                                    #1
    bot1 = TrainRobot(rand = bot1_isrand)               #2
    bot2 = TrainRobot(rand = bot2_isrand)               #2
    bot1.dp_compile()                                   #3

class PD_Object():
    def make_samples(self,rounds,bot1,bot2):
        bot1_win = 0
        bot2_win = 0
        for i in range(rounds):
            bot1.reset()                                #4
            bot2.reset()                                #4
            board.reset()                               #4
            game.reset(board)
            if np.random.randint(2) == 0:               #5
                result = game.run_train(play_b = bot1,
                    play_w = bot2,isprint = False)      #6
                if result == 'GameResult.wWin':
                    bot2_win += 1
                else:
                    bot1_win += 1
            else:
                result = game.run_train(play_b = bot2,
                    play_w = bot1,isprint = False)
                if result == 'GameResult.wWin':
                    bot1_win += 1
                else:
                    bot2_win += 1
        return bot1_win,bot2_win
```

【说明】

(1) 创建一个策略梯度的工具包,策略梯度的对抗过程在这个工具包里实现。

(2) 使用相同的网络结构分别创建智能程序 A 和智能程序 B。

(3) 只训练智能程序 A,所以只对它做训练前的配置。

(4) 每运行完一局游戏要将智能程序和棋局的数据都重置掉。

(5) 50%的概率让智能程序 A 执黑,50%的概率让它执白。

(6) 让智能程序依据策略网络执行一局对战并返回胜负结果。

对战一局最耗费时间的步骤是利用神经网络计算落子策略。对于配置不高的机器,下一局棋可能需要半分钟左右的时间。一种提高对弈效率的方法是使用多线程或者多进程的技术。但是众所周知,Python 的多线程其实是一个摆设,因为 Python 代码的执行由 Python 解释器来控制,而对 Python 解释器的访问由全局解释器锁来控制,正是这个锁限定了解释器同时只能有一个线程在运行。很不巧,为了随大流,本书采用了 Python 来做代码的演示,"求之不得,寤寐思服。悠哉悠哉,辗转反侧",最后终于就只剩下了使用多进程的方案。不过还有更不巧的事情,支持 Windows 版本的 Python 在多进程使用大内存的时候会存在 bug,没有办法利用 Python 并发调用多个 TensorFlow 代码,为了照顾初学者,本书的代码是在 Windows 下编写的，由于上述这些原因，代码没有采用任何提高对弈效率的手段。读者可以自己尝试将代码改制到 Linux 平台下，并利用 Linux 平台的 Python 多进程机制来提高对弈效率。可以在 Windows 平台下通过 cmd 命令来调用多个 Python 程序以间接实现多进程，由于每局对弈都是相互独立的，没有进程间通信的需求，所以这个方案是可行的。因为这部分的工作与本书的内容没有什么关系，本书的演示代码就没有采用这个手段，而是尽最大努力把精力放在原理的介绍上。读者如果有兴趣可以自己去实现这部分工作。PyTorch 这个机器学习框架在学术界很是流行，可以尝试在 Windows 环境利用 Python 的多进程方法调用 PyTorch，也许这个方案可行，也许不可行，这些都留给读者自己去尝试。

把棋局保存成 SGF 格式是很简单的，利用之前介绍的 sgfmill 这个库就可以很轻易地做到这一点。另外要尽可能多地保存棋局信息，棋盘大小和胜负结果是一定要保存的。代码片段 7-3 演示了保存对弈结果的流程供参考。读者如果想开发自己的算法，还可以多保存一些其他数据，比如以多少目胜出之类的信息。SGF 格式是支持自定义的，可以利用这一点来保存自己需要的内容。

【代码片段 7-3】 保存棋局对弈结果的类。

```
MyGo\board_fast.py
def save(self,moveHis,result):                                        #1
        sgftools = sgf_tools(self.board.size)                         #2
        path = './lr_doc/'
        for i in moveHis:
            if i[1] is not None:                                      #3
                sgftools.record_game(i[0],
                    (self.board.size - i[1].row,i[1].col - 1))
            else:    #3
                sgftools.record_game(i[0],i[1])
        if result == 1000:                                            #4
            value = 'B + Resign'
        elif result == - 1000:                                        #4
            value = 'W + Resign'
        elif result > 0:                                              #4
            value = 'B + ' + str(result)
        elif result < 0:                                              #4
            value = 'W + ' + str( - 1 * result)
        else:                                                         #4
            value = '0'
        sgftools.set_sgf('RE',value)                                  #4
        sgftools.save(path + hashlib.new('md5',
            str(moveHis).encode(encoding = 'utf - 8')).hexdigest())          #5
```

【说明】

(1) 保存棋局行棋记录和胜负结果。

(2) 实例化一个 SGF 的工具类。

(3) 如果这一步不是弃手，需要对落子做额外的坐标翻译工作，原因是 SGF 格式的棋盘圆点在左上角，程序设计的棋盘原点在左下角。如果不做映射翻译也是可以的，SGF 文件保存的行棋记录就会是实际游戏一个上下翻转的镜像，围棋本来就是四个方向对称的，这种翻转也不会对程序本身有什么实质性的影响。如果是弃掉一手，那就直接保存。

(4) 保存棋局的结果。先前在自定的棋盘上约定了投降返回结果是1000或者−1000。如果不是投降,实际的胜子数不会超过棋盘的大小。

(5) 用棋局的MD5值给SGF格式的文件命名,这么做的一个好处是避免了(几乎不会发生)重复记录相同的棋局,另外也省去了考虑用什么东西来作文件名的麻烦。

经过几轮训练之后需要考虑一个问题:经过不断迭代学习的智能程序A真的要比“老式的”智能程序B强吗?显然如果A比B强,说明神经网络模型的学习训练是有效的。如果对弈了一局,此时A赢了,能说明A比B强吗?通常对弈一局要么是A赢,要么是B赢,显然此时的胜负是含有随机性的。如果对弈10局呢?如果对弈了10局,A赢了6局,B赢了4局,能说明A比B强吗?就拿扔硬币来举例,扔10次,正面朝上有6次,反面朝上有4次,能说明这个硬币是不均匀的吗?为了解决这个问题就需要引入概率与统计方法中的基本工具之一:显著性检验。

显著性检验也称为置信度,它是为了解决如何判断真实情况与假设是否有差异而诞生的。置信度可以作为对某件事情有多少信心的一种度量方式。就拿扔硬币来说,当投掷10次硬币,其中正面朝上有6次,反面朝上有4次,根据这个情况,能断言这枚硬币是均匀的吗?假如这枚硬币是均匀的,出现上述这种情况的概率是0.754,不高,但是也不低,不是吗?如果抛掷100次呢?如果有60次正面朝上,出现这种情况的概率只有0.057。0.057可以算是一个小概率事件了,就可以说自己有近95%的把握认为这枚硬币不够均匀。同理,放到围棋的对弈上来,如果对弈10局,A胜了B 6局,这种情况下不是很有把握地认为A的策略就比B好,因为如果A和B的策略水平相当,也有75%的可能出现这种情况。但是如果下了100局,其中A胜了60局,就比较有把握认为A的策略应该比B的策略好。至于这个小概率数字是0.057还是0.01,读者可以自己定。Python中可以使用SciPy库的stats.binom_test工具来计算这个概率。代码片段7-4演示了当我们有95%的把握确定智能体bot1有棋艺上的进步时才进行最终的学习结果确认。

【代码片段7-4】 利用显著性检验来确定学习结果。

```
MyGo\p_g\p_d.py
from scipy.stats import binom_test
if __name__ == "__main__":
    pd = PD_Object()
    bot1 = TrainRobot(rand = bot1_isrand)
    bot2 = TrainRobot(rand = bot2_isrand)
    bot1.dp_compile()
    for _ in range(10000):                                                    #1
        bot1_win,bot2_win = play_against_the_other(bot1,bot2,100)             #2
        total = bot1_win + bot2_win                                           #1
        if binom_test(bot1_win, total, 0.5)<.05 and bot1_win/total >.5:     #3
            bot1.unload_weights(weights_old)                                  #4
            bot2.load_weights(weights_old)                                    #4
```

【说明】

(1) 由于不知道训练多少局能使得智能程序在棋力方面有显著提升,先简单设置一万回合看一下训练的效果。读者也可以考虑使用while True:这种无限循环。经过实验,在训练1000轮后,网络就能够主动做出“虎”的形状并叫吃对方的子了。

(2) 每下 100 局后才进行一次训练。同时用 100 局来做置信度判断可信度还是比较高的。

(3) 设置 0.05 作为显著性判断的标准。需要注意，100 局中胜利 60 局和胜利 40 局，它们的显著性检验数字都是 0.05，所以还得加上 A 的胜率高于 B 的条件。

(4) 如果满足了显著性检验的条件，就可以判定训练是有效的，并且智能程序 A 的棋力稍稍高于智能程序 B。将智能程序 A 的网络参数装载到智能程序 B 上，以使双方再次势均力敌。

当多局对弈完成后，对于保存的 SGF 文件集可使用 sgfmill 工具将其还原成对弈时的棋局，并把棋局的样本信息保存到 HDF5 文件中。代码片段 7-5 演示了在代码片段 7-4 之后如何边对弈边产生学习数据的过程。读者可以跳过保存 SGF 文件集这一步，直接将每一局对弈保存到 HDF5 文件中。选择保存成 SGF 文件的目的一是为了方便抽样看看智能程序下棋大概是一个什么情况，二也是为了方便统一处理。故这一步不是必需的，读者可以选择性地进行优化。

【代码片段 7-5】 完整的数据生成与装载流程。

```
MyGo\p_g\p_d.py
if __name__ == "__main__":
    pd = PD_Object()
    bot1 = TrainRobot(rand = bot1_isrand)
    bot2 = TrainRobot(rand = bot2_isrand)
    bot1.dp_compile()
    while True:
        bot1_win,bot2_win = play_against_the_other(bot1,bot2,100)
        total = bot1_win + bot2_win
        if binom_test(bot1_win, total, 0.5)<.05 and bot1_win/total>.5:
            bot1.unload_weights(weights_old)
            bot2.load_weights(weights_old)
        make_tran_data(games_doc,data_file)          #1
        games = HDF5(data_file,mode = 'a')           #2
        x_,y_train = games.get_dl_dset()             #3
        x_train = x_[:,: - 1]                        #4
        player = x_[:, - 2]                          #4
        winner = x_[:, - 1]                          #4
```

【说明】

(1) 每下完 100 局后就将 SGF 文件集批量转换到 HDF5 文件中保存起来。

(2) 实例化一个 HDF5 文件的工具类，用于导出训练样本与标签。

(3) 100 局 9 路围棋大约有 1200 回合，这个数据量级可以一次性全部载入内存。

(4) 从 HDF5 里取出的样本还需稍微加工才能使用。这个加工依赖于 HDF5 里数据的保存方式，读者如果在 HDF5 里优化一下数据的组织格式，这里的加工步骤是可以省略的。

有了可以训练的数据，最后一步就是训练智能程序 A 了。训练的方法还是基于监督学习，策略网络属于强化学习，它与传统的监督学习在训练上稍微有些不一样，差别在于对训练目标的定义不同。传统的监督式学习直来直去，是什么就学什么。例如，给图像进行分类，输入一只猫的图片，就会希望网络识别这是一只猫，输入一只狗的图片，就期望网络能识别图片里有一只狗。强化学习就没这么直来直去了，由于大部分强化学习的应用场景是互动对抗，所以它引入了“价值”的概念。强化学习的样本标签不是某个具体的事物，而是对输出的每个选项进行价值收益评估。

以图 7-4 展示的监督学习为例，输入是棋局的当前盘面情况，输出则是棋盘上每个落子点可以落子的概率。这些点上的概率总和等于 1。这有点像图像分类，以 9 路围棋为例，可以把所有可能的棋形分作 81 个分类，然后让神经网络根据输入的棋形对其进行归类。

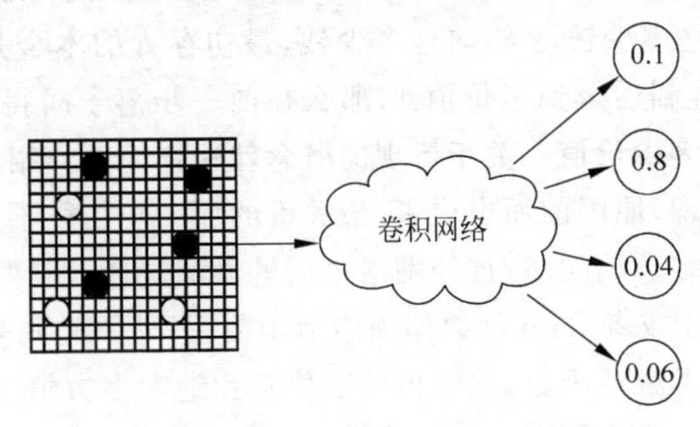

图 7-4　监督学习算法下的输出是对输入的分类

图 7-5 展示的是策略梯度的数据流向结构，它似乎和图 7-4 没有什么区别，但是从强化学习的角度来看，9 路围棋 81 个可落子节点的每个输出被看作是在该处落子后的获利大小。一般来说，可以把落子后的胜利看作得到了价值 1，如果落子后棋局落败了，那么得到的价值是－1。但是棋类的胜负，特别是围棋，并不是由最后一步棋决定全局的结果，往往是由于行棋过程中的很多步棋下得都很好，逐步累积优势才得到最后的胜利。对于失败方也是一样，一定是在行棋的过程中走错了很多步棋，逐渐丧失优势才会导致最后落败。而在游戏没有结束时，对于双方的落子很难评估其好坏，只有当棋局结束时才能说胜利方的一些下法是他胜利的关键，失败方有很多错误的下法，应该学习胜利方的下法而避免失败方的下法。由于暂时没有办法为每一步落子都去仔细评估它的价值，只能简单粗暴地将胜利方的所有下法都看作是得到了价值 1，而失败方的所有下法都得到了不好的价值－1。如果只关注一局棋局，人们可能会认为这种粗暴的做法是很愚蠢的，也许胜利方的每一步下法都是好的，但是绝不能说失败方没有下过一步好棋。如果将失败方全部的下法都判定为错误的走法，是不是太过武断？从细节上看的确如此，可是如果将眼光放得长远些，从一千局、一万局的角度来看，情况就不一样了。好的下法如果能为胜利做出贡献，那么或多或少它会在胜利方的着法中更多一些。同样的道理，差的着法就会在失败方中出现的更多一些。由此被任性地断言所造成的误差会在越来越多的对弈中被抹平。回忆一下最开始的那个比大小游戏，

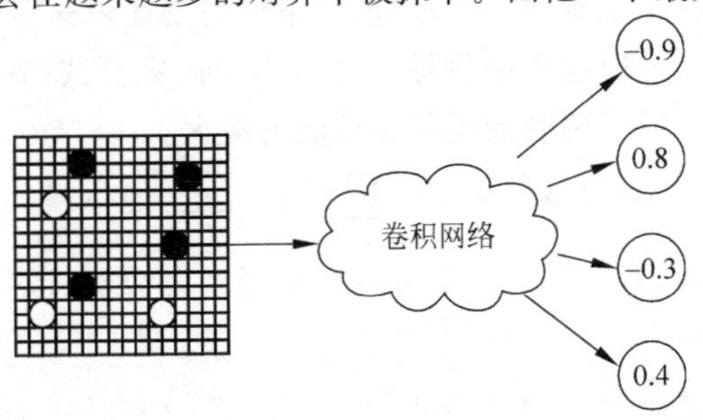

图 7-5　策略梯度算法把输出看作是收益评估

其中的道理也是一样的。出 5 的一方也会输，原因只是他的 5 出的比胜利方少。如果增加胜利时出 5 的概率，同时减少输的时候出 5 的概率，综合起来看，最终还是增加了出 5 的概率。

在很多对强化学习的介绍材料里常常会看到对价值进行“折现”这种说法，它是一个从经济学里引入的概念。例如，读者有 1 万元存了银行 3 年定期储蓄，银行提供的年化利率是 3%，并按复利计算，到期总共可以拿出 10 927.27 元。使用折现的概念就是指对于这 10 927.27 元钱，1 年前是多少钱，2 年前是多少钱，最初存入的本金是多少钱。以此类比强化学习中价值的概念，胜利后得到了价值 1，那么在前一步落子时得到的是多少价值，再往前一步的落子得到的是多少价值。关于折现的概念就这样简单介绍一下，对于围棋游戏，算法上将不专门做价值折现，原因前面也说了，最关键的那一步往往不是最后那步落子。

对于分类问题或者多选项问题，神经网络最后的激活层通常有两类选择，一类是每个输出节点单独使用 sigmoid 或者 tanh 函数作为激活函数，另外一类则是使用 Softmax 函数作为激活函数。对于第一类激活函数，其输出的数值总和绝大多数情况下都不是 1，而且对其输出的值也未必一定要解释为概率。对于第二类激活函数，其输出的数字总和总是 1，因此可以将其解释为对各个输出节点的概率判断。第一类激活函数和第二类激活函数有时候可以混用，有时候则不可以。例如，对 MNIST 手写数字进行识别就可以在神经网络的最后一层使用 Softmax 函数作为激活函数，原因是数字总是 0～9 中的一个，如果已经知道被识别的对象是某个数字，那么总要给被识别对象分配一个结果。但是如果是做一个图像分类，那么使用第一类的 sigmoid 函数作为激活层会更合适(所有输出节点均近似于零)，因为总有神经网络没有见过的图片类别，它不能被归类到已知的任何类别中去，使用 Softmax 函数总会企图将其归到某一个已知类别中，这就限制了网络泛化的能力。

对于围棋智能体的训练，这里选择使用 Softmax 作为最后输出层的激活函数。主要是考虑到使用 Softmax 学习负样本的损失函数实现起来非常方便。公式(7-1)是多分类的损失函数：

$$L(x_i) = -\sum_k y \cdot \log \hat{f}(x_i) \tag{7-1}$$

其中，y 是训练样本的标签，$\hat{f}(x)$是网络的实际输出。

当样本的下法是该棋局胜方的落子时，表示这个下法是期望网络学习到的内容时，此时设置训练样本对应的标签为 1，这就和普通的分类学习一样。但是当样本的下法属于输棋的一方时，那么这一步就不值得学习，它的价值为负，策略网络应该避免下出这一步，同时策略网络的输出尽量偏离这个训练样本的标签，即策略网络往正样本学习的反方向变动，这时通过设置 y 等于-1 即可实现这个小目标。此时损失函数公式(7-2)的作用由原本期望标签与估计差距尽可能小变成了两者的差距尽可能的最大。

$$-\sum_k (-y) \cdot \log \hat{f}(x_i) = \sum_k (y) \cdot \log \hat{f}(x_i)) = -L(x_i) \tag{7-2}$$

如果使用第一类函数，就需要对每个节点做单独的二分类计算。二分类的损失函数见公式(7-3)：

$$L(x_i) = -(y \cdot \log(\hat{y}) + (1-y) \cdot \log(1-\hat{y})) \tag{7-3}$$

显然，如果使用第一类函数作为激活函数，就不能通过简单地将样本标签 y 设置为-1

来实现网络的反向偏转。

$$-((-y)\cdot\log(\hat{y})+(1-(-y))\cdot\log(1-\hat{y}))$$
$$=y\cdot\log(\hat{y})-(1+y)\cdot\log(1-\hat{y})\neq -L(x_i)$$

如果手工编写自定义的损失函数，这对于初学者来说有点复杂，也有点偏离了本书制作一款超越人类水平的围棋软件这个主题。如果读者有兴趣使用第一类激活层，可以尝试编写自己的损失函数，并比较一下两种激活层是否会在学习效率上有差异。Keras 允许用户自定义损失函数，代码片段 7-6 演示了如何在 Keras 里使用自定义损失函数，示例的方法和直接使用正负 1 作为样本标签的效果是一样的。而代码片段 7-7 演示了智能体 bot1 的学习训练过程。

【代码片段 7-6】 在 Keras 中自定义损失函数。

```
import keras.backend as K
#Returns 是价值,正向价值是 1,负价值等于 - 1
def policy_gradient_loss(Returns):
    #action 是输入,action_probs 是输入对应的输出
    def modified_crossentropy(action,action_probs):
        cost = K.categorical_crossentropy(action,
            action_probs,from_logits = False,axis = 1 * Returns)
        return K.mean(cost)
            return modified_crossentropy
```

【代码片段 7-7】 训练智能体。

```
MyGo\p_g\p_d.py
if __name__ == "__main__":
    ...
    while True:
        ...
        x_train = x_[:,: - 1]
        player = x_[:, - 2]
        winner = x_[:, - 1]
        for i,y in enumerate(player == winner):          #1
            if y == False:                               #1
                y_train[i][y_train[i] == 1] = - 1        #1
        bot1.dp_fit(x_train,y_train)                     #2
        bot1.unload_weights(weights_current)             #3
```

【说明】

(1) 为了记录着法，样本标签中将落子位设置成 1，其他位置都是 0。使用策略梯度时，希望避免胜利方的下法，所以需要将失败方的落子设置成－1，胜利方的落子标签保持 1 不变。

(2) 设置好样本和它对应的标签后，训练过程就和普通的监督学习没有什么差别了。

(3) 每训练完一轮后需要保存当前网络的权值。在下一轮训练时，如果发现智能程序 A 显著强于智能程序 B 时就要拿这个保存的权值去替换掉智能程序 B 的网络权值。

在实际的代码里使用 Softmax 作为激活函数与前面的说法存在一点逻辑上的分歧。通常在强化学习中会把每个输出看作是对行棋后的价值估算，好的价值是 1，坏的价值是－1。但是 Softmax 本身并不能输出小于 0 的数值，从这个角度来看，似乎用 tanh 来作为最

后一层网络的激活函数更妥当一些。这里需要稍微要做一些变通。当把神经网络作为下棋的策略时,不管是把输出看作是每个点落子的概率也好,或者是每个点落子的价值也好,在最终选择时都只选择那个值最大的作为网络给出的落子建议。从这个角度来看,只需要最佳的落子选择节点能够输出尽量大的值,从而保证能够选到它,至于其他的落子位置,它们输出的是-1还是0反而显得就不那么重要了。选用Softmax完全可以保证这一点,它能够做到最大化期望的节点输出,同时压抑其他不需要的节点输出。如果假定失败的下法没有价值,将坏价值设置为0,就可以统一两种不同逻辑的数学形式了。

在训练时需要谨慎地选择采用网络输出的哪个选项。如果仅简单粗暴地选择最大输出的节点作为落子建议,那么无论下多少局,结果都是一样的。因为当神经网络的输入和参数都固定的时候,它的输出也一定是确定的。也可以每下一局学习一次,但是这种办法会使得训练过程不稳定,相关性太强的数据容易使得训练结果无法收敛。如何使得落子选项能够有多样性呢?可以参照前面提到的卡牌小游戏,将策略网络的输出看作是最终选取该节点作为落子点的概率,不是简单地取其中的最大值,而是依据概率来取值,从而保证了相同的策略网络参数下反复对弈多局也不会产生一样的棋局。Python中有random.choices这个工具,可以方便地实现这个功能。代码片段7-8演示了如何实现智能体在对弈时产生多样的落子策略。

【代码片段7-8】 选择落子的策略。

```
MyGo\p_g\p_d.py
class TrainRobot():
    ...
    def predict(self,player,board,reChoose = False,isRandom = None):
        if not reChoose:                          #1
            self.moves = frozenset()
        if not np.random.randint(100):            #2
            rand = True
        if rand:                                  #3
            ...
        else:
            while True:
                ...
                pred = self.model.model_predict(npdata)                          #4
                pred_valid = mask * pred                                         #5
                pick = random.choices(range(boardSize * boardSize),
                    weights = pred_valid.flatten())                              #6
                move = np.unravel_index(pick[0], (boardSize,boardSize))          #6
                self.moves = self.moves|{move}                                   #7
                point = Point(move[0] + 1,move[1] + 1)
                if self.isPolicyLegal(point,board,player):                       #8
                    return Move(point = point)
                else:
                    continue
```

【说明】

(1) 由于全局同形的判断没有放在智能程序的方法类中,所以一旦棋局判断发生了全局同形,只能要求智能程序重新下一步。这里提供了一个类似记忆库的功能,让智能程序记住最近下过哪些着法。

(2) 为了避免由于策略网络的参数不够好导致网络在产生数据的时候存在偏差，在网络对弈时引入一定比例的随机落子。例如，这里以百分之一的概率选择随机策略。

(3) 随机策略的实现比较简单，读者可以自行查阅源代码，这里不进行赘述。

(4) npdata 是棋盘数字编码后的结果，是一个 NumPy 结构的矩阵，将其输入网络，得到网络对每个落子点的概率判断。

(5) mask 的作用是过滤掉非法落子点，一般情况下，当神经网络学习到一定程度就不应该再输出非法落子了，但是由于选择策略不是取最优值，而是依据概率来取值，所以屏蔽掉非法着法就成了必不可少的一步。

(6) 使用 random. choices 来实现依据概率选择着法这件事。

(7) 将选择的着法保存到最近落子的记忆库中，如果碰到了全局同形或者策略违法(不能自紧气等)，就能利用 mask 变量屏蔽部分策略的功能来避免重复落子。

(8) 判断一下当前的策略给出的建议落子是否违反了设置的策略，如果违反了就重新选择着法。

在制作学习样本的时候简单地将胜利一方的落子都判定为好的下法，失败的一方落子都是差的下法。根据前面的描述可以知道这样做是可行的。不过即便对此有信心，单凭胜利方的一步好棋在完整的一局棋里能发挥的作用还是有限的。围棋中，吃掉对方一粒棋子可能会带来优势，但这并不会对赢棋起到决定性的作用。更何况还有很大可能是智能程序学习到的一步棋还是一步差棋。这个道理对于失败一方也是一样的，也许被抛弃的一步棋其实是一步好棋，正是这步好棋避免了输的一方输得更惨一些。因此，在设置神经网络学习率这个超参上要比以往的模型更谨慎一些。也许学习率等于 0.1 并不会让网络的学习过程发散，但是可能 0.1 这个学习率太高了。不应该单凭一步的学习就让整个网络产生较大变化，所以也许 0.000 001 会是一个适当的学习率。不过读者也可以根据自己的理解调整这个参数，但是不要太大。基于同样的道理，算法对对弈产生的样本只学习一次，不像标准的监督学习中样本可以反复使用。通过智能程序间不断地对弈，理论上如果整个训练过程适当，智能程序间对弈产生的样本质量会越来越高，智能程序的棋力也会越来越强。代码片段 7-9 演示了这个模型的编译和学习调用方法，这和前面的章节内容没有大的区别。

【代码片段 7-9】 调用 Keras 的 compile 和 fit。

```
class DenseModel():
    ...
    def p_d_compile(self):
        self.model.compile(optimizer =
            keras.optimizers.SGD(learning_rate = 0.0001),       #1
            loss = keras.losses.CategoricalCrossentropy(from_logits = False),
            metrics = ['accuracy'])
    def fit_all_data(self,x,y,batch_size = 512,
        epochs = 1,earlystop = 0,checkpoint = False):           #2
        ...
        self.model.fit(x,y, batch_size = batch_size,
            epochs = epochs,callbacks = callbacks)
```

【说明】

(1) 为了提高梯度下降算法的速度与效率，人们发明了很多优秀的优化算法，如

Adam、RMSprop 等。但是这些优化算法在设计的时候考虑的对象是传统的监督学习。强化学习能够自己产生无穷无尽的学习样本和标签，而且这些学习素材往往使用一次就抛弃了。传统的监督学习样本却需要反复使用。因此这些针对传统监督学习的优化算法也许并不适合继续在强化学习中使用。当然很可能在 99%的情况下使用这些优化算法可以得到理想的结果，但是使用传统的梯度下降算法更能够保证理论上的一致性，避免发生一些意料之外的情况。

(2) 由于有足够多的样本可以用来学习，而且对单个样本是否真的有效并不抱太大希望，所以所有的样本都只学习一次。经验上看，对于围棋的强化学习，每一轮训练 1000 个左右的样本能够得到理想的结果。

开源代码里用梯度下降法训练了 9 路围棋的智能程序，在训练 1000 轮后，智能程序就能够主动发起叫吃并在对手不应后吃掉对方的子。9 路围棋因为棋盘不大，吃掉对方的子将会带来巨大的优势，所以神经网络会发现这个下法并不令人吃惊。

第8章

深度价值网络

DQN 采用了和策略梯度完全不同的思想，不过达到的效果是差不多的，本章在介绍 DQN 的同时采用了 PyTorch 工具来实现相关内容，读者如果对 PyTorch 不熟悉，可以阅读附录 B。之所以换个框架工具，一是由于从代码上，第 7 章学到的 Keras 已经足够使用了，读者完全可以自己轻松地使用 Keras 来实现本章的内容；二是由于 PyTorch 的使用越来越广泛，特别是在学术界，也许某一天 PyTorch 会超过 TensorFlow 成为业界首选；三是低配置的计算机已经没有办法使用 TensorFlow 1.8 以上的版本了，即便使用了非官方编译的版本在使用时偶尔还会报一些奇怪的错误，PyTorch 则在老的 AMD 和 Intel 芯片上可以运行得相当好；四是多学一点东西对读者总是好的，即使读者想一直使用 Keras，开拓一下眼界也有利无弊。当然，对初学者而言，Keras 作为 TensorFlow 的高级 API，相比 PyTorch 会更加方便也更加好用一些，而有经验的读者在工程软件上也可以有更多样化的选择。之前在策略梯度章节里提到过强化学习的学习标签已不再是分类概率的概念，而是引入了价值评估的思想。但是策略梯度算法的核心并不是价值驱动的，它还是有概率的影子在里面。例如，在智能程序互弈的过程中没有按照策略提供的最大价值来采取行动，而是把价值看作采取不同行动可能的概率来对待。本章将使用 Q-Learning 的算法，以价值为驱动来指导智能程序下围棋。

8.1 传统的 Q-Learning 算法

视频讲解

8.1.1 原始版 Q-Learning

下面通过一个实例来引入 Q-Learning 的介绍。如图 8-1 所示，假设有 7 个小格子，在小格子的最右边有一面旗帜，第 2 个小格子上有一个小人，每次小人可以向左或向右移动一格，如果小人走到了旗帜上游戏就胜利结束，否则就要一直移动下去。这个游戏对人类来说很简单，从感官上就能知道只需要不停地把小人向右移动就可以了，但是智能程序就没有这么智能了。它对外界的情况几乎一无所知，只知道小人可以左右移动以及拿到旗帜就能得到奖励并且结束游戏这个目标。

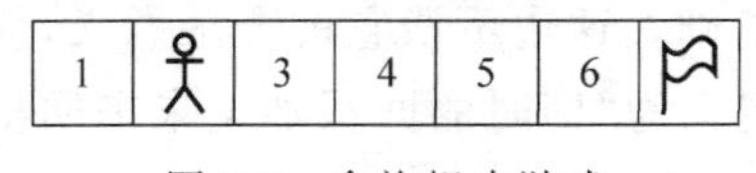

图 8-1　拿旗帜小游戏

谈到 Q-Learning，一个躲避不开的事情就是奖励机制。为了鼓励智能程序控制小人去拿到旗帜，把移动小人得到旗帜这件事情设置为奖励给智能程序1分，如果移动小人后什么也没有发生就不得分。智能程序在最开始的时候其实并没有什么智能，所以它能做的只是随机地左右移动。这个游戏本质上就是一个一维的随机游走，根据随机游走的理论，只要智能程序随机地左右移动小人，就一定能在某个时刻拿到旗帜。拿到旗帜后，智能程序显然会发现这样一个事实：当小人处在编号为6的格子上，只要向右移动就能得到奖励1。于是智能程序就在自己的小本本上记上了这么一笔：6走右得1。之后只要走到6这个格子上，智能程序就知道一定要让小人往右走，因为一切都记录在了它的小本本上。随后它又发现，如果小人在5这个格子上，只要往右走，就能走到格子6，而走在格子6上下一步就会赢，于是它又在自己的小本本上记了一笔：5走右得1。显然要不了多久智能程序就会知道从起点开始，只要不停地往右移动小人就能拿到旗帜。现在再看一下手上的小本本，它记录的内容如表8-1所示。

表 8-1　价值表上的记录

格子	往右	往左	格子	往右	往左
1	0	0	4	1	0
2	1	0	5	1	0
3	1	0	6	1	0

表8-1其实就是Q-Learning的策略表。一开始它的所有记录都是0，随着随机仿真获得了或正或负的价值，这张表就会被逐渐填上适当的值。策略表记录的内容就是在各个不同的情境下智能程序做出各种不同动作能得到的相应价值。

完整Q-Learning算法会比刚才说的简化版本还要再复杂一些。首先要引入“现实的价值”与“估计的价值”两个概念。所谓现实的价值就是指智能程序在游戏中每操作一步小人后这个游戏反馈回来的价值。第一轮小人不管怎么移动，只要没有走到第7格，游戏反馈的价值都会是零。当第一轮游戏结束后会得到关于第6格的信息，如表8-2所示。

表 8-2　第 6 格的价值表

格子	往右	往左
6	1	0

根据表8-2，这个在第6格往右得到的1，就是现实的价值，是游戏反馈的。所谓估计的价值，指的是智能程序对采取的行动可能得到的后果的一个估计。例如，从第二轮开始，当智能程序移动到第6格时，它查了一下自己的小本本，发现往右走能得到1分，所以它就会对自己在第6格走出下一步可能获得的价值有一个期待值，即1。请记住，给出“现实价值”的主体是这个游戏，而给出“估计价值”的主体是智能程序，智能程序的这个小本本上记录的数据值就是根据现实价值得出的估计价值。

细心的读者可能已经发现了一个问题，现实的价值似乎不是时时都有的，游戏可能并不会对智能程序的每个行为都给出反馈，这在其他游戏中也是一样。打飞机游戏不可能每操作一次摇杆都会打落一架敌机。即便人们的生活也不是每付出一次努力都能得到相应的回报。于是为了高效地更新现实价值，这里引入“折现”的概念。“折现”这个概念在策略梯度中有提到过，它来源于经济学，是很多金融产品定价的基础。这边不谈它的金融意义，仅借用其数学含义来提高学习的效率。这里把现实的价值定义为“即时的回报加上未来回报的折现”。只要游戏没有结束，未来的回报总是存在的。谈到折现，就得引入折现率，在金融的背景下，折现率 P 见公式(8-1)：

$$P=\frac{1}{(1+r)^n} \tag{8-1}$$

其中，r 表示一次计量间隔单位的利率，一般以年为单位。n 表示往前折现多久，$n=1$ 表示下一年的金额在当前的价值。假设年利率是 3%，以复利计息，两年后凭手上的国债债券可以到银行兑换 11 000 元现金，那么这张国债债券现在卖出可以值多少钱呢？根据刚才的公式，把 $r=0.03$ 和 $n=2$ 带入公式，得到 $P=0.9426$。将 11 000 乘以折现率 P，得到现值 10 368.56，即当前手上的国债债券可以以 10 368.56 的价格出让。换一种说法，读者可以认为如果现在手上有 10 368.56 元现金，把它存在银行 2 年，银行给的年利率是 3%，以复利计息，两年后从银行连本带息地取出时，一共可以拿到 11 000 元现金。在 Q-Learning 的算法里借用了折现率的概念，目的是类似的，就是想知道未来状态能获取的价值在当前状态的价值。通常直接设 $P=0.9$ 或者 $P=0.99$ 这样，在 Q-Learning 里不用考虑利率 r，后面的阐述中，假定 $P=0.9$，这也是一个超参，读者可以尝试为其赋予不同的值。

回到游戏中，当第一轮游戏结束后，第 6 格能够预期得到的最大价值等于 1。假设在第二轮游戏时智能程序已经把小人移动到了第 5 格上，它看了一下自己的小本本，除了第 6 格有记录，其他格子的记录都是 0，于是智能程序随机地把小人向右移动了一格。移动后小人到了第 6 格，由于没有到达终点第 7 格，游戏给出的即时回报是零，但是小本本上记录着第 6 格的下一步能得到的最大价值是 1，这就是未来的回报，再引入折现的概念，这样得到未来第 7 格的回报折现到第 6 格的奖励值等于 0.9。于是综合现实价值的定义：

现实价值＝即时的回报＋未来回报的折现

这样就有了从第 5 格走到第 6 格能够获取的全部现实价值等于 0＋0.9＝0.9。再来看一下期望价值，智能程序查了一下小本本关于第 5 格的记录，记录的内容如表 8-3 所示。

表 8-3 第 5 格上的价值表

格子	往右	往左
5	0	0

当智能程序最终选择往右走的时候，它对未来获取价值的估计是零。

现实的价值是客观存在的，是外部环境对智能程序的行为给出的反馈，所以无法改变现实的价值，只能不断地优化自己估计价值的能力。请注意，任何改变都不应一蹴而就，循序渐进方是上策。这个道理拿到现在的 Q-Learning 学习中也是一样，在更新估计值的时候不应当仅凭一次经验就拿现实值去替换估计值，道理很简单，在复杂场景下，现实值也是会动态变化的，获取到的一次现实值并不能真实反映事实的全部面貌，因此宁愿多尝试几次，每次只学一点点。于是和所有的机器学习一样需要一个学习率参数 L，一般可以设置参数 L 等于 0.1 或者 0.01，这也是一个超参。有了现实值，有了旧的估计值，新的估计值也就呼之欲出了。新的估计值等于旧的估计值加上学习率乘以旧的估计值与实际值之间的差异。用文字描述很费劲，用公式(8-2)和公式(8-3)来解释就显得直观许多了。

$$Q'^{R}_{s,a}=R_{s+1}+P\times\max(Q^{P}_{s+1,a'}) \tag{8-2}$$

$$Q'^{P}_{s,a}=Q^{P}_{s,a}+L\times(Q^{P}_{s,a}-Q'^{R}_{s,a}) \tag{8-3}$$

其中，$Q'^{R}_{s,a}$ 表示在状态 s 时选择行动 a 得到的现实价值，$Q^{P}_{s,a}$ 表示在状态 s 时选择行动 a 得到的预测价值，同时上标带′的变量表示动作执行后的新值，不带′的变量表示旧值。

公式中，旧的估计值只要查一下智能程序的小本本就能知道。Q-Learning 算法就是不断地循环迭代公式(8-2)和公式(8-3)并更新智能程序自己的策略小本本。用不了几轮迭代，智能程序就能掌握迅速完成这个小游戏的窍门了。代码片段 8-1 实践了公式(8-2)和公式(8-3)并将结果保存到价值表中。

【代码片段 8-1】 公式(8-2)与公式(8-3)的代码。

```
MyGo\q-learning.py
def dl(state,newState,action,reward):
    q_predict = vTable.loc[state,action]                              #1
    if states.index(newState) != numState - 1:
        q_real = reward + dis_r * vTable.loc[newState].max()          #2
    else:                                                             #3
        q_real = reward                                               #3
    vTable.loc[state,action] = q_predict + lr * (q_real - q_predict)  #4
```

【说明】

(1) 在状态 s 并使用行动 a 后通过查表获取旧的估计价值，旧的估计价值本质上就是智能程序对采取行动 a 后所能获取的现实价值的最佳估计。

(2) 采用行动 a 后，外界反馈了现实价值 reward。为了更加高效地更新现实价值，同时对下一状态的最佳估计进行折现。这一步对应公式(8-2)。

(3) 在游戏结束时，只有外界奖励的现实价值。不再存在未来收益，也就没有未来现实价值的折现了。

(4) 根据实际情况和预计情况的对比，更新状态 s 采取行动 a 后的估计值，并替换原来的旧估计值。这一步对应前面的公式(8-3)。可见，整个策略表的更新一定是发生在执行了选项 a 到达 s 的下一个状态 $s+1$ 后再对 s 状态的估计进行更新。

在 Q-Learning 的学习过程中，由于外界的反馈是不确定的，在智能程序真正地实施行为后才能得到外部的反馈，于是智能程序只能根据自己的小本本来选择合适的动作行为。但是为了避免陷入局部最优，在学习时，需要为智能程序引入一定比例的随机行为。即便智能程序的小本本上说往右走能得到好的结果，但是一旦满足随机条件就可以允许让智能程序不遵照小本本的指导，随性地做出一个不负责任的选择。通常这个比例是 1%，不过也可以动态地设置这个比例，可以一开始设置得比较高，随着学习获取到的知识逐渐增多，这个比例就慢慢地下降到零。代码片段 8-2 将演示如何根据价值表来选取行为。

【代码片段 8-2】 根据价值表进行选择。

```
MyGo\q-learning\qlearning.py
def chooseAction(state):
    policy = vTable.loc[state]
    if np.random.rand() <= epsilon or
        policy.all() == 0 or policy.left == policy.right :    #1
        action = np.random.choice(actionG)                     #1
    else:
        action = policy.idxmax()                               #2
    return action
```

【说明】

(1) 当策略中没有显著建议或者满足随机比例时,无论智能程序处于什么状态,都随机地执行一步行动。

(2) 如果没有满足随机选择的条件,就取状态 s 下能带来最好估计价值的行为。

8.1.2 原始版 Q-Learning 计算时的优化

在任何博弈游戏的一开始,智能程序的小本本(Q 表)里没有任何东西(全是 0),此时的智能程序对外界环境一无所知,它只能不停地采用随机尝试。对刚才那个获取小旗帜的小游戏而言,这种尝试很快就能结束,因为它实在是太简单了。可是如果是如图 8-2 所示的复杂迷宫呢?

采用随机游走的方法,从起点出发移动 50 次,粗略地算了一下,能成功找到终点的概率只有 16.1%,翻译成人类语言的意思就是说需要移动将近 350 步才可能由起点走到终点,这还是理想的情况。虽然 350 这个数字对现代计算机而言不是什么大不了的事情,但是原始版 Q-Learning 一次只能更新一个状态,在第一轮游戏结束后,除了最后一步,其他大部分情况下小人是没有得到过任何奖励的,所以现实的奖励值会保持为零。同理,对于估计值来说也一样几乎是没有任何更新的。

Q-Learning 的更新趋势是从奖励点(终点)开始往起点方向逐步更新,但是参考图 8-3,如果把起点设置在紧挨着终点的左边画×的位置会发生什么呢?显然这时候有 25%的概率可以立即走到终点。如此就不需要尝试 350 步了,因为有 25%的可能 1 次就得到奖励。之后再把起点放置在靠近×的地方(图 8-3 中○的位置)。显然如果从○出发,由于 Q 表已经有了×点的记录,只需走到×点就能知道走到终点得到奖励的走法,以此往复逐点更新 Q 表,直到更新到起点处的 Q 表对应的值。用这种方法将大大减少使用随机策略尝试的次数,除了开头的几步可能走到无记录的位置上,一旦走到 Q 表存在记录的位置,就能迅速找到走到终点夺取奖励的方法。而且随着更新的深入,Q 表上无记录的位置将会越来越少,尝试的时间和次数也会越来越少。

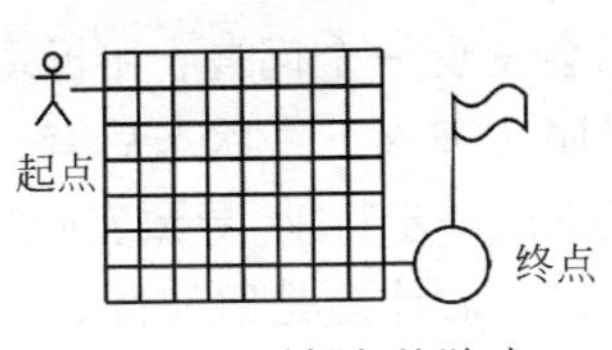

图 8-2 更复杂的游戏

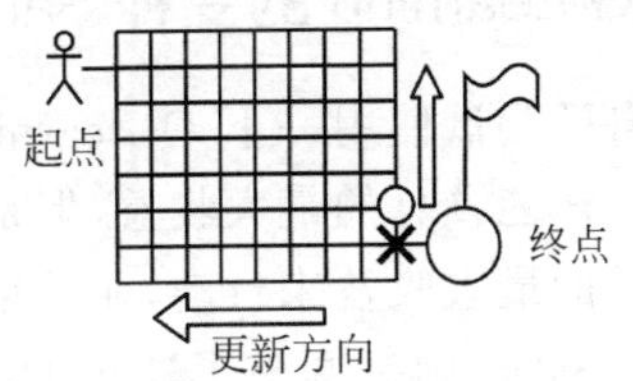

图 8-3 采用随机起点的方式搜索 Q 表

不过有些时候即使有能力可以虚拟出游戏环境,也可能并不知道"起点"应该在哪里。例如围棋游戏,人们甚至连终点长什么样子都不知道。另外,手工编辑各个场景的意义也不大,因此现实中需要更加普适的方法。一种可行的方式是随机地创建场景,具体到上面这个例子,就是不再控制×点或者○点的位置了,而是采用随机的方法,将起始点随机地落在整个迷宫里。最差情况下这种方法可能依然摆脱不了大量无用的尝试动作,但是从数学期望上来说,至少可以将随机尝试的次数减少一半,而且第一次随机就随机到最差情况的可能性本来就不高。代码片段 8-3 演示了如何实现这种优化方案。

【代码片段 8-3】 采用随机初始状态的探索。

```
MyGo\q-learning.py
for episode in range(episodes):
    step = 1
    isOver = False
    #state = states[np.random.randint(numState - 1)]          #1
    while not isOver:
        #state = states[np.random.randint(numState - 1)]      #2
        action = chooseAction(state)
        state_, reward = env_resp(state, action)
        dl(state, state_, action, reward)                      #3
        state = state_
        if states.index(state) == numState - 1:
            isOver = True
        step += 1
        showS(state, numState, episode, step)
```

【说明】

（1）随机的学习方式一是每一轮完整的游戏都从一个随机的状态开始。

（2）随机的学习方式二是每一步都从一个随机的状态开始。

（3）更新的动作是智能程序每做一次行动都要有的。虽然从表面上看，真正有数字变化的更新是在获取实际价值以后，但是实际上只要游戏没有结束更新的动作是从来没有间断过的。随着学习的次数越来越多，即使当前行为不会立刻带来实际的奖励价值，但是可以把未来预期的价值逐渐折现到当前的状态下，使得智能程序可以沿着折现值的轨迹更快地找到最优解。

根据经验来说，随机方式一更具有普适性，但是方式二学习的效率更高、更快。具体使用哪种优化方式，或者由于条件限制可能无法使用优化方案，这些都要根据实际情况来判断，不同的问题可能会有不同的处理方案。在条件允许的情况下，建议总是采用优化方案以加快学习的速度。

8.1.3 Q-Learning 的变种 Sarsa

读者如果自己尝试使用一下 Q-Learning 可能会发现一个问题：在折现未来的预期收益时使用的是未来能预见的最大收益，但是智能程序在进入下一状态后有一定概率并不按照小本本上记录的最大收益来行动，而是采取了随机的一步行动，导致实际行为和估计算法出现了不一致。Sarsa 则是调整了这里的不一致，它的估计总是跟实际行动相匹配的。只需稍微调整一下 Q-Learning 现实价值的公式(8-2)就能得到 Sarsa 的算法：

$$Q'^{R}_{s,a} = R_{s+1} + P \times Q^{P}_{s+1,a'} \tag{8-4}$$

$$Q'^{P}_{s,a} = Q^{P}_{s,a} + L \times (Q^{P}_{s,a} - Q'^{R}_{s,a}) \tag{8-5}$$

其中，公式(8-5)和公式(8-3)是一模一样的。代码片段 8-4 演示了如何使用 Sarsa 来学习拿旗帜的小游戏。

【代码片段 8-4】 应用 Sarsa 来进行学习。

```
MyGo\q-learning_sarsa.py
def dl(self, action, location, newLocation, how, env, isOver, reward):
```

```
    if how == "Q":                                        #1
        ...
    elif how == "S":                                      #2
        q_predict = self.vTable[tuple(location)]
            [self.actions.index(action)]                  #3
        if isOver != True:                                #4
            q_real = reward +
                self.lamda *
                self.vTable[tuple(newLocation)]
                [self.actions.index(self.locationNextMove)]
        else:                                             #5
            q_real = reward
        self.vTable[tuple(location)]
            [self.actions.index(action)] += self.lr * (q_real - q_predict)    #6
```

【说明】

(1) Q-Learning 算法,这部分和前面提到的没有什么差别。

(2) Sarsa 算法。

(3) 查一下小本本(Q 表),获取当前状态 s 做出行为 a 的估计值。

(4) 按照公式(8-4)计算获取状态 s 时做出行为 a 获取到的实际价值。

(5) 如果游戏结束,就不对未来折现了,因为已经没有未来了。

(6) 按照公式(8-5)来更新小本本上状态 s 做出行为 a 的估计值。

与 Q-Learning 一样,为了避免陷入局部最优,Sarsa 也会以一定的比例做出随机的行为。所不同的是,智能程序如果使用 Sarsa 算法,在查表获取未来价值前会先确定好下一状态采取什么行为,也就是说,使用 Sarsa 算法的智能程序一次就要考虑未来两步的行为。

如果当前小人在第 5 格,智能程序查了一下表 8-4,往右走的预估价值比较高,于是它选择了往右走的行动,但是为了按照 Sarsa 算法更新,它还要看一下在第 6 格时,它会采取什么行动,按理它同样应该选择继续往右走,但是由于随机到一个比较小的数字,它不得已随机选择了往左走。此时在更新第 5 格的行为表的时候,对未来第 6 格能获取价值的折现取的就是 0.7,而不能是 0.8 了,而 Q-Learning 算法中取的是 MAX(第 6 格),所以一定会取 0.8。代码片段 8-5 演示了完整的一次采用 Sarsa 算法的探索过程。

表 8-4　Sarsa 的价值表

格子	往右	往左
5	0.6	0.4
6	0.8	0.7

【代码片段 8-5】　使用 Sarsa 进行探索。

```
MyGo\q-learning_sarsa.py
action = self.locationNextMove                                        #1
beforeAction = self.location[:]                                       #2
isOver, reward = env.actionResp(action)
afterAction = env.getAgentLoc()[:]
self.location = afterAction[:]                                        #3
self.locationNextMove = self.chooseAction()                           #4
self.dl(action, beforeAction, afterAction, how, env, isOver, reward)  #5
```

【说明】

(1) 获取当前状态下的行为 a。

(2) 获取当前状态 s。

(3) 获取 s 状态执行行为 a 后的下一状态 $s+1$。

(4) 获取 $s+1$ 状态下的行动 a'。

(5) 使用 Sarsa 算法学习。

Q-Learning 和 Sarsa 两者很难判定孰优孰劣。它们都是单步更新，算法也仅在更新估计值的细节上略有差异。在具体的问题中使用哪种方法读者可以根据喜好或者实验结果来决定。从定性的角度来说，Q-Learning 更具侵略性，更贪婪一些，这使得它在决策树的选择上更倾向于深入挖掘。而 Sarsa 则更倾向于横向拓展。当学习到一个可行的策略后，Q-Learning 就很难再有新的发现了，因为它在拓展能力上不足。Sarsa 由于会随机走动，就还会能够发现新的东西，可能学到更好的策略。Q-Learning 的收敛速度比 Sarsa 要快，而且一旦收敛后，每次学习后的结果偏差不大，而 Sarsa 的偏差会大很多，有时候根本不知道 Sarsa 是否已经找到了最优解。

8.1.4 Sarsa 的进化 Sarsa-λ

Q-Learning 和 Sarsa 都是单步更新，而且两者在使用的效果上几乎没有差别。之所以要把 Q-Learning 修改成 Sarsa，是为了引出接下去要解决的一个问题，单步更新的效率太低。

之前的算法中，如果学习没有深入一定的程度，智能程序每次开头的很长一段时间都只能不停地随机游走，这是因为 Q-Learning 的算法更新总是逆向的，而且每次只能更新一个状态。如果完成游戏本身的最短路径很长，那么即使是最理想的更新过程也需要很久。但是在第一轮学习获取价值以后可以肯定一点，不管是正向的还是负面的价值，起码这条行为路径上的每个状态都和最后获取的价值或多或少有一些关系。从这个角度出发，很自然地就可以想到是不是可以在获取到价值后一次性更新整条行为路径上的状态估计值呢？前面提到，智能程序在使用 Q-Learning 或者 Sarsa 算法的过程中一直在更新自己的预期值小本本，即使不能获得立即的价值回报，但是通过多轮学习，算法能够将未来的期望收益折现到当前的状态下来作为当前状态对未来行为的估计值。这个过程其实就是一次性批量更新价值的雏形，如果智能程序能够记录下完整一轮学习过程中的行为，显然只要反向逆着状态记录做更新就可以一次性更新掉行为链上的所有值。

在图 8-4 显示的这个走迷宫的游戏里，智能程序控制物体从起点走到终点前很可能会反复经过某个状态，这就又引出了以下两个问题。

(1) 反复经过的状态 s 是否要重复更新？

(2) 反复经过的状态 s 之前经历的状态可能各不相同，是应该都纳入计算还是应该只获取最近的状态路径？

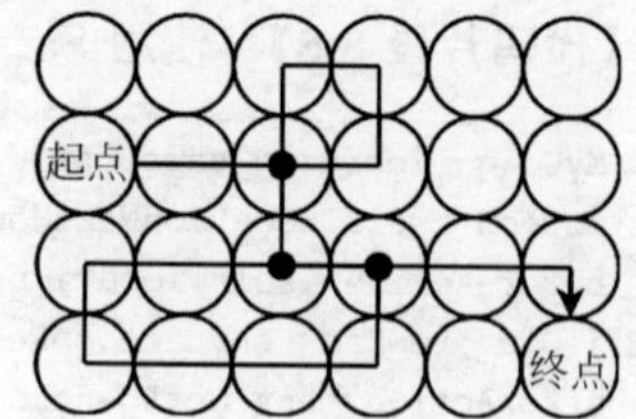

图 8-4　智能体从起点走到终点的一次记录

为了一次性解决上面两个问题，首先需要为智能程序增加行为记录的小本本，通过这个小本本上的记录，可以知道某个状态是否重复进入过。有以下两种方式来记录进入下一个状态的值。

(1) 每进入一个状态,就把这个状态重置为 1。

(2) 每进入一个状态,就在这个状态上加上 1。

具体选择哪种方式需要根据实际的问题来判断。如果认为状态无论重复过多少次,带来的结果都是相同的,那么可以选择第一种方式,如果认为一个状态重复的次数越多,表明这个状态对最后得到的结果越重要,就可以选择第二种方式。代码片段 8-6 演示了如果采用这两种方式进行状态经历次数的记录。

【代码片段 8-6】 记录探索过的状态。

```
MyGo\q-learning_sarsa.py
def updateSarsaLamda(self,location,action):
    if self.sarsaLamda.get(tuple(location)) == None:
        self.sarsaLamda[tuple(location)] = [0,0,0,0]
    index = self.actions.index(action)
    self.sarsaLamda[tuple(location)][index] = 1        #1
    #self.sarsaLamda[tuple(location)][index] += 1      #2
```

【说明】

(1) 方式一,重置策略。多次进入同一状态视作重置,而不是叠加。

(2) 方式二,叠加策略。但是选择方式一还是方式二应该根据实际情况来确定。

接着为 Sarsa 算法引入 λ 参数,这个参数作为一个衰减比例,是 Sarsa 优化算法的核心,所以人们为这个优化算法命名为 Sarsa-λ,至于为什么没有 Q-Learning-λ 后面再解释。现在,假设使用方式一,每当智能程序进入一个状态,智能程序记录小本本上就要把这个状态重置成 1,然后之前的所有状态都乘上 λ 进行衰减。这样越新的状态保存的值越大,越旧的状态保存的值越小。这和人类的记忆也有些类似,时间越近的事情记得越牢,越是以前的事情记忆就越是模糊。λ 的取值限定在闭区间[0,1]内,当 λ 等于 0 时,算法就等同于 Sarsa 了,因为智能程序不会保留之前的状态记录。如果 λ 等于 1,表示所有历史的状态和当前状态对结果的贡献是相同的。如果 λ 在(0,1)中取值,就表示越是过去的状态对现在的结果贡献越小,越是靠近眼前的状态则影响越大。

现在,智能程序需要做好每一次行为的记录,然后每一次行为完成后就立即更新自己的小本本,同时把这个行为记录表上的其他关联行为也都按照算法更新一遍。原来智能程序只需要一本小本本记录每个状态下不同行为的预估值,现在还需要多加一本小本本,作用是记录每一次行为的历史记录,这个小本本看上去如表 8-5 所示。

表 8-5　智能体的历史行为记录

状态	行为	衰减	状态	行为	衰减
s_1	a_1	0.6561	s_2	a_2	0.9
s_3	a_3	0.729	s_5	a_5	1
s_4	a_4	0.81			

Sarsa-λ 的更新公式和 Sarsa 很相似,下面稍微改写一下 Sarsa 的形式,但是并不改变其内容。

$$Q'^{R}_{s,a} = R_{s+1} + P \times Q^{P}_{s+1,a'} \tag{8-6}$$

$$\delta = Q^{P}_{s,a} - Q'^{R}_{s,a} \tag{8-7}$$

$$Q'^{P}_{s,a}=Q^{P}_{s,a}+L\times\delta \tag{8-8}$$

Sarsa-λ 中需要额外再多记一个历史行为的小本本，小本本上的值用字母 E 来表示，于是公式(8-8)就调整为：

$$Q'^{P}_{s,a}=Q^{P}_{s,a}+L\times\delta\times E_{s,a} \tag{8-9}$$

前面提到过，智能程序每执行一次行为，小本本上的历史记录就要衰减 λ，于是再增加一个对 E 的迭代公式(8-10)：

$$E'_{s,a}=P\times\lambda\times E_{s,a} \tag{8-10}$$

在更新历史记录的小本本的时候，不仅乘上了衰减因子 λ，而且还给它乘上了折现的比例 P。这么做的原因是智能程序每做出一个选择后所有的历史记录都要更新一次，λ 参数的作用是记录历史的行为距离现在有多远，这是空间上的，但是如果每次要拿这个数据来使用，需要再区别过去的行为值和现在的行为值，所以还要对它进行折现，这是时间上的。由于 λ 仅在这里的迭代更新时使用，可以把 $P\times\lambda$ 合并成一个参数，如此做可以节省一步乘法，虽不会改变结果，但是在概念上却缺了一步逻辑。

结合前述的所有要素就能得到 Sarsa 的优化算法 Sarsa-λ。现在再来看看算法的完整流程，代码片段 8-7 演示如何从代码上实现这个过程。

(1) 初始化智能程序的策略小本本和历史记录小本本。

(2) 根据当前的状态 s 选择行为 a，并执行行为 a 进入状态 $s+1$。

(3) 按照公式(8-6)～公式(8-10)更新自己的策略小本本和历史记录小本本。注意：只要是历史记录小本本上经历过的状态，策略小本本上都要更新一遍这个状态的最新值。

(4) 如果游戏没有结束，就再从第(2)点开始。

【代码片段 8-7】 实现 Sarsa-λ 的完整流程。

```
MyGo\q-learning_sarsa.py
def dl(self,action,location,newLocation,how,env,isOver,reward):
    ...
    if how == "Q":
        ...
    elif how == "S":
        ...
    elif how == "SarsaLamda":
        q_predict =
            self.vTable[tuple(location)][self.actions.index(action)]    #1
        if isOver != True:
            q_real = reward
                + self.lamda * self.vTable[tuple(newLocation)]
                [self.actions.index(self.locationNextMove)]             #2
        else:
            q_real = reward                                             #2
        delt = q_real - q_predict                                       #3
        self.updateSarsaLamda(location,action)                          #4
        for i in self.sarsaLamda:                                       #5
            self.vTable[i] =
                (np.array(self.vTable[i])
                + self.lr * delt
                * np.array(self.sarsaLamda[i])).tolist()                #6
```

```
                self.sarsaLamda[i] =
                    (self.lamda * self.sarsaLamdaparam
                            * np.array(self.sarsaLamda[i])).tolist()    #7
```

【说明】

(1) 智能程序查一下小本本,拿到对当前行为能获取价值的估计。

(2) 执行公式(8-6),如果游戏结束了,就只获取现实的奖励,不再对未来可能获取到的价值折现。

(3) 执行公式(8-7)。

(4) 把智能程序在当前状态选择的行为加入历史行为记录的小本本。

(5) 只要是历史记录小本本上经历过的状态,策略小本本上都要更新一遍这个状态的最新值。

(6) 执行公式(8-9)。

(7) 执行公式(8-10)。

之前提到,为了加速 Q-Learning 算法收敛,可以采用随机创造外部场景的方法,但是这有点作弊了,这种做法相当于从上帝视角来给智能程序创造一些不同的"现实",然后再让智能程序汇总起这些虚假"现实"中的经验。这有点像漫威和 DC 漫画中的各种时间线和各种平行宇宙的设定。Sarsa-λ 让智能程序能一次完成更新行进路线上的所有值,这在实现上比随机场景法更简单,而且更新效率更高。一个显而易见的问题是为什么只对 Sarsa 算法进行历史追溯? Q-Learning 算法也加上历史追溯,是不是就是 Q-Learning-λ 了呢? 答案会稍稍令人沮丧,Q-Learning 在更新的过程中,并没有完全按照智能程序的策略小本本来行事。回顾一下它更新的公式,在获取未来预期的价值时,使用的是未来状态的最大值(MAX 函数),但是对未来行为的选择,算法并不一定会遵循这个最大值来行事,因为它引入了一定概率执行随机行为。Sarsa 虽然也有随机行为,但是在更新预期价值时,是先确定好未来的行为,再根据这个行为来确定未来预期价值的折现的。所以 Q-Learning 在策略选择上是不连贯的,没有办法像 Sarsa 算法那样可以进行连贯的追溯。所以在很多强化学习的材料里能看到有人认为 Q-Learning 是非遵循策略的(off-policy),而 Sarsa 算法是遵循策略(on-policy)学习的。

8.2 在神经网络上应用 DQN

视频讲解

传统 Q-Learning 算法在状态值有限的情况下可以工作得很好。但是像围棋这种虽然存在有限状态值,但是状态却非常多,多到无法做记录的情况就不能很好地工作了。另外,对于连续的状态值,传统 Q-Learning 也没有办法处理。为此有人想到了可以引入神经网络,因为神经网络对于拟合连续函数或者连续的概率分布都是十分拿手的。通常把神经网络构成的 Q-Learning 算法称为 Deep Q Network(DQN),Deep 表示深度学习,也就是现在流行的深度神经网络。对于初学者,为了学习的方便,可以不采用深度网络,所以可以把名称中的字母 D 去掉,简称其为价值网络。

传统 Q-Learning 的核心是记录策略的小本本,根据当前状态查询小本本得到不同行为可能带来的价值,并遵循只走最高价值的路径来指导智能程序的行为。DQN 中神经网络就充当了这个小本本的角色，把当前状态和不同的行为选项输入神经网络，期盼网络会输出一个对输入的价值估计。有读者会注意到，Q-Learning 中，初始状态下，策略记录里的所有可能的行为选项预期值都被设置成了零，在神经网络中是否也要这么做？可是神经网络如果所有参数都被设置成了零，网络就不能学习了，这两者似乎是矛盾的。其实即使在 Q-Learning 中初始的行为预期值也没有必要全部设置为零。因为当策略记录里什么都没有的时候，只能随机地采取行动，这和随机地设置策略记录里的值并没有本质上的区别，所以对于使用神经网络来做 Q-Learning 算法的策略记录，也没有必要将参数设置成零，网络在初始参数下得到的价值预期完全可以看作随机策略的输出。

具体到围棋游戏策略中，如图 8-5 所示，有两种策略网络结构供选择。一种是输入当前状态，然后输出各个着法能够带来的预期价值。另外一种是输入当前状态与对应的着法，输出则是一维的预期价值。

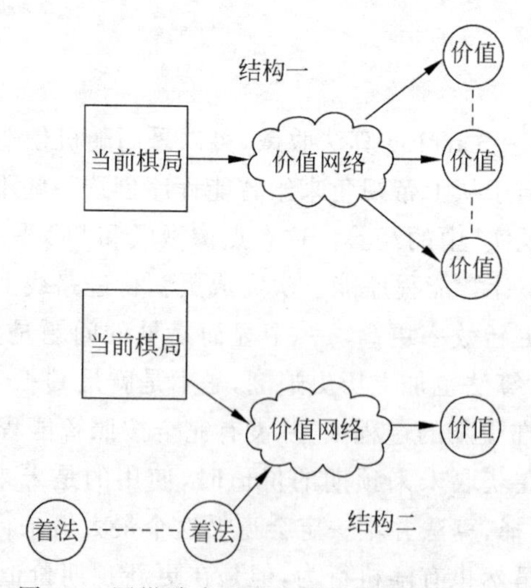

图 8-5　围棋游戏可选的两种策略网络结构

结构一和传统 Q-Learning 算法中的价值记录小本本很类似，输入当前状态，然后看一下各个可选行为可能带来的预期价值，并从中选取最大预期价值的行为。下围棋的时候每一回合只会落一步子，所以在智能程序学习的过程中，如果采用结构一，每次只会有一个行为的输出能够被学习更新，而且由于围棋的棋局千变万化，几乎不可能在两局棋局中下出完全一样的棋面，没有办法更新到其他落子点的预期价值，所以结构一的训练效率是极度低下的。

乍看之下采用对局样本对结构二的神经网络进行训练似乎也不太可行。样本中针对任意局面仅有一个着法选项，而从网络结构上期望针对单独一个盘面可以有全部可落子点的样本标签，这显然是不可能做到的，它就相当于一盘棋穷举了全部的可能性。但是神经网络的优势在于它可以依赖有限的样本数据来猜测待拟合函数的样貌，而且在样本的取值范围内常常做得很好。定性地讲，在训练了大量不同盘面的样本和标签的匹配关系后，理所当然地认为在同一盘面下即使把没有出现过的选项作为输入，神经网络依然可以达到较高的预测匹配度，虽然似乎无法验证这一点。

结构二在网络的训练时可以做到手头有什么就训练什么。一局棋中的每个回合都可以用来训练并输出对应的价值。相比较于结构一，结构二的网络结构在策略提取时需要消耗更多的时间。理想情况下，结构一只需要计算一次就能够得到所有落子点的价值，而结构二则必须在同一状态下对每个落子位一一尝试，逐个确认预期价值，因此它的计算量就要比结构一多得多了。不过考虑到实际操作的可行性，多做一些计算也是值得的。

下面将从代码层面来看一下采用 Q-Learning 算法学习的围棋程序的具体实现方式。代码片段 8-8 定义了神经网络上神经元的拓扑结构。

【代码片段 8-8】 定义 DQN 的结构。

```
MyGo\pytorch\dqn.py
class Net(nn.Module):
    def __init__(self):                           #1
        super(Net, self).__init__()               #2
        self.conv1 = nn.Conv2d(1, 81, 2)
        self.conv2 = nn.Conv2d(81, 64, 2)
        self.conv3 = nn.Conv2d(64, 32, 2)
        self.fc1 = nn.Linear(32 * 6 * 6+9*9+1, 1024*4)
        self.fc2 = nn.Linear(1024*4, 512*6)
        self.fc3 = nn.Linear(512*6, 512*2)
        self.fc4 = nn.Linear(512*2, 1)
    def forward(self, x1,x2,x3):                  #1
        x1 = torch.from_numpy(x1)                 #3
        x1 = torch.tanh(self.conv1(x1))
        x1 = torch.tanh(self.conv2(x1))
        x1 = torch.tanh(self.conv3(x1))
        x1 = x1.view(-1,self.num_flat_features(x1))
        x2 = torch.from_numpy(x2)                 #3
        x3 = torch.from_numpy(x3)                 #3
        x = torch.cat((x1,x2,x3),-1)              #4
        x = torch.tanh(self.fc1(x))
        x = F.relu(self.fc2(x))
        x = F.relu(self.fc3(x))
        x = torch.sigmoid(self.fc4(x))            #4
        return x
```

【说明】

(1) PyTorch 在定义网络结构时比 Keras 麻烦一些，它需要单独定义网络里每层的具体结构和层与层的连接方式。标准的流程是在初始化时定义单层的结构，在前向计算的函数中定义层与层之间如何连接。不像 Keras 只需要顺序定义网络的结构并指明对应的输入框架就会自动计算其余一切事情，PyTorch 需要自己手工明确指明网络里的每一处细节。但也正得益于此，使得 PyTorch 在定义神经网络的结构时也更灵活。

(2) 继承 PyTorch 里已定义好的类结构，只需要填充其中需要自己定义的网络部分就好了，省时省力的同时也让使用者可以充分了解整个运作过程。示例中的网络结构读者可以自己调整，但是由于 PyTorch 不会自动计算层和层之间的关系，需要小心计算好每层输入与输出的数字，如果匹配不上就会报错。

(3) PyTorch 使用自己的数据结构，不像 Keras 或者 TensorFlow 可以兼容 NumPy，所以在使用外部输入数据时要先将外部的 NumPy 数据转换为 PyTorch 的数据格式。

(4) 整个神经网络的输入由三部分组成：围棋的当前盘面，当前下棋的颜色以及可选的落子点。网络只有一个输出值，取值范围是(−1,1)，用来表示对正面或者负面价值的预期估值。

训练网络的过程和第 7 章使用策略梯度的过程类似：

(1) 初始化两个相互对抗的智能程序 A 和 B，智能程序采用一样的价值网络结构。

(2) 让智能程序 A 和 B 对抗 N 局，保存 N 局的棋谱。

(3) 评估智能程序 A 是否显著强于智能程序 B，如果 A 显著强于 B，则让 B 装载 A 的网络参数。

(4) 从 N 局棋谱中提取样本，对智能程序 A 的网络进行训练。

(5) 回到第(2)步，重复循环步骤(2)～(5)的过程。

整个过程中采用价值网络的智能程序和采用策略梯度的智能程序只有两个地方有些许不同，一是如何下棋，也就是智能程序如何根据价值网络选择落子点；二是如何对智能程序 A 的网络进行训练。

如图 8-6 所示，这里的价值网络采用前面介绍的结构二的形式，面对任一局面，要获得落子建议时需要把所有可行的落子点逐一输入价值网络，然后取其中能使得网络输出最大值的着法作为对未来获取最大价值的最佳估计。初始的时候，网络会输出不同着法的价值，虽然看着好像是评估了各个落子点的期望价值，但是网络的初始权重参数是随机生成的，实际上就是随机落子。随着智能程序对弈的棋局越来越多，学习到的棋局知识也越来越多，网络给出的价值估计值就会逐渐往最佳估计收敛。代码片段 8-9 判断如何从 DQN 中提取落子建议。

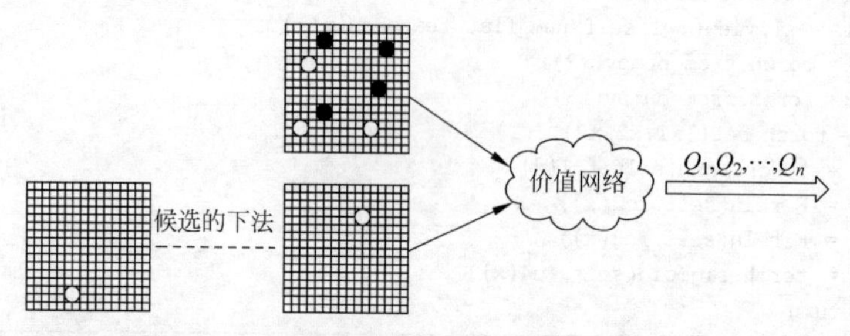

图 8-6 围棋游戏采用 DQN 价值网络的评估过程

【代码片段 8-9】 使用 DQN 产生落子选项。

```
MyGo\pytorch\dqn.py
moves = self.getLegalMoves(board,player)                        #1
if len(moves) == 0:                                              #1
    return Move(is_pass = True)
choices = []
for i in moves:                                                  #2
    npout = np.zeros((boardSize,boardSize))                      #3
    npout[i] = 1                                                 #3
    npout = np.array(npout.flatten(), dtype = np.float32).reshape(1, -1)
    npplayer = [1] if player == Player.black else [-1]  #3
    npplayer = np.array(npplayer,dtype = np.float32).reshape(1,1)
    npboard = board.print_board(isprint = False)                 #3
    npboard = np.array(npboard,dtype = np.float32).reshape(1,1,boardSize,boardSize)
    with torch.no_grad():                                        #4
        output = self.net(npboard,npplayer,npout)                #4
    output = output.numpy().flatten()
```

```
    choices.append(output)    #5
choices = np.array(choices).flatten()
move_idx = random.choices(range(choices.size),weights = choices)   #6
```

【说明】

(1) 从当前盘面里挑出所有可行的着法,如果没有可行的着法就弃掉这一手。

(2) 评估所有可行的落子点的预期价值。

(3) 网络的输入由三部分组成：落子点,落子方颜色和当前的棋局。

(4) PyTorch 如果只用来预测,就不用考虑使用梯度下降来更新参数,为了节约资源,可以手工关闭梯度跟踪。

(5) 比较每个落子点的预期价值,并从中挑选出能使网络输出最大值的落子点作为着法,需要先保存每个落子点的输出。

(6) 网络训练时,可以和策略网络一样,按概率随机取出落子点作为着法。这么做的目的是使得智能程序的互弈可以进行多局而不重复,训练价值网络时就可以有比较多的样本。读者也可以直接取最大价值的着法,然后每对弈一局训练一次,这么做的缺点是网络在训练时会变得不稳定,难以收敛。具体采用哪种方案,读者可以自己通过实验来斟酌比较。

可以借鉴类似 Sarsa-λ 算法的思想来训练智能程序的价值网络。Sarsa-λ 和 Q-Learning 这两种算法最大的区别是它可以对最终获取的价值进行回溯更新。不过在理论层面,DQN 还是属于非遵循策略的,这里用 Sarsa-λ 做类比是为了便于读者理解而专门进行了简化。在实际操作中,对于每一局棋局都要保存每一步落子,然后根据棋局最终的对弈结果进行回溯,才能确定之前每一步的价值。依照之前 Sarsa-λ 的公式,围棋里设置公式(8-10)里的 λ 等于 1,折现率 P 也等于 1。在棋局分出胜负前,每一步落子能够得到的即时回报都是零,只有胜负判定后对于获胜的一方得到的价值是 1,而输棋的一方得到的价值就是 -1,这个最终价值用字母 R 来表示。围棋有全局禁同的规定,所以无所谓对记录行棋历史采用重置法或者叠加法,并且由于折现率和衰减因子都是 1,历史记录里的所有记录的价值也就都是 1 或者 -1 了。据此,Sarsa-λ 算法的公式可以简化为公式(8-11)和公式(8-12)：

$$\delta = Q_{s,a}^{P} - R \tag{8-11}$$

$$Q'^{P}_{s,a} = Q_{s,a}^{P} + L \times \delta \tag{8-12}$$

简化后的公式看上去好像是 Sarsa,而不是 Sarsa-λ,这很正常,因为 Sarsa-λ 本来就是对 Sarsa 的扩展与优化。需要知道,简化后的公式是获取棋局结果后对所有的历史落子记录进行的一次批量更新。Sarsa 只能走一步更新一步,不能进行批量更新,因为它不对行棋的过程做历史记录。

对比神经网络的梯度下降方法,公式(8-11)就相当于是计算样本标签与估计之间的误差,公式(8-12)则是根据学习率更新网络中的参数。这并不是一种巧合,基于策略梯度或者是 DQN 的强化学习方式和传统的监督学习之间的差异仅仅是样本标签的含义不同。传统的监督学习采用固定的样本标签,无论训练多少次样本标签的值都是不会改变的。而强化学习采用的样本标签是会随着探索过程不断地变化的,所以强化学习可以被看作一种现学现用、活学活用的计算机学习与训练方式。

代码片段 8-10 演示了依据公式(8-11)和公式(8-12)对 DQN 进行训练的实现过程。

【代码片段 8-10】 训练 DQN 的过程。

```
MyGo\pytorch\dqn.py
criterion = nn.MSELoss()                                              #1
for i in range(5000):                                                 #2
    bot1_win,bot2_win = play_against_the_other(dq,bot1,bot2,20)      #3
    total = bot1_win + bot2_win
    if binom_test(bot1_win, total, 0.5)<.05 and bot1_win/total>.5:   #4
        torch.save(bot1.net.state_dict(), model_old)
        bot2.net.load_state_dict(torch.load(model_old))
    else:
        None
    make_tran_data(games_doc,data_file)                               #5
    games = HDF5(data_file,mode='r')                                  #6
    x_,y_ = games.get_dl_dset()                                       #7
    train_size = y_.shape[0]
    x_train_1 = x_[:,:-2]                                             #8
    x_train_2 = x_[:,-2]                                              #8
    x_train_3 = y_                                                    #8
    y_train = np.zeros(x_train_2.shape)                               #8
    winner = x_[:,-1]
    for i,y in enumerate(x_train_2 == winner):
        if y == False:
            y_train[i] = 0                                            #9
        else:
            y_train[i] = 1                                            #9
    indexes = [i for i in range(train_size)]                          #10
    random.shuffle(indexes)                                           #10
    for i in indexes:                                                 #10
        optimizer.zero_grad()                                         #11
        output = bot1.net(x_train_1[i:i+1],
            x_train_2[i:i+1],x_train_3[i:i+1])                        #11
        loss = criterion(output, y_train[i:i+1])                      #11
        loss.backward()                                               #11
        optimizer.step()                                              #11
    torch.save(bot1.net.state_dict(), model_current)                  #12
torch.save(bot1.net.state_dict(), model_file)                         #13
```

【说明】

（1）DQN 只有一个输出，可以用均方误差作为损失函数。

（2）学习 5000 轮，读者设置成无限循环也可以。

（3）让两个智能程序互弈 20 局，至于是 20 局还是 50 局读者可以自己决定，这个参数主要是影响显著性指标的可信度。

（4）如果智能程序 A 显著强于智能程序 B，就把智能程序 A 的价值网络参数同步给智能程序 B。显著性指标设置成 0.05，如果要提高显著性的精度，第二步对弈的局数也要相应提高。

（5）把对弈的棋局保存成 SGF 棋谱。

（6）把棋谱转译成 HDF5 格式文件，方便取出训练样本。

（7）从 HDF5 文件里取出训练样本。

（8）对训练样本进一步解析与构造，获得符合价值网络训练用的输入与样本标签格式。

(9) 对样本标签进一步加工，将标签值转译为价值，如果是输棋方的落子，就认为这步棋的价值等于 0，赢棋方的落子就认为具有价值 1。

(10) PyTorch 在使用多批次训练时必须手工构造训练过程，一批次训练多少样本由参数 train_size 来控制。同时加入了打乱样本的步骤以进一步降低样本之间的相关性。

(11) PyTorch 的标准梯度下降更新网络参数的流程。

(12) 每学习完一轮，就保存一下智能程序 A 的网络参数，以免万一非预料内的异常情况发生，白白浪费了训练过程与时间。

(13) 整个训练过程(5000 轮)完成后保存智能程序的网络参数。

一局棋结束后，棋局中发生的每一步都被认为能够获取到相同的价值。虽然一局棋中每一步都能导致未来相同的价值期望听上去有点荒谬，但是把这个行为放到一百万、一千万局对弈里来看，意义不大的落子在有胜有负的棋局中学习的效果必将会相互抵消。网络输出明确的高价值或者明确的低价值落子点必定是对棋局的结果起到显著影响的那些着法。这一点和策略梯度里的思想是一致的。

第9章

Actor-Critic算法

视频讲解

迈克尔·乔丹作为NBA史上最伟大的篮球运动员之一，其辉煌的职业生涯中有两场最令人津津乐道的赛事，一是1997年6月11日NBA总决赛的第5场比赛，乔丹率领的公牛队对阵持续巅峰了10年的犹他爵士队，乔丹在最后1分钟那记决定胜负的三分球使得公牛队最终以90比88的比分艰难取胜。另外一场发生在1998年6月14日，还是公牛队对战爵士队，在比赛时间只有30秒的时候，爵士队以86比83领先。乔丹先是上篮得手，将差距缩小到1分，在最后5.2秒时打出了关键进球，使得公牛队再次捧起NBA冠军奖杯。乔丹一生进球无数，但是能被人们深刻记住的却只是其中几次在比赛逆势下靠一己之力扭转乾坤的进球。这说明了在恶劣情况下做出的翻转局势的行为才具有非凡的价值，并值得铭记。

对比之前在使用策略梯度进行学习的时候，很多学习的样例可能并不是最好的，甚至可以说是盲目的、僵化的。一局棋不可能每一步都是好的下法。对于赢棋一方落子的评价，只能说好的下法占据了特别有利的形势使得差的下法不能够对局势产生大的影响，对于输棋一方的着法其实也是一样的道理。人们总是会希望智能程序能够多学习一点好的下法，少学习一点差的下法。Actor-Critic（演员-评论家）算法（下文简称AC算法）就是在这种思想下诞生的。算法通过结合策略梯度与价值网络这两种结构实现了对样本标签的效力判定，本质上就是通过价值网络来指导策略梯度网络更加有效地学习。

就和乔丹那几场令人难以忘记的比赛一样，AC算法会鼓励智能程序对于扭转局势的行动多学习一些，但是那些对局势没有什么影响的行为就少学习一些。如图9-1所示，使用AC算法学习的智能程序需要两个网络，分别对应AC算法中的演员（策略网络）和评论家（价值网络）。策略网络负责根据当前棋局盘面给出建议下法，而价值网络则负责评估当前棋局形式对落子方是否有利。AC算法中的策略网络和策略梯度章节中使用的网络概念没有什么区别，而价值网络则稍微有些不同。AC算法的价值网络不再对落子点的预期价值进行评估，而是仅评估当前盘面的胜负概率。换个角度来看，DQN中的价值网络是对落子后的胜负概率进行评估，而这里的价值网络是对落子前的胜负概率进

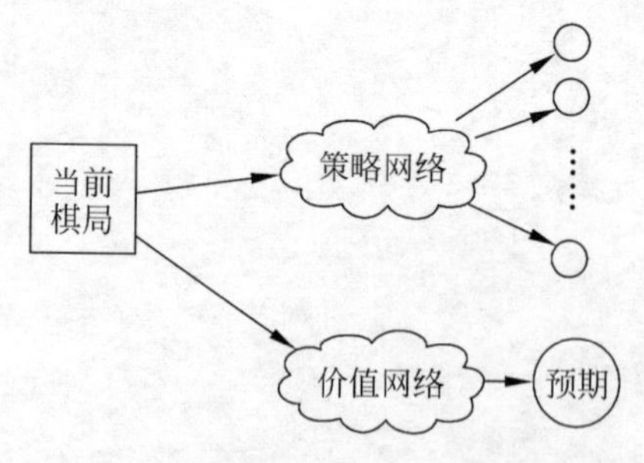

图9-1　演员评论家算法的网络组成

行评价。人类有一种称为直觉的能力，通过这种能力，人类无须真的去演算一局棋剩下的所有可能走法，只需要看一眼棋局就能够给出双方胜负的大致概率。AC 算法会赋予智能程序的神经网络也具备这种直觉，依靠这个直觉就能够帮助智能程序更好地学习历史样本，从而更高效地提升策略网络的棋力。

在行棋的过程中，价值网络在每一步落子前对当前局势给出一个关于胜负的评估，告诉棋手当前盘面是处于优势还是劣势。图 9-2 演示了在一局对弈中，一方棋手扭转劣势、反败为胜的完整过程，其中，左边纵坐标的 −1 表示对当前盘面判断必输，1 表示预测可以赢得棋局，右边的纵坐标表示每一步落子所具备的价值。从图中的短跳线可以看出，一开始棋手的着法不是很好，并使自己陷入了非常被动的局面。但随着局势的发展，棋手逐渐扳回了劣势的局面并最后获得了胜利。与短跳线表示的胜负预期相比，实线表示的棋手每一手价值却是反方向运动的。在胜负预期最差的情况下，棋手的着法却获得了最大的价值，这显然是合理的，因为在最差预期下能够扭转局面的着法一定是好棋。图中用点线框出的部分是最该被学习的部分，后面由于大局已定并且该棋手发挥稳定，每一步都只是维持住了优势的局面，所以可学习的东西就不多了，于是每一步的价值也就逐渐趋于零。价值的公式可以用公式(9-1)来计算：

$$R^r = R - R^p \tag{9-1}$$

其中，R^r 表示每一步的价值，R 表示棋局最终结果的价值，R^p 表示价值网络对胜负的预期。下面用表 9-1 复演一遍上面的公式，胜负预期在(−1,1)区间取值，赢棋的一方最终得到价值 1，输棋的一方得到价值 −1。

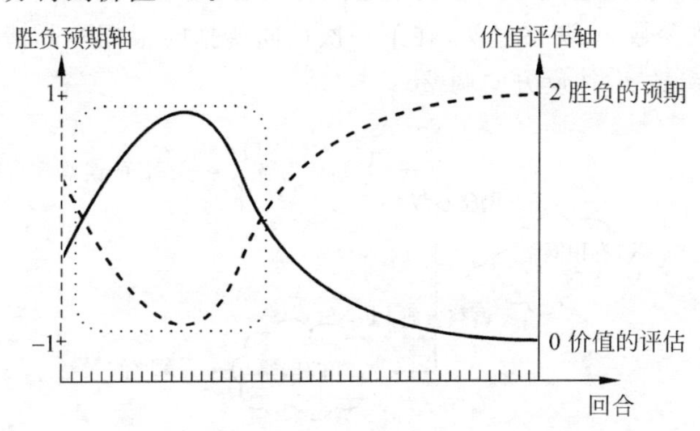

图 9-2 胜负预期与价值评估是负相关

表 9-1 公式(9-1)的表格演示

落子方	胜负预期	棋局最终结果	着法的价值
黑棋	0.5	1	0.5
白棋	−0.4	−1	−0.6
黑棋	−0.8	1	1.8
白棋	0.6	−1	−1.6
黑棋	0.9	1	0.1
白棋	−0.8	−1	−0.2

在策略梯度中把胜利一方所有的着法都简单粗暴地将其默认为具有价值 1，输棋一方的所有着法都认为只有 −1 的价值。这种武断的判断未免有失偏颇，虽然可以通过成千上

万次的对弈正负抵消掉那些价值不高的着法，但是在学习效率上实在不高。而AC算法通过引入对棋局的评价，使得算法能够辨识出哪些着法是好的，哪些着法是差的，哪些着法又是无关紧要的。好的着法价值更高(超过了赢棋后获得的价值1)，差点的着法就价值更低(低于－1)，无关紧要的着法价值就会趋近于0，这样在训练策略网络的时候就更能有的放矢了。

读者可能会意识到，在最初的时候价值网络并没有得到很好的训练，给出的胜负判断是随机的，根据随机的胜负预期得到的价值还有指导意义吗？应该这么说，AC算法是策略网络与价值网络同步在一起学习的，不仅是策略网络根据价值网络的指导在学习，价值网络同样也要根据棋局的结果来修正自己的判断能力。即便最开始的时候价值网络对策略网络进行了错误的学习指导，但是随着价值网络学习得越来越好，判断成功率也会越来越高，这些过去的误导是会被逐步修正的。由于错误判断的胜负预期会导致着法价值远高于棋局价值1或者－1，所以修正的速度会相当快，因此在使用AC算法进行神经网络的训练时没有必要预先训练价值网络，价值网络和策略网络完全可以一同训练。只是一开始大部分的样本是用来训练价值网络的，策略网络只是陪同训练，而且在价值网络没有稳定前，策略网络一定会有很强烈的抖动，但是随着价值网络趋于稳定，策略网络就能逐渐逼近最优解。

AC网络在训练过程中还可以提供一定程度上的正则化功能。如图9-3所示，由于价值网络和策略网络各自所学习的样本标签具有不同的概率分布，当价值网络通过梯度下降法想调低参数A的时候策略网络却想调高参数A，两者对参数的调整方向相反，具有抵消的效果，这样就从一定程度上避免了网络发生过拟合的现象。如果两个网络对参数A调增的方向一致，则会导致参数A调整过头，在下一次反向传播时根据实际情况价值网络或者策略网络又会尝试将参数A往反方向调整。

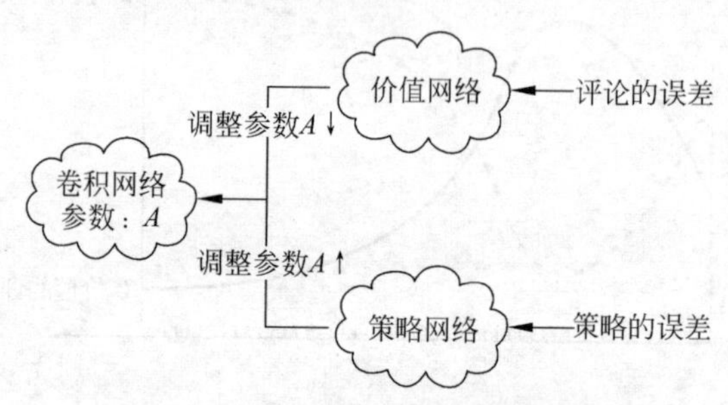

图9-3　AC网络结构的正则化能力

使用AC算法训练智能程序的流程和之前介绍的策略梯度与DQN的流程大同小异，为了节约篇幅，就不再赘述了。但为了稍微凸显出一些区别，实现方式上删减掉了在对弈时保存棋谱的流程，选择直接把智能程序的互弈过程保存到HDF5文件中。另外，AC算法的神经网络结构也和之前使用的略有不同，之前使用的网络都是单个网络的输出，AC网络需要有两个网络并输出不同含义的预测值。代码片段9-1演示了如何使用Keras来定义采用AC算法的神经网络拓扑结构。

【代码片段9-1】 定义采用AC算法的神经网络拓扑结构。

```
MyGo\utility\keras_modal.py
def Model_AC(boardSize):
    input = keras.layers.Input(shape = (boardSize ** 2 + 1,))
```

```
reshape = keras.layers.Reshape((boardSize,boardSize,1))(input[:,: - 1])        #1
feature = keras.layers.Conv2D(3 ** 4, 2, strides = 1, padding = 'same',
    activation = 'tanh', kernel_initializer = 'random_uniform',
    bias_initializer = 'zeros')(reshape)
...
lnk = keras.layers.concatenate([feature,
    input[:,boardSize ** 2:boardSize ** 2 + 1]], axis = - 1)
actor = keras.layers.Dense(1024 * 4,
    kernel_initializer = 'random_uniform',
    bias_initializer = 'zeros',activation = 'tanh')(lnk)
...
actor_output = keras.layers.Dense(boardSize ** 2,
    activation = 'softmax')(actor)
critic = keras.layers.Dense(1024 * 4,
    kernel_initializer = 'random_uniform',
    bias_initializer = 'zeros',activation = 'tanh')(lnk)
...
critic_ouput = keras.layers.Dense(1,activation = 'tanh')(actor)
return keras.models.Model(inputs = input,
    outputs = [actor_output,critic_ouput])       #2
```

【说明】

(1) 由于要使用卷积网络来提取棋盘的特征，而输入的是摊平后的棋盘数据，因此将输入数据格式还原回二维棋局平面。读者也可以直接输入高维度的棋盘数据，但是要记得调整一下网络的输入结构。

(2) 之前的网络都只有一个输出，AC 网络需要分别输出策略和评价。Keras 可以使用数组将多个网络的输出拼接在一起，并作为 AC 网络的整体输出。

在使用 Keras 初始化网络学习的模式参数时，不再只有一个输出项目，因此需要调整一下流程中 compile 里的一些参数。策略网络和策略梯度中一样使用交叉熵作为代价函数，而价值网络和 DQN 里的一样，采用均方误差作为代价函数。由于是不同的网络结构，策略网络和价值网络在输出误差(预测与标签的差异)上可能会存在数量级的差异，而这两个网络在梯度更新时，又会更新到公用的卷积网络部分，数量级的差距可能会导致其中一个网络无法更新。为了解决这个问题，可以通过加入梯度更新权重参数来平衡这两种网络在数量级上的差距。代码片段 9-2 演示了如何设置 AC 算法的梯度更新权重参数。

【代码片段 9-2】 设置 AC 算法的梯度更新权重参数。

```
MyGo\utility\keras_modal.py
def compile_ac(self):
        self.model.compile(optimizer = keras.optimizers.SGD(learning_rate = 0.001),
            loss = ['categorical_crossentropy', 'mse'],      #1
            loss_weights = [1,.5],                           #2
            metrics = ['accuracy'])
```

【说明】

(1) 同时采用交叉熵和均方误差来作为代价函数。参数的顺序必须和网络的输出顺序一致，如果顺序有误，不会在程序运行时报错，但网络在实际表现上会和预期的行为差距很大。

（2）为两个网络的误差值增加权值比例，读者需要根据自己网络的实际情况来调整策略网络与价值网络的误差权值比例。

在智能程序互弈时，策略网络的下棋方法和策略梯度中使用的是一样的，按照概率比例从策略中选择着法，训练过程也是和策略梯度的训练方法一样。价值网络在下棋的过程中不起作用，不过可以通过观察价值网络的输出来观察程序对当前盘面的胜负预期。价值网络的训练过程比较简单，输入棋局，将输出与最终棋局的实际胜负做比较，利用均方误差做反向梯度计算。具体的过程和DQN类似，就不在本章再重复了，读者可以复习前两章中关于它们各自的内容，也可以直接阅读源代码（MyGo\actor_critic\a_c.py），它在实现上和之前的两种算法是非常相近的。

策略梯度与DQN算法的实现过程中在HDF5里保存了棋局、着法以及胜负。在AC算法中，智能程序的策略网络学习的标签不再是胜负获取的价值，而是胜负获取的价值减去智能程序在下棋时对棋局胜负的预期。在AC算法中还需要再额外保存对局胜负的预期。代码片段9-3演示了哪些对弈信息需要被保存。

【代码片段9-3】 保存AC算法需要使用的信息。

```
MyGo\board_fast.py
def save_ac(self,moves_his,result,h5file):                            #1
    if result > 0:
        winner = 1
    elif result < 0:
        winner = -1
    else:
        return
    h5file = HDF5(h5file,mode = 'a')
    grpName = hashlib.new('md5',
        str(moves_his).encode(encoding = 'utf-8')).hexdigest()        #2
    h5file.add_group(grpName)
    h5file.set_grp_attrs(grpName,'winner',winner)                     #3
    h5file.set_grp_attrs(grpName,'size',self.board.size)              #3
    for i,dset in enumerate(moves_his):
        h5file.add_dataset(grpName,str(i),dset[0])                    #4
        h5file.set_dset_attrs(grpName,str(i),'player',dset[1])        #4
        h5file.set_dset_attrs(grpName,str(i),'target',dset[2])        #4
        h5file.set_dset_attrs(grpName,str(i),'value',dset[3])         #4
```

【说明】

（1）在AC算法的演示里没有再保存棋谱，HDF5里的样本直接来源于棋局，因此需要输入一局棋的全部着法。

（2）给每局棋做MD5签名，并用这个签名作为棋局的名字，这样做的好处是可以防止重复记录一模一样的棋局。

（3）HDF5的group里设置赢棋方和棋盘的尺寸。

（4）每一回合都要保存棋盘、落子方、着法和对输赢的预期。

AC算法本质上还是策略梯度的方法，只是优化了其学习时的效率，可能在训练回合数不多的情况下其表现会优于策略梯度，但是如果双方都训练了足够多的样本，在表现上应该是不分伯仲的。但是不管是用策略梯度，还是用 DQN 或者 AC 算法，由于围棋游戏的复杂度实在太高，网络拟合的能力受限于其网络结构以及计算机算能，所以即使用了强化学习，智能程序棋力的提升也是有限的。第 10 章将介绍 AlphaGo 和 AlphaZero 使用到的方法，这两种方法都是将蒙特卡罗树搜索方法与强化学习相结合。AlphaGo 击败了 9 段李世石，而 AlphaZero 则轻易地击败了 AlphaGo。

AlphaGo和AlphaZero

1997 年 5 月 11 日之前，计算机想要在国际象棋上战胜人类还被认为是一件遥不可及的事情。“深蓝”第一次和卡斯帕罗夫对战是在 1996 年，当时“深蓝”以 2 比 4 落败。即便是在 1997 年“深蓝”击败卡斯帕罗夫之后，卡斯帕罗夫本人还是不愿意相信自己是被一台计算机击败的，他声称计算机作弊，有人在背后帮助计算机下棋。“深蓝”当时使用了专用的计算机芯片，那是为国际象棋游戏专门设计的硬件设备。随着计算机技术的发展，现在任何一台计算机都可以运行国际象棋程序并轻易地击败大师级选手。即便计算机已经能够击败人类象棋选手，但是围棋游戏一度被认为是计算机难以超越的。国际象棋的智能程序主要依靠 α-β 剪枝算法，再加上一些启发性算法和残局库便可以达到大师级的棋力。围棋的智能程序也曾试图仿照国际象棋的方法，但是由于围棋的搜索广度和深度远远超过了国际象棋，仅依赖 α-β 剪枝算法目前还没有办法在有限的时间内完成搜索。国际象棋那一套方法在围棋上行不通，有人便开始尝试使用蒙特卡罗树搜索的方法来逼近围棋的最优解。2008 年，使用蒙特卡罗树搜索算法的 MoGo 软件在九路围棋中可以达到段位水平，同时 Fuego 程序可以在九路围棋中战胜实力强劲的业余棋手。2012 年 1 月，Zen 程序在 19 路围棋上以 3∶1 击败了二段棋手约翰·特朗普。但是这些成绩和“深蓝”当初设立下的里程碑还差得很远，特别是在 19 路围棋的表现上，计算机智能程序在职业选手面前的表现还是显得非常幼稚与低能。虽然在 AlphaGo 战胜李世石之前已经有人在尝试使用神经网络来提升围棋的棋力，但是一直到 AlphaGo 出现之后才打破了一个普遍的观点，当时人们认为能够战胜人类 9 段水平的职业棋手的智能算法至少在 10 年内不会出现。在 AlphaGo 之前，由 Facebook 开发的 Darkforest 是采用神经网络算法实现围棋程序中的佼佼者。Darkforest 采用了深度卷积网络来提取围棋棋局的特征，并结合蒙特卡罗树搜索方法来进一步提升棋力。如果把 Darkforest 拿来和 AlphaGo 比较一下的话，明显的差异仅在于 AlphaGo 使用强化学习得来的策略网络要比直接通过监督学习得到的策略网络要高效得多。在前面介绍监督学习时也提到过，通过监督学习得到的策略网络仅学到了下围棋的形，由于学习样本中几乎很少有吃子的情况，策略网络在故意吃子的下法前将会表现得非常无知。

视频讲解

10.1 AlphaGo 的结构和训练流程

从蒙特卡罗树搜索的经验来看，使用这种方法还是非常有潜力的。当时主要的问题是由于围棋的状态复杂度实在太大，随机搜索有极大的概率将算能浪费在显然无用的落子搜索上。虽然可以通过加入启发式的算法来解决这个问题，但是什么是好的启发算法呢？人工编辑的特征总是有限的，并且是主观的。AlphaGo 主要是解决了如何提高蒙特卡罗树搜索有效搜索的问题。它通过引入可靠的策略网络来指导算法进行落子选择，依靠现代先进的硬件设备克服了计算速度上的不足，能够有效地从统计的角度来提取围棋的各类特征。

人类选手在下任何棋的时候总是会尽可能地多考虑一些可选项，并且在一种选择下会尽可能地多思考几步。当思考达到一定深度，脑子开始变得一片糊涂的时候，就凭感觉对思考的结果下一个判断。高手和初学者的区别仅在于对可选项的思考广度与深度不同，高手可能可以计算到 10 步以后的情况，而初学者可能只能判断 3～4 步后的棋局形势。高手在广度选取上也会与初学者不同，初学者可能只能够专注于某几个可选项，而大师级选手可能会计算到所有的可选项。

人类具有直觉这项特殊的超能力，它使人类不需要经过复杂的过程计算就能对事件的结果给出一个八九不离十的判断。如图 10-1 所示，在围棋对弈中选手思考到一定的深度时就会凭直觉和经验对棋局的结果给出判断。初学者的直觉可能不是那么准确，但是职业选手总是能够信任自己的直觉，并且最终事实呈现的结果也与直觉相差不远。在之前的 DQN 中介绍的价值判断着法就有点类似于模拟人类的直觉。AlphaGo 进一步增强了这种计算机形式的直觉，使得智能程序又能够拥有超越人类的"直觉"。

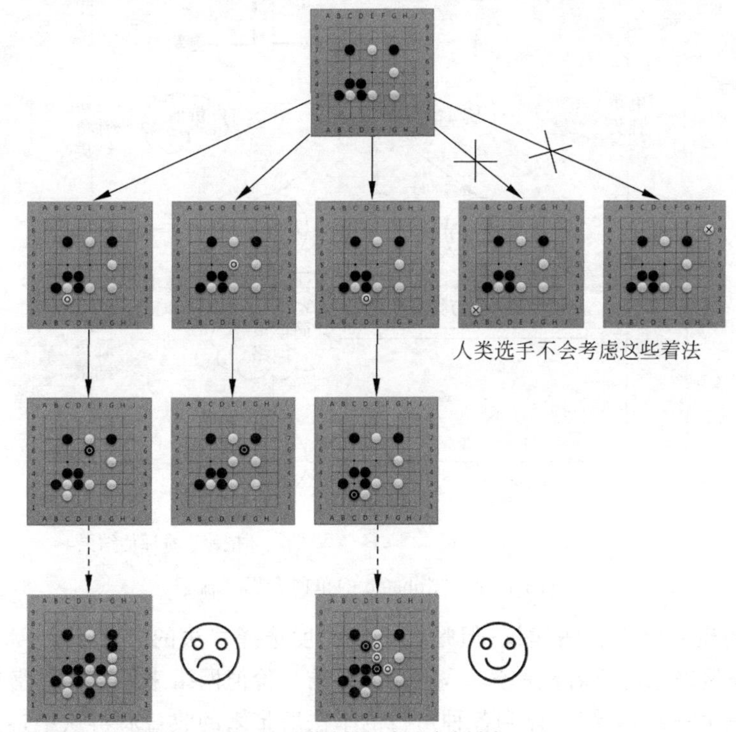

图 10-1　人类下棋时的思考过程

AlphaGo 在单回合中的完整处理流程如图 10-2 所示，它由三个深度卷积神经网络组成，分别是一个复杂的策略网络、一个简单的策略网络和一个价值评价网络。复杂策略网络

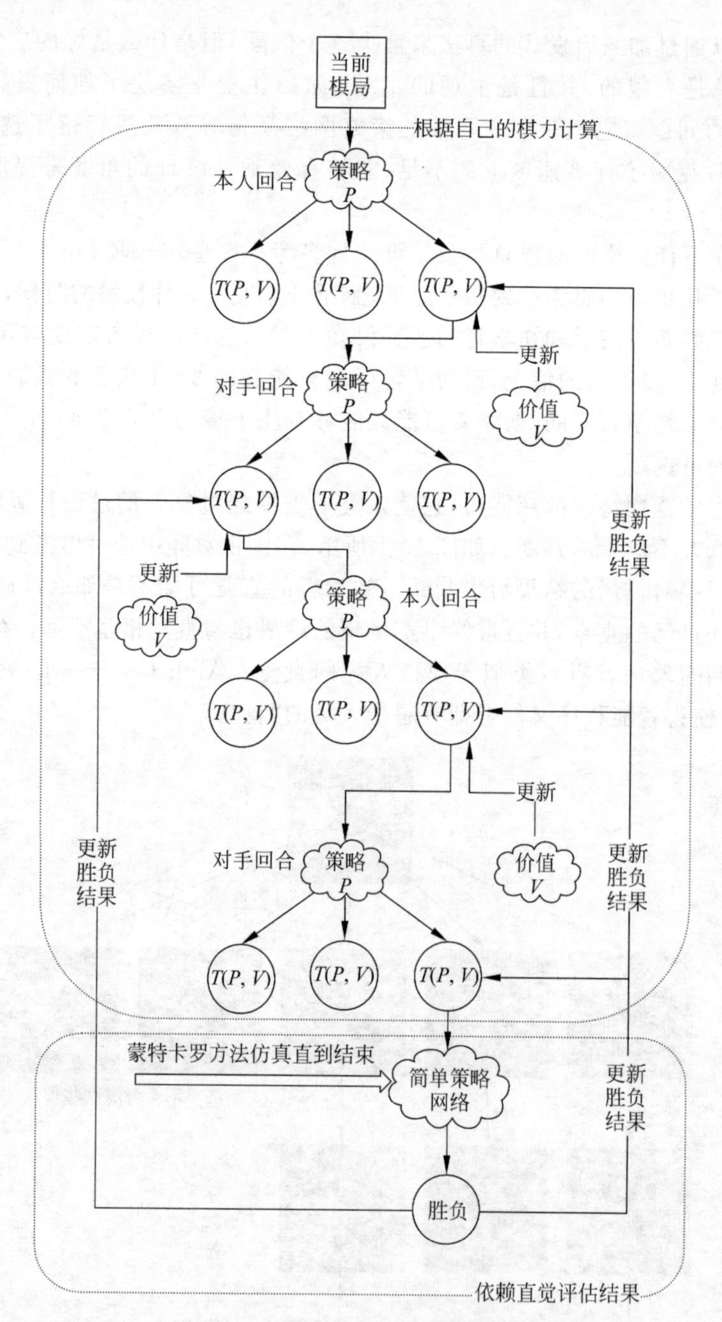

图 10-2　AlphaGo 的单回合思考流程

会根据当前的棋局给出着法建议，但是和策略梯度选择着法的方式不同，AlphaGo 并不是仅仅依赖策略网络来进行着法的选择，它还需要结合价值网络来综合评估潜在的着法选择。这就像人类棋手一样，会综合评判各种可行的下法所带来的收益后再从中挑选合适的选项。当使用复杂策略网络演算到一定深度后，AlphaGo 就不再使用价值网络和策略网络相结合的方式来进行着法选择了，而是对高置信度的着法进行多轮蒙特卡罗仿真，并将仿真的结果用于回溯并更新之前所有路径上的节点。这种下棋方法和人类棋手的思考过程非常相似。它利用复杂策略网络和价值网络对棋局的有效着法进行筛选，这样可以避免把计算能力浪费在许多无意义的着法上。AlphaGo通过复杂策略网络和价值网络相结合的方法对棋局进行演算，这一点同人类棋手对棋盘落子进行选择和演算的过程是一样的。人类大师级棋手能够演算的深度达到10回合以上，AlphaGo对这个深度并没有限制，但是由于复杂网络规模庞大，在计算速度上没有什么优势，采用复杂网络来进行整个蒙特卡罗仿真过程是极其不经济的，而且也是没有必要的。如果复杂网络存在策略偏差，还会导致智能程序走出错误的着法。因此，一般由复杂网络指导的演算深度为10～20层，作为一个超参，读者可以自己选择适合自己计算机算能的深度，毕竟正式下围棋的每一步都有时间限制，不能把时间都花在复杂网络的计算上。为了解决计算速度的难题，AlphaGo采用一个简单策略网络用于指导蒙特卡罗仿真时的落子。简单策略网络，顾名思义就是网络结构简单，可以实现快速落子。利用简单网络进行蒙特卡罗仿真得到对落子后的形势判断，这个过程就像人类选手在棋局的演算达到了自己的极限后再把剩下的一切交给自己的直觉是一样的。目前的科学技术还没有办法解释直觉这个东西，计算机也没有直觉这个概念。依靠蒙特卡罗方法来多次模拟棋局，以此期望它对后续形势有一个准确的判断，这和直觉达到的效果是一样的，甚至比人类的直觉更加准确。

对比AlphaGo的下棋策略和使用策略梯度的方式来下棋，至少从AlphaGo的角度来看，仅使用神经网络来拟合围棋游戏的着法函数是相当困难的。可能永远也无法找到一个合适的网络来拟合它，或许是这个网络太过庞大，以目前的技术和能力无法在有限的时间内完成训练和学习。但是无论怎么说，使用蒙特卡罗方法来逼近围棋的着法函数是不得已才为之的选择，就像人类现在还造不出和鸟的翅膀一样的仿生装备，只能求助于飞机这种粗犷的飞行形式一样。使用简单网络而不是复杂网络来做仿真模拟，不仅是因为简单网络比复杂网络运行速度快(因为运行速度这件事情可以通过并行计算解决，AlphaGo在每次落子前才仿真1600局对弈，用1600台计算机来做并行计算对于一家商业公司来说并不是一件什么大不了的事情)，而是要避免仿真时由于复杂网络在策略上的偏差，从而导致对棋局的结果判断产生偏差。换句话说，采用简单策略网络主要是为了避免下一些无意义的落子而已。如果计算能力足够，使用随机落子法也是可以的，但是从以前那些采用蒙特卡罗方法的围棋软件的经验来看，随机落子的效果要差一点。AlphaGo选择使用简单策略，应该也从侧面反映了简单策略会比随机策略要高效。说这些的目的，是为了提醒读者，没有必要对简单网络做过多的训练或者让它学习复杂的内容。另外，在用简单网络做仿真模拟时可以以一定概率引入随机策略，目的也是为了进一步降低由于简单策略网络的局部最优特性而引起对棋局结果评估的偏差。

AlphaGo使用三个网络：两个策略网络和一个价值网络。策略网络中一个简单一个复杂，复杂的用于给出置信度高的着法，简单的用于蒙特卡罗仿真。可以使用AC网络来训练两套策略网络和价值网络，也可以单独地训练两个策略网络和一个价值网络。AlphaGo将网络训练分成两步，首先是用监督学习分别训练复杂策略网络与简单策略网络。AlphaGo训练的智能程序工作在标准19路棋盘上，它的学习样本来源于Kiseido Go Server(KGS)上7段以上棋手的对局。在前面的章节中已经介绍过了如何获取这些数据。考虑到读者可能没有强大的计算机处理能力来学习那么多的棋局，所以源代码中另外提供了五万多局的9路围棋对弈棋谱，其中五万局来自于GNU Go的对弈记录，三千局对弈记录来自于Fuego的自弈(myGO\sgf_parser\sgfs.7z)。用来快速下棋的简单策略网络学到这里也就差不多了，但是从学习的角度来说，再多进行几轮的强化学习也未尝不可。复杂策略网络在完成监督学习后还需要使用强化学习来进一步加强网络的棋力，训练方法用策略梯度也好，用AC方式也好，这些方式在之前的章节中都已经有了比较详细的介绍。价值网络的结构可以参照复杂策略网络的结构，训练方式也和前面章节介绍的DQN是一样的。如果读者在前面的章节中已经训练了相关的网络，完全可以迁移到本章来直接使用。

整个AlphaGo的策略选择过程就是蒙特卡罗树搜索过程，图10-3从细节上描述了AlphaGo的蒙特卡罗树搜索具体的实现方法。

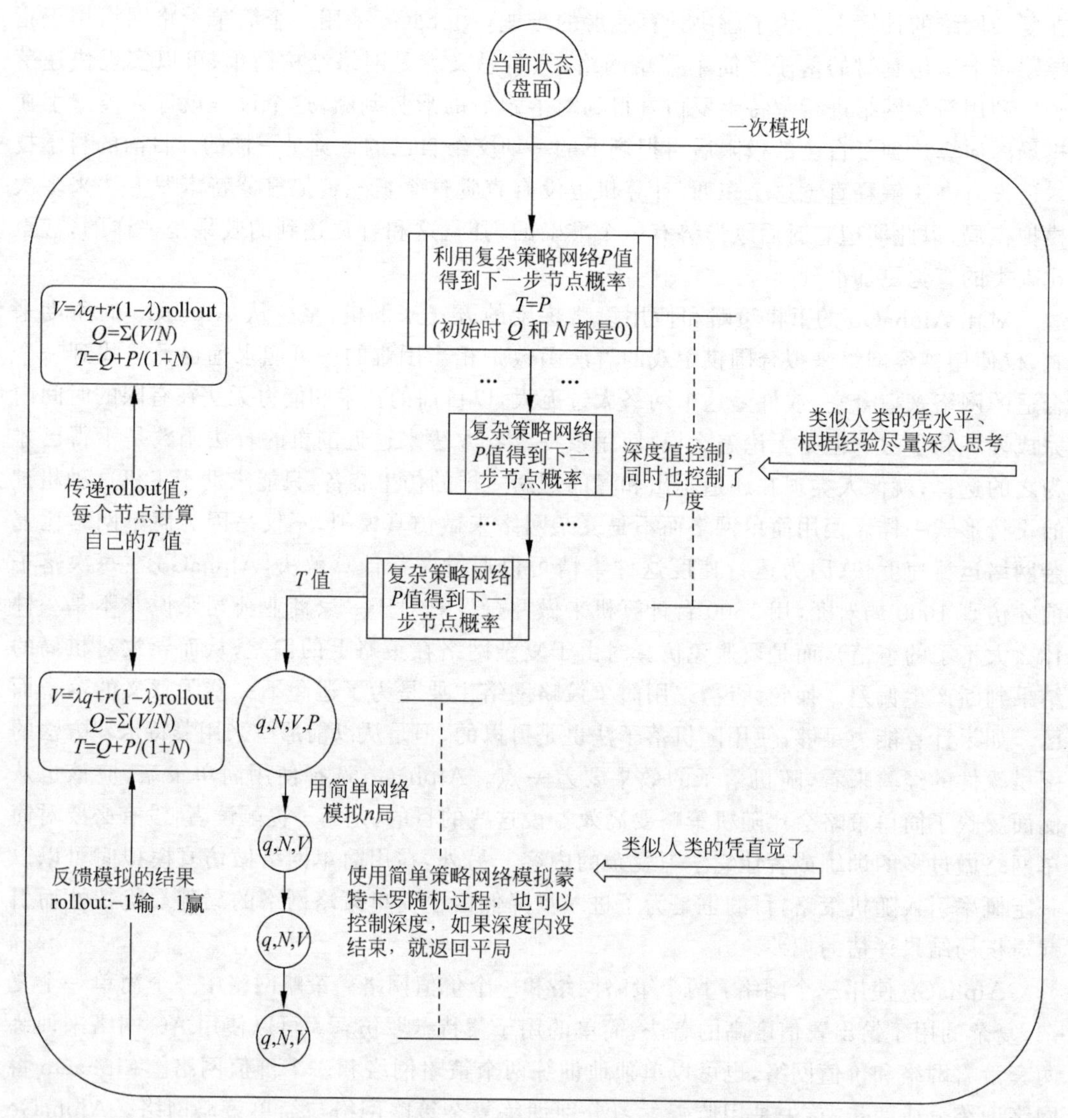

图10-3 AlphaGo的蒙特卡罗树搜索具体实现

(1) 初始化全局模拟蒙特卡罗随机过程为 L 次，采用简单网络模拟盘面直觉时使用蒙特卡罗仿真 m 次，采用复杂网络计算的深度为 D，采用简单网络计算的深度为SD。把当前盘面设置为根节点，并以这个节点为起始，开始按照下列顺序展开蒙特卡罗树搜索。

(2) 检查当前节点是否已经存在子节点，如果没有就利用复杂策略网络计算一下所有

节点的落子概率 P，初始化该落子点的价值 Q 和该节点被访问次数 N 等于零，并为每个合法的落子点生成节点。为每个节点计算公式 $T=Q+\frac{P}{1+N}$。

(3) 选择其中绝对值 T 最大的节点作为着法，更新其访问次数 N，并利用价值网络得到该着法的价值 q。

(4) 重复第(2)步，直到达到深度 D。

(5) 标记深度 D 这个位置的节点 M。

(6) 利用简单策略网络选取下一步着法。

(7) 重复第(6)步直到到达深度 SD 或者棋局结束。

(8)记录棋局结果 r。如果仿真是由于到达深度 SD 而停止的，这一局仿真结果判定为平局，否则便记录胜负方。

(9) 回到第(5)步被标记的节点 M，更新其 N 值并重新开始第(6)步，直到重复次数达到 n 次。

(10) 从深度为 D 的节点开始逆向回溯，逐个更新所有访问过的节点。

(11) 计算单次简单网络仿真后对所有节点的价值更新 $V=\lambda\times q+(1-\lambda)\times r$，并暂时保存。

(12) 计算每个节点的平均价值 $Q=\sum\frac{V}{N}$。

(13) 更新 $T=Q+\frac{P}{1+N}$。

(14) 回到第(1)步根节点，重新开始，直到整个过程重复 L 次。

(15) 完成蒙特卡罗树搜索后，看一下根节点的邻近子节点中哪个节点被访问到的次数(N)最多就以那个节点代表的动作作为 AlphaGo 的着法。

第(2)步在计算 P 值时需要注意，由于仿真时不仅仿真自己的落子判断，还要仿真对方的下法。当仿真对方的落子时计算的 P 值就要记成负的。第(10)步和第(2)步的情况类似，在计算 r 值的时候需要注意，如果仿真的结果是己方黑棋赢，那么对于黑棋的节点 r 值等于 1，但是在更新对方白棋的节点时，这个 r 值是等于 -1 的。所以 r 值在搜索树回溯的时候，它的值是随着树的层级轮番在 1 和 -1 之间交替的。

在介绍传统围棋算法时曾经提到，传统算法附着了太多人为定义的痕迹，由于人为主观想法的限制，算法无法提取主观想法之外的特征，这也是传统方法的围棋智能体在棋力上一直无法超过人类水平的原因之一。不过 AlphaGo 在实现上与之前提到的全部依赖样本学习围棋特征信息有所不同，算法中也引入了一些人为的定义。如图 10-4 所示，结构上 AlphaGo 先对棋盘进行了人工特征提取，而后使用机器学习的方法对人工编辑的特征再进行第二次特征提取。这些人工自定义的特征是对棋盘信息的扩充，理论上来说不会使最后的结果变得更差。

AlphaGo 在网络上使用的主要是卷积网络，通过卷积核的卷积操作，神经网络每一层的结果都会是上一层网络数据的一部分特征。AlphaGo 人为引入的知识部分是对棋盘局势归纳出的 49 种特征，可以理解为人为手工计算了 49 个虚拟卷积核卷积后的数据平面。AlphaGo 的策略网络只需要使用前 48 个特征平面，最后一个特征平面是价值网络需要使

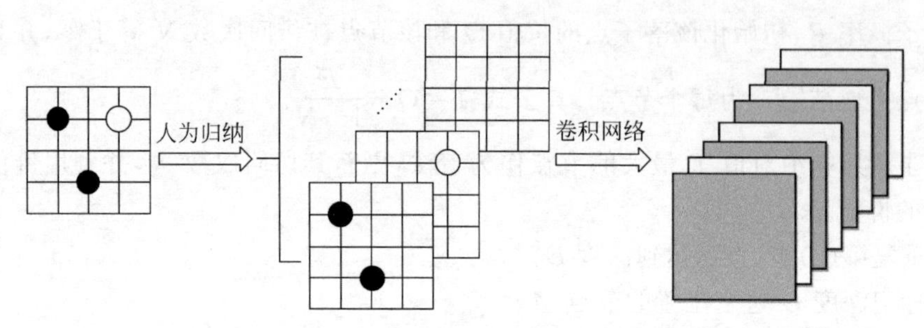

图 10-4 AlphoGo 先提取人工特征再使用系统自动进行第二次特征提取

用到的。这 49 个人为定义的平面的详细定义见表 10-1,其中有很多特征平面是需要重复 8 次的,这些平面记录了最近 8 次的落子信息,而通常人们会使用循环神经网络来处理这类包含时序信息的情况。这里 AlphaGo 使用了多层卷积网络来代替循环神经网络记录落子时序。本书中没有专门介绍用于处理包含时序信息的循环神经网络,一是因为这种结构复杂且计算效率低,二是主观上认为对于围棋游戏来说一局游戏需要回溯的信息一般不会超过 10 回合,完全可以将需要回溯的内容包装进输入信息,就像 AlphaGo 做的这样。这种使用多层卷积网络来封装时序信息的做法在很多简单的应用上都能起到很好的效果。

表 10-1 AlphaGo 中人为定义的 49 个平面信息

特 征 名	平 面 数	描 述
棋子颜色	3	3 个平面分别表示游戏的当前棋子颜色、对手棋子颜色以及棋盘上的空子位
全 1	1	用 1 填充全部平面
全 0	1	用 0 填充全部平面
合法性	1	如果棋盘上的空子位落子合法就设置为 1,否则为 0。注意自紧气和堵死眼位也是非法的
什么时候落的子	8	8 个平面分别指代棋盘上的子是多少步以前的落子
气	8	指明当前子位所归属的棋串有多少气,用 8 个平面分别表示剩余 1 口气到 8 口气以上
落子后的气	8	如果在当前合法子位落子,那么会使它所归属的棋串有多少气,用 8 个平面分别表示剩余 1 口气到 8 口气以上
吃子数	8	如果在当前合法子位落子,能够吃掉对方多少子,用 8 个平面分别表示能吃掉 1 到 8 个以上对方的子
陷入被对方吃	8	如果在当前合法子位落子,下一步会被对方落子吃掉的子数,用 8 个平面分别表示能被对方吃掉 1 到 8 个以上的子
征吃	1	如果在当前合法子位落子,会被对方征吃吗? 1 表示会,0 表示不会
征逃	1	如果在当前合法子位落子,能逃出对方的征吃吗? 1 表示能,0 表示不能
当前落子的颜色	1	这一层的值是固定的,黑棋用 1 表示,白棋用 0 表示

这里就不详细描述如何用代码实现这些特征了。除了关于征的部分,其他的特征实现起来都很简单。读者在练习时不一定要实现上述全部特征,仅使用一部分也已经能够训练出具有相当实力的智能程序了。读者也可以尝试根据自己的围棋经验生成一些手工特征,也许会比 AlphaGo 更强也说不定。

10.2 AlphaZero的结构与训练流程

AlphaGo解决了如何更有效地利用蒙特卡罗树搜索来逼近围棋的最优解,并证明了利用蒙特卡罗树搜索来逼近围棋游戏的最优解是完全可行。既然蒙特卡罗方法是有效的,那么一个自然而然能想到的问题就摆在了眼前,与其让神经网络学习如何下围棋,为何不直接用神经网络来学习这棵搜索树呢?AlphaZero就这样诞生了。

从最初的随机落子到10.1节学习的AlphaGo,这些智能程序都只会不停地下棋,不管落子是不是必需的、有没有意义。显然由于这是之前的算法中并没有给程序展示过虚着(pass)的样本。人类选手不会在围棋结束前虚着。因此没有可以参考的样例也就没有办法通过监督学习使计算机来学习可以虚着的棋盘特征。

AlphaZero克服了向人类棋手学习的过程,它直接从零开始,除了外部设置的游戏规则,AlphaZero不需要借助人类的其他先验知识。通过自己跟自己下棋,AlphaZero可以不断地提升自己的棋力。在这个过程中增加了允许AlphaZero使用虚着,让它从一开始下棋的时候虚着和实着就是同时存在的。

AlphaGo需要三个神经网络,分别是给出落子建议的复杂策略网络、评估棋盘输赢局势的价值网络以及仿真时为了能够实现快速落子的简单策略网络。而为了提升AlphaZero的学习效率,如图10-5所示,AlphaZero仅使用AC结构的神经网络,在蒙特卡罗仿真的整个过程中也仅使用这个网络。

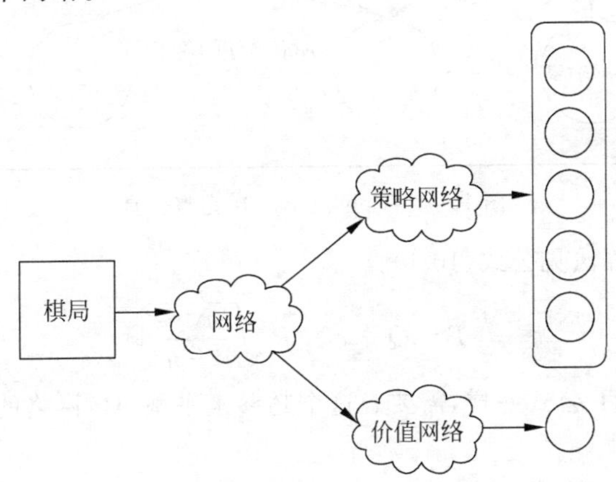

图10-5 AlphagoZero采用AC算法的网络结构

由于AlphaZero需要学会虚着,面对19路棋盘时,网络在策略输出时的一维数组长度不再是361位,而是361+1位,最末一位输出代表虚着。如图10-6所示,同AlphaGo一样,AlphaZero把当前棋盘面作为根节点,并以此为基础展开博弈树。一次完整的仿真过程描述如下。

(1) 从根节点出发,判断当前节点表示的棋局是否已经结束,如果结束了,就跳到第(6)步。

(2) 判断当前节点是否存在子节点,如果没有子节点,就计算AC网络的策略输出,并初始化所有输出子节点的Q,P,N和n值。Q表示棋局仿真得到的价值,初始由于还没有开始仿真,设置为0;P表示AC网络的策略输出值;N表示父节点被访问的次数;n表示当前节点被访问到的次数，n 初始时为零，子节点的 N 就是父节点的 n。

(3) AlphaZero 也是基于蒙特卡罗方法的，它采用 UCT 算法作为博弈树分支选择的依据。更新当前通过 UCT 公式选择的节点的 n 值。

(4) 重复第(1)步直到一局仿真结束。

(5) 评估棋局的胜负，并逆向更新 Q 值。

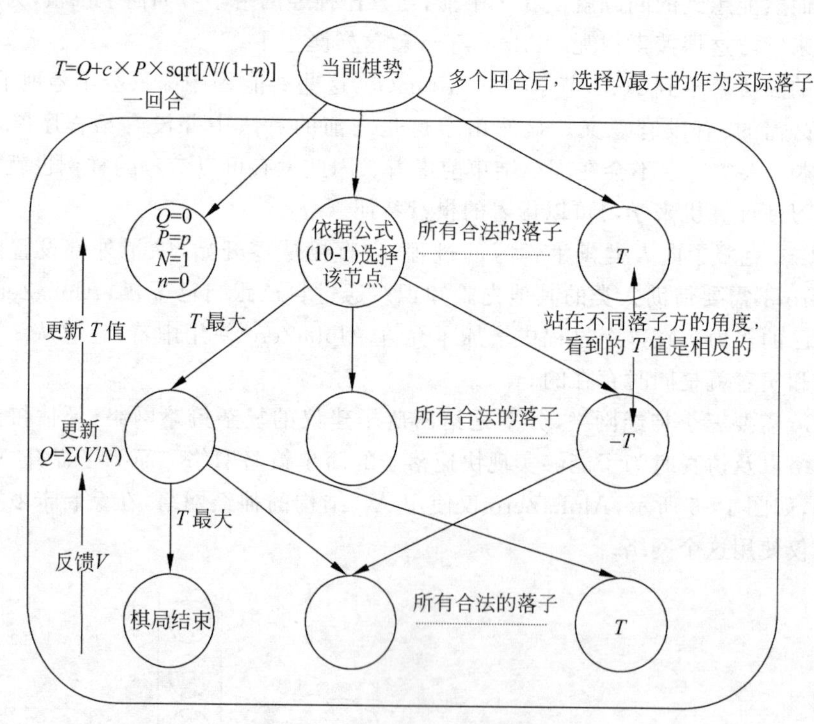

图 10-6　AlphaZero 一次完整仿真

第(3)步的 UCT 算法见公式(10-1)：

$$T=Q+c\times P\sqrt{\frac{N}{1+n}} \tag{10-1}$$

和几乎所有的 UCT 公式一样，需要 c 这个超参来平衡 AC 网络的输出与仿真结果对最终 T 值的影响。

第(5)步更新 Q 值的公式(10-2)如下：

$$Q=\frac{\sum_{i=1}^{n}V_i}{n} \tag{10-2}$$

其中，V 表示每一次仿真的结果，这里用 1 表示己方胜利，−1 表示对方胜利，如果在限定的深度内没有结束棋局则用 0 表示平局。在模拟对方落子时，V 值和 P 值都要记成与己方相反的方向，而且在选择节点时 T 值也要取最小值，而不是最大值。

在有限的时间内总是希望仿真的局数越多越好。当多次仿真完成后，和所有的 UCT 算法一样，选择根节点下被访问次数最多的节点作为最终智能程序的着法输出。

有了智能程序的下法，AlphaZero 的网络在结构上又和 AC 网络类似了，差异仅仅体现在学习内容含义上的不同，接下去要解决的问题是如何训练这个 AC 网络。根据之前的介绍可以知道，强化学习最终也需要通过监督训练来实现智能程序水平的提高，而且它又是通过算法来实现自己提供自己学习的样本，这样的样本到底有多可靠令人难以判断。并且在实际使用时，算法并不采信强化学习得到的网络输出，而是以蒙特卡罗仿真结果为最终判断依据，因此自然而然地会想到能不能让 AlphaZero 学习的不是围棋的着法，而是蒙特卡罗博弈树的仿真结果，这就是 AlphaZero 的核心思想。当智能程序完成一步落子前的仿真后，提取的样本不是最终的着法，而是根节点下一层所有节点的被访问次数。以前其他算法提取的样本都是当前盘面与着法的对应关系，而 AlphaZero 则是提取当前盘面与子节点上被访问的 n 值的关系。另外，由于 AC 的策略网络的输出节点使用的是 Softmax 激活函数，每个节点的输出范围为 0～1，因此如图 10-7 所示，还需要把样本标签进行归一化处理。剩下的一切内容就和 AC 网络的训练和学习过程一模一样了。

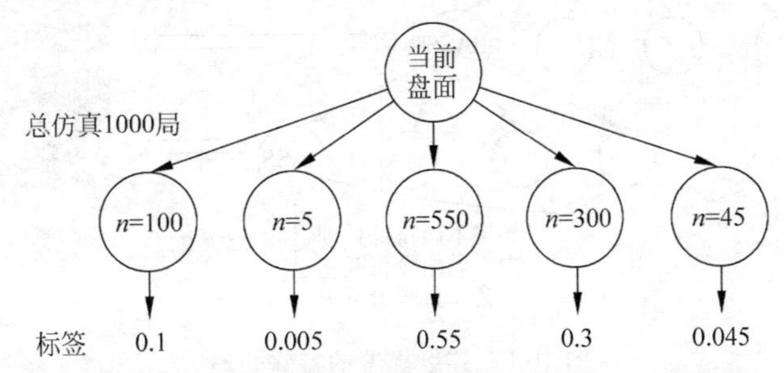

图 10-7　AlphaZero 的训练标签需要进行归一化处理

由于允许智能程序下出虚着，在仿真过程中，如果存在合法的落子，但是博弈树又连续两次给出虚着结果时不应该结束棋局，提前结束单局仿真将导致计算机无法准确判定胜负。如果将提前结束的仿真判定为平局倒是可以，但这会使得单次仿真前的几回合计算都白白浪费了。对于仿真出现连续两次虚着而棋局并没有结束的情况，需要做一下特殊处理。

连续虚着的处理方式也不复杂，如图 10-8 所示，当出现两次虚着而棋局并没有结束时，就把状态回退到连续虚着前的那个状态。根据 AlphaZero 的 UCT 公式可知，随着节点 n 访问的次数越来越多，对应的 T 值也将越来越小，因此即使发生多轮连续虚着的情况，最终还是会选择其他节点并将棋局仿真结束。

上述情况仅针对棋局整体仿真，对于实际被仿真的那局棋来说，可能最终选择的下法就是虚着，并且在棋局没有下完前双方都落了虚着，导致棋局提前结束。这种情况是允许的，因为当棋局没有结束时，棋局胜负判断函数会偏向将胜负结果判定为白棋胜，这是由于黑棋先手需要对白棋贴子。对于黑棋而言，如果虚着太多，棋局提前结束会使得网络在样本训练时避免选择虚着，从而在对弈结束前就落虚着的情况会越来越少，而白棋如果多次下虚着，就会输掉棋局，这样也倒逼白棋越来越少地在棋局结束前下出虚着。

处理围棋的传统算法非常复杂，要考虑的要素也相当多，这全都要怪算法中引入了太多人类的主观意见。但是 AlphaGo 和 AlphaZero 所代表的方法则要简单很多，简单的反而战胜了复杂的，这就说明技术在进步。回望过去可以发现，很多问题采用旧的算法在工程上实现起来费时费力，但是使用现在新的算法就要简单许多。这不仅体现在计算机编程上，其他领域也是如此。如果时代进步了，社会进步了，科学进步了，那么生活就应该变得简单，如果没有，那说明还有应完善的地方。

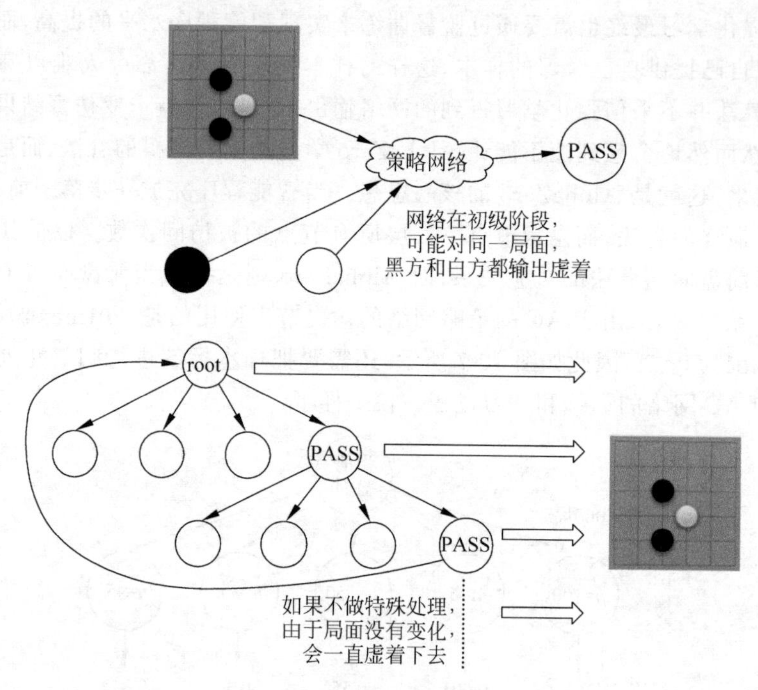

图 10-8 连续虚着的特殊处理

10.3 可行的优化

关于如何制作一款超过人类大师水平的围棋游戏到这里就差不多都介绍完了。但是读者必须意识到,即便已经掌握了设计一个超强围棋智能体的全部知识,由于外部条件限制,想仅仅通过自己已有的个人计算机设备训练出基于强化学习和蒙特卡罗树搜索方法的围棋智能体,以目前的算力水平是很困难的,即使可以做到也会需要训练很久。如果读者尝试运行本书的代码就会发现,在做模拟仿真时,通过还不是那么复杂的神经网络来判断一次落子输出在计算上都要花去好几秒的时间,如果采用更深的神经网络,这样的耗时还会成倍地增加。使用目前单个最好的商用 GPU 硬件计算出和现有 AlphaZero 一样的棋力,大约需要 1700 年。当然,实际可能并不需要那么久,因为 1700 年这段时间内新的硬件在算力上必然会超过现有设备,而且新硬件的计算速度可能是成千上万倍地提升。GPT-3 自然语言深度学习模型已经需要训练超过 1750 亿个参数,要训练如此大规模的人工智能网络没有强大的计算能力是不行的,图 10-9 是谷歌公司的计算机阵列的一角,从中也可看出以目前的水平,人工智能的发展还是得依赖硬件的发展以及在算法上尽可能地实现并行计算。

如果读者中有人恰好有足够的计算资源,可以试着继续在本书的基础上做一些附加工作,以使得基于本书的围棋智能体算法能够实用化。其中所需要的技术,本书中都已尽力做了详细的说明。要实现本书中的智能体,最耗费时间的并不是深度神经网络的训练过程。Keras 或者说 TensorFlow 是支持神经网络的分布式训练的。读者只要在程序中配置 tf. distribute. Strategy 或者 tf. distribute. MirroredStrategy 这两个 API 就可以让神经网络利用多个 CPU 单元或者多个 GPU 单元进行训练和方向传播计算。真正耗费时间的是智能体做相互对抗以及使用蒙特卡罗算法进行模拟仿真的过程。所幸这两件事情都是可以借用

图 10-9 谷歌部署的计算阵列

MapReduce 的思想做分布式计算的。在判断两个对抗的智能体哪个更强一些的时候，需要引入假设检验。为了得到高置信度的假设检验结果，必须让两个智能体进行多次对局。围棋的每一次对局之间并没有关联性，彼此之间相互独立，因此这些对局就可以做到并行执行。如果原先要依赖 100 局对弈来确定强弱，依靠并行计算，就可以把对抗的计算耗时缩减至原来的 1/100。

如果仅使用随机落子的蒙特卡罗仿真，每一次在节点上的仿真都可以派生出一个独立的并行计算，这种方法效率肯定是较高的，但是围棋博弈过于复杂，这种方式的高效率会被复杂度所抵消，它只适合简单的博弈场景，如井字棋之类的游戏。如图 10-10 所示，当采用基于 UCT 方法的蒙特卡罗仿真时，不管是使用类似 AlphaGo 或者是 AlphaZero 的算法，节点在选取时总是依赖上次仿真的结果，所以在派生并行计算分支时可以先假设前一次仿真的结果再进行节点选取，等当前一次仿真的结果出来后，再剔除那些无效的选择分支。这种方法会产生至少一半的无用计算。AlphaGo 每一步落子前需要仿真 1600 局对弈，如果采用了并行计算，理论上这个耗时至少可以缩减至原来的 1/1000。在单块硬件设备上训练 AlphaGo 大约需要耗时 1700 年，结合上述方法，在配备足够的计算资源情况下完全可以将训练的耗时缩减到几个月以内。要知道，AlphaZero 在配备足够计算资源的条件下，仅用了 24 小时的训练时间就击败了 AlphaGo。

本书的代码实现全部都是采用基于 Keras、TensorFlow 和 PyTorch 工具的 Python 语言。考虑到 Python 语言在运行效率上并不占优势，相信 DeepMind 团队在实现 AlphaGo 和 AlphaZero 时应该使用了一些其他效率更高的编程语言。采用 C 或者相似语言来实现围棋游戏在仿真上应该可以大幅提升程序的运行速度。

虽然不情愿，但还是不得不在结尾部分非常遗憾地承认本书中介绍的人工智能算法只是当前蓬勃发展的人工智能领域中的冰山一角，其中一部分由于写作时间上的关系可能在读者看来已经显得不合时宜。由于篇幅和个人能力以及时间的限制，只能做到用到什么知识点就讲什么，并且在能力范围内尽量地介绍透彻。实际上，自 DeepMind 公布 AlphaGo 和 AlphaZero 之后，DeepMind 又推出了 AlphaFold。它的功能是根据基因序列预测出蛋白质的三维结构，在此之前，科学家识别蛋白质形状需花费数月甚至数年时间，而 AlphaFold 能在几天内就识别蛋白质的形状。在 2020 年 11 月第 14 届蛋白质结构预测技术的关键测试竞赛中没有任何其他程序可以与之抗衡。这项工作与 DeepMind 之前开发的围棋程序一样具有划时代的意义，它几乎解决了单域蛋白质折叠的预测问题。

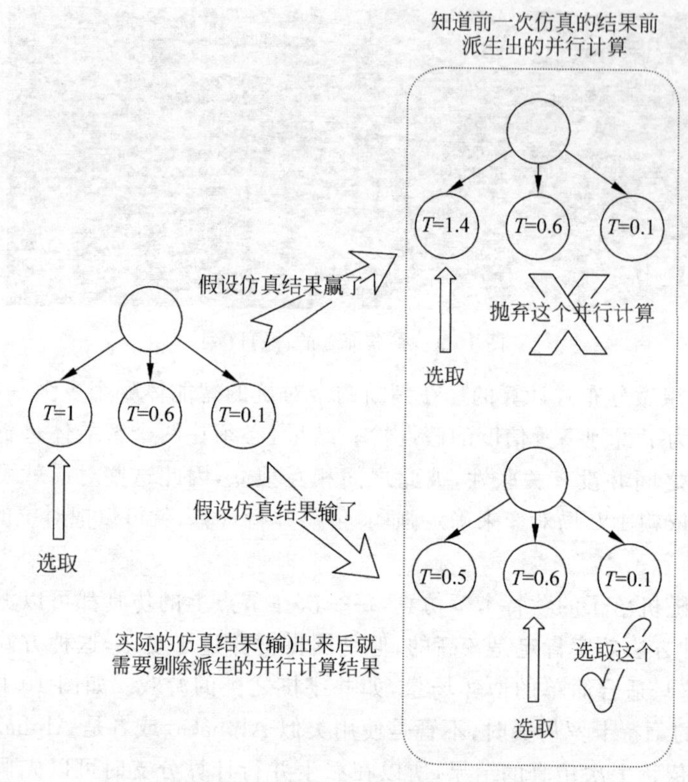

图 10-10　一种可能的分布式计算方案

附录A

Keras入门

网络上有很多Keras的入门教程，所以下面将跳过如何安装软件等基础内容，只讨论具体案例。如果读者不知道如何安装Keras，可以访问Keras官方网站的快速入门，其中有提供中文教程，上面有详细的安装指导。

Keras严格来说不算机器学习软件，也不是机器学习框架，因为它本身并不提供机器学习库，它应该算是一个对用户友好的规范API。它和机器学习库的关系有点像Linux的图形界面和后台shell命令。旧版的Keras支持的机器学习库后端有TensorFlow 1、CNTK和Theano，它们之间是相互独立的机器学习工具。只要读者愿意，抛开Keras，直接使用其他两种也是完全可行的。但是随着机器学习技术的发展，TensorFlow 1.x、CNTK和Theano都已经开始跟不上时代的步伐。Keras 2.2.5成了最后一个支持TensorFlow 1.x的版本。CNTK在2019年上半年已经停止了继续更新。Theano则更早，2017年9月29日就宣布了停止更新。现在随着TensorFlow 2的推出，Keras已经作为TensorFlow的高级API被集成在了TensorFlow里。现在机器学习领域的两大应用框架巨头就是TensorFlow和PyTorch。TensorFlow是工业界实际的霸主，而PyTorch则在学术界更加风靡。本书大部分的源码会使用Keras来实现，只有第8章采用了PyTorch。使用PyTorch的主要原因是第8章的所有编程代码在之前的章节中都已经有了类似的实现，引入PyTorch也是为了鼓励读者两种技术都去使用，而且它们本身并不复杂，仅仅是Python的一个库函数而已。

对大多数人而言，需要解决的问题只是使用神经网络来自学习某个具体问题模型的函数，至于其中到底要使用哪种优化算法来使得学习效率更高和更快他们并不关心。往往大部分问题并不是太复杂，已知的一些简单算法就足以应付。在这种情况下，直接去使用机器学习库，把简单问题当复杂问题一样来编程操作就显得多余。而且现在常见的机器学习库不下十余种，虽然它们解决的问题相类似，但是每个软件都有自己的使用规范，如果让用户逐个都学习一遍，那就太不人道了。Keras就是为了解决这个问题而诞生的，它提供了更高层面的API，将机器学习库作为后端。用户只要调用统一的Keras接口，这大大方便了普通用户快速验证自己的创意，将想法迅速转换为应用模型，用最短的时间来验证自己的算法。有的人可能对Keras不屑一顾，认为应该掌握TensorFlow，只有掌握了后端机器学习框架才能更灵活地实现算法。这就好比有人对TensorFlow不屑一顾，认为应该用Python从头至尾自己实现神经网络的前向计算与反向传播一样的可笑。Keras可以实现几乎95%的

TensorFlow 功能，即便是开源了 TensorFlow 的谷歌团队，在他们的指导文件中也是鼓励大家使用 Keras，只有在万不得已的情况下才去手工调用底层的 TensorFlow 函数。

Keras 的核心编程结构是“模型”，模型指神经网络的组织结构。对于模型的编程，Keras 有两种方式，一种是序列化编程，还有一种是函数式编程。序列化编程适合简单的、系统里自带的已有的模型，函数式编程的模型则可以实现自定义的复杂模型。由于函数式更灵活而且实现起来也简单，这里仅介绍函数式的方法，本书所有的实现均采用 Keras 函数式编程方法。读者如果想了解其他内容，可以参阅 Keras 的相关书籍或者官方指导文件。

如图 A-1 所示是一个典型的 3 输入 2 输出的全连接神经网络，网络内部设置了两层隐藏层，每个隐藏层分别由 5 个神经元组成。代码片段 A-1 用 Keras 代码实现了这个简单的网络结构定义。实例代码用函数来封装这个神经网络结构，方便未来在程序中使用与调用。

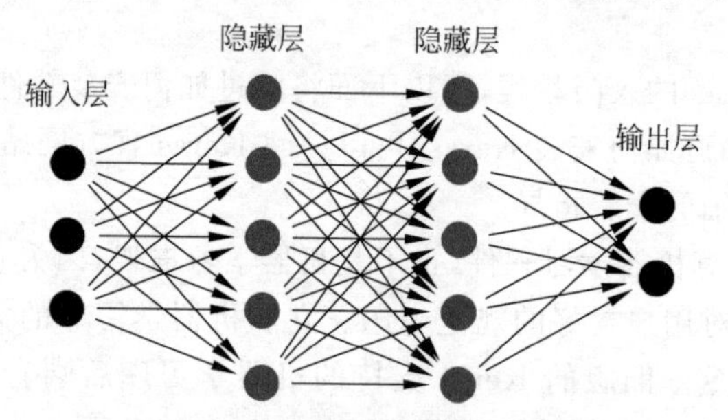

图 A-1　一个简单的全连接神经网络

【代码片段 A-1】　定义全连接神经网络的拓扑结构。

```
from tensorflow import keras                                    #1
def Model():
    inp = keras.layers.Input(shape = (3,))                      #2
    x = keras.layers.Dense(5)(inp)                              #3
    x = keras.layers.Dense(5)(x)                                #3
    outp = keras.layers.Dense(2)(x)                             #3
    return keras.models.Model(inputs = inp, outputs = outp)     #4
```

【说明】

(1) Keras 被集成在了 TensorFlow 里，调用时需要从 TensorFlow 的子模块里装载。不过 Keras 毕竟还是一个独立的组织，所以也可以单独通过 pip 工具来安装，但是比从 TensorFlow 模块里直接调用还要多一步，同时单独安装 Keras 还会需要 TensorFlow 的版本相匹配，如果不匹配还得重新更换版本，比较麻烦。

(2) 在定义神经网络的组织结构时，对于网络的输入需要专门用 Input()方法来指定当前定义的网络层是输入层。Keras 的一个方便之处是只需要定义每一层自己的形状，而不用关心这一层的输入和输出的形状，Keras 会自动做好计算。这个优势在卷积层上体现得更加明显，如果使用 PyTorch 来实现卷基层的互连，需要手工做好每一层输入与输出的计算。

(3) 神经网络的中间层以及隐藏层都采用输出层的类型函数(输入)这样的形式来定义，Keras 中的全连接层用 Dense()函数来表示。

(4) 整个网络结构定义完之后要用 Model()方法把神经网络的输入与输出包裹起来，

即指明之前定义的这个数据流向是用在神经网络的模型里。

代码例子中的 Input()和 Dense()方法都还有很多参数可选，像演示代码中这样不指明具体参数的话，函数就会使用默认的参数。具体各种网络层中包含哪些参数以及这些参数的用法读者可以参考 Keras.io 官方网站。Keras 官网上有中文版的链接，中文版本的说明文档可能很难做到与最新版本的内容完全一致，但是大部分的说明都是有效的，建议参阅英文文档说明。

可见所谓 Keras 函数式编程，就是定义好每一层的网络结构和该层的输入与输出。这样做是可以控制每个神经元的数据流走向，在后面更复杂的例子中就会看到其中的好处。

除了全连接网络，卷积网络也会在本书中使用到，代码片段 A-2 演示了一个用于分类的卷积神经网络拓扑结构，网络内部先采用卷积层提取图片的特征，然后再接入一个全连接层用作逻辑分类。

【代码片段 A-2】 卷积神经网络拓扑结构。

```
def Model(28,28,3):                                          #1
    inp = keras.layers.Input(shape = (28,28,3))              #2
    x = keras.layers.Conv2D(8, 2)(inp)                       #3
    x = keras.layers.Conv2D(4, 2)(x)                         #3
    x = keras.layers.MaxPooling2D()(x)                       #4
    #x = keras.layers.Conv2D(64, 26)(x)                      #5
    x = keras.layers.Flatten()(x)                            #6
    x = keras.layers.Dense(128)(x)                           #7
    outp = keras.layers.Dense(10)(x)                         #7
    return keras.models.Model(inputs = inp, outputs = outp)
```

【说明】

(1) 模型用来处理一个 28×28 尺寸的彩色三通道照片。

(2) 神经网络结构需要使用 Input()方法来专门指定网络的输入尺寸。

(3) 卷积网络使用 Conv 方法，Conv1D、Conv2D、Conv3D 分别指一维卷积、二维卷积和三维卷积。卷积函数的第一个参数是卷积核的个数，第二个参数是卷积核的尺寸。卷积核的个数可以简单理解为卷积后的数据有多少个通道。

(4) 在卷积后紧接一个池化层是很常见的操作，示例中在卷积后接入一个最大池化的操作用来提取卷积窗口中最显著的数值。

(5) 当 Conv2D()方法的第二个参数(卷积核尺寸)和数据大小一致时，二维的数据卷积后将会塌缩成一维。这是一种平滑连接卷积网络和全连接网络的技术，但是为了尽量多地保存上一层网络输出的信息，这种技术需要引入非常多的卷积核，这会增加 CPU 的计算量，所以很多实际的应用场合不太会使用这个技术。

(6) 图像卷积网络处理的是二维数据，要和专门处理全连接的一维网络相连接，需要将二维网络展开成一维网络。Flatten()方法是展开维度数据的常用方法。

(7) 先连接一个 128 个神经元的隐藏层，然后再连接 10 种分类的输出神经元，构成一个完整的逻辑判断结构。

利用 Keras 实现完整的 AI 智能体是十分简单的，主要步骤如下。

(1) 定义神经网络的结构。

(2) 为神经网络的训练准备好样本与标签。

(3) 利用 Keras 的 compile()方法定义好神经网络的损失函数以及反向传播时的优化算法。

(4) 调用 Keras 的 fit()方法实现样本与标签的匹配。

(5) 使用 Keras 的 predict()方法验证网络参数训练后泛化的效果。

在实际的生产环境中,数据往往是海量的,如视频、图片、语音等应用的训练数据都在几十个 GB 以上,有的甚至有数 TB,一次性将这些数据全部载入内存不切实际,采用数据流水线(dataset)的方式可以有效解决这个问题。Keras 支持直接接入数据流水线来抽取训练时的样本和标签,数据流水线的好处是计算时不用一次载入全部的训练样本,而是需要多少就取多少。本质上,数据流水线是利用 Python 的 yeild 关键字构建一个迭代器,数据流水线作为数据生成器让 Keras 可以自动从中获取数据。代码片段 A-3 演示了如何制作一个数据流水线,这个数据发生器能够输出一个(10,10)大小的二维数组和一个数据标签,如果这个数组中的偶数多于奇数标签就为 1,如果奇数多于偶数标签就为−1,如果一样多那么标签为 0。

【代码片段 A-3】 一个数据流水线发生器。

```
import NumPy as np
import tensorflow as tf                                   #1

def data_set(stop):                                       #2
  i = 0                                                   #2
  while i < stop:                                         #2
    x = np.random.randint( - 1,2,size = (10,10))
    if x.sum()> 0:
      y = 1
    elif x.sum()< 0:
      y = - 1
    else:
      y = 0
    i += 1
    x = x[:,:,np.newaxis]                                 #3
    yield x,y                                             #4

ds_counter = tf.data.Dataset.from_generator(              #5
            data_set,
            args = [100],
            output_types = (tf.int32,tf.int32),
            output_shapes = ([10,10], ())
            )
for x,y in ds_counter.repeat(2).batch(10).take(5):        #6
    print('x:',x)
    print('y:',y)
```

【说明】

(1) 数据流水线是 TensorFlow 的工具,所以要引入 TensorFlow 库来生成数据流水线。除了 TensorFLow,PyTorch 和百度的 Paddle 等机器学习的框架都有类似数据流水线的工具。

(2) 数据发生器随机生成数据,参数 stop 用来限制迭代器的数据规模,否则迭代可以无休无止地进行下去。用参数 i 来记录迭代次数,作为判断限制数据发生器规模的依据。

(3) 由于二维数据一般都会使用到卷积网络，而通道是卷积网络必需的一个维度，所以在二维数据后再增加一个通道维度。老版本的 Keras 由于还支持 Theano 等其他后端，所以卷积方法的参数里会有一个 data_format 参数用以指定通道维度是在张量的第一维度还是最末维度。最新版本的 Keras 只能用 TensorFlow 来作为后端，这个参数也基本成为历史。TensorFlow 的默认约定是通道必须放在张量的最后一个维度。

(4) 产出的顺序为样本、标签。Keras 在读取数据流水线时默认是这个顺序，这也符合人们的直觉。

(5) 数据发生器和机器学习的数据流水线不一样，需要调用 Dataset 的 from_generator() 方法来生成数据流水线。参数顺序依次为数据发生器、数据发生器的参数、数据发生器输出的数据类型和输出的数据格式。数据格式不是一个必选参数，但是强烈建议补足这个参数。

(6) 测试数据流水线工作是否正常。数据流水线的输出可以用 repeat()、batch()和 take()等方法来获取批量的数据。这些方法后面不会用到，但是读者可以尝试看看它们的使用效果，也许在一些本书之外的情况下会使用到。

神经网络训练后能否达到预期的效果，很大程度上与定义的代价函数是息息相关的。好的代价函数能使得网络在训练的过程中朝着对设计目标有利的方向收敛。神经网络的训练方法主要是依赖于反向传播，反向传播不是什么新的技术，但是这几年才火热起来靠的还是硬件水平的发展，使得计算机的算能能够满足大规模神经网络的逆向梯度计算。但是单纯的梯度下降算法在收敛速度上还是存在一些不足，因此后来又发展出了许多别的基于梯度下降的优化算法，如 Adam 算法等。Keras 的 compile()方法就是专门为神经网络模型指定代价函数与反向传播时使用的梯度下降优化算法的。有了这两个参数，Keras 就可以自动来训练神经网络了。触发 Keras 来计算神经网络的方法是 fit()。fit()方法的核心参数就是神经网络训练时需要的输入样本和样本对应的标签。还有一些其他参数，读者可以查询 Keras 官网上的 API 手册。

神经网络训练完成后，可以调用 Keras 的 predict()方法来看看网络的实际泛化效果，predict()方法的输入主要就是待评估的数据，这个方法应该是神经网络框架里最简单的一个了。代码片段 A-4 将通过一个卷积网络加全连接网络来实现对刚才设计的数据发生器产出的数据进行预测。读者需要意识到，这个例子仅仅是为了演示完整的 Keras 使用过程，在示例的场景中引入卷积网络几乎是没有意义的，这是因为演示中二维数据是随机产生的，并不会有什么图形排列上的特征，在实际解决问题的过程中需要根据问题的类型来选择神经网络的结构。

【代码片段 A-4】 利用卷积网络对数据进行预测。

```
MyGo/basics/keras_basic.py
from tensorflow import keras                              #1
def model():                                              #2
    inp = keras.layers.Input(shape = (10,10,1))
    x = keras.layers.Conv2D(100, 10)(inp)                 #3
    x = keras.layers.Flatten()(x)                         #4
    x = keras.layers.Dense(128)(x)
    outp = keras.layers.Dense(1,activation = 'tanh')(x)
```

```
    return keras.models.Model(inputs = inp, outputs = outp)

class example:
    def __init__(self):
        self.model = model()
        self.dset = tf.data.Dataset.from_generator(
                data_set,
                args = [1000],
                output_types = (tf.int32,tf.int32),
                output_shapes = ([10,10,1], ())
                )
    def ex_compile(self):
        self.model.compile(                                          #5
            optimizer = keras.optimizers.Adam(learning_rate = 0.001),
            loss = keras.losses.MeanSquaredError(),
            metrics = ['mse'])
    def ex_fit(self,batchSize,epochs):
        dst = self.dset.batch(batchSize,drop_remainder = True)      #6
        self.model.fit(dst,epochs = epochs)                          #6
    def ex_predict(self,examples):
        return self.model.predict(examples)                          #7

test = example()                                                     #8
test.ex_compile()                                                    #8
test.ex_fit(100,200)                                                 #8

testSet = tf.data.Dataset.from_generator(                            #9
            data_set,
            args = [100],
            output_types = (tf.int32,tf.int32),
            output_shapes = ([10,10,1], ())
            )

test_set = []                                                        #9
test_y = []                                                          #9
for x,y in testSet.take(50):                                         #9
    test_set.append(x)
    test_y.append(y)
test_set = np.array(test_set)                                        #9
test_y = np.array(test_y)                                            #9
y_ = test.ex_predict(test_set)                                       #10
y_[y_< - 0.3] = - 1                                                  #11
y_[y_> 0.3] = 1                                                      #11
y_[abs(y_)!= 1] = 0                                                  #11
y_ = np.array(y_,dtype = int).flatten()                              #11
print(y_ == test_y)                                                  #12
```

【说明】

(1) 要使用 Keras 现在需要从 TensorFlow 中引用,也可以直接通过 pip 工具安装 Keras,但是不推荐。

(2) 神经网络的架构由卷积网络和全连接网络组成。

(3) 这个示例要解决的问题与数据在空间上的结构没什么关系,可以直接将包含一个通道的二维数据(10,10,1)通过卷积变成一维数据(1,1,100)。

(4) 第(3)步的数据虽然内容是一维的,但是形式上还是包含100个通道的二维数据(1,1,100)。高维到一维还需要通过Flatten()方法降维度。

(5) 为这个应用问题选择均方差代价函数,反向传播使用Adam梯度下降优化方法,训练过程的数据展现采用均方差的方法。

(6) 当使用数据流水线作为训练的输入样本来源时,小批量的训练数据量可以由数据流水线直接控制,fit()方法中只需要指定训练回合数即可。

(7) Keras的预测方法只需要输入待评估的数据即可。

(8) 实例化一个Keras训练对象并调用compile()方法完成模型的初始化。训练时调用fit()方法,Keras就会自动完成神经网络的学习过程。

(9) 模型的验证数据需要和训练样本的数据分布一致,这里用数据发生器产生验证数据,并做一些NumPy格式的转换。

(10) 调用predict()方法来查看模型的泛化效果。

(11) 模型的训练次数是有限的,导致预测和实际情况存在一定的误差,代码这里通过对数据后处理使其满足与样本标签一样的整数形式。

(12) 基本上预测数据与实际的标签是一致的,在实践过程中,泛化精度可以达到98%以上,如果训练批次足够长,模型容量足够大,达到99.9999%也是完全可能的。

附录B

PyTorch 入门

和附录 A 类似，本附录会跳过安装过程，读者可以自行使用 pip 或者参考相关安装指导文件来完成 PyTorch 的安装工作。对于经费不足的个人或者学术机构而言，PyTorch 是有其优势的。TensorFlow 总是会集成许多 CPU 和 GPU 的最新技术，所以一些老旧的 CPU 和 GPU 因为不支持这些新的技术特性，可能会无法运行 TensorFlow，而 PyTorch 则几乎是来者不拒的。PyTorch 比 TensorFlow 要轻量许多，这一点总是受到个人和非商业部门的欢迎，在有限的资源上，人们会倾向于更关心自己的想法能否快速实现，而不是把时间浪费在老旧机器的卡顿上。表 B-1 是将 PyTorch 和 TensorFlow 做了一个简单对比，供读者参考。

表 B-1

特　性	PyTorch	TensorFlow
主要面向	研究	工业界，商用
部署	Torch Server	TensorFlow Server
适用场景	个人开发或者科研	企业
可视化	Visdom	Tensorboard

本书的编程部分是倾向于编程初学者的，因此几乎所有的程序都是以 Windows 平台为基础，如果读者是资深的程序员，将代码从 Windows 迁移至其他平台应该不会存在困难。PyTorch 的 Windows 版本仅支持 Python 3. x，读者在使用 PyTorch 前需要确定自己使用的是 Python 3. x，很多情况是运行的服务器上同时安装了 Python 3. x 和 Python 2. x。

在开始介绍 PyTorch 使用方法前，读者需要知道 GPU＋CUDA 的组合是目前为机器学习加速计算的最常见组合。如果你的计算平台装有一块显卡，并且支持 nVIDIA 的 CUDA，就可以在代码里加上代码片段 B-1 中的这两句代码，使得神经网络在训练时能够利用 CUDA 特性使得训练速度有显著的提升。

【代码片段 B-1】 使 PyTorch 支持 CUDA 特性。

```
device = 'cuda' if torch.cuda.is_available() else 'cpu'
print('Using {} device'.format(device))
```

如图 B-1 所示，一个 3 层的全连接神经网络网络，输入层是 6 个神经元（输入层$\in R^6$），隐藏层是 8 个神经元（隐藏层$\in R^8$），输出层是 5 个神经元（输出层$\in R^5$）。每个神经元采用

ReLU 激活函数。

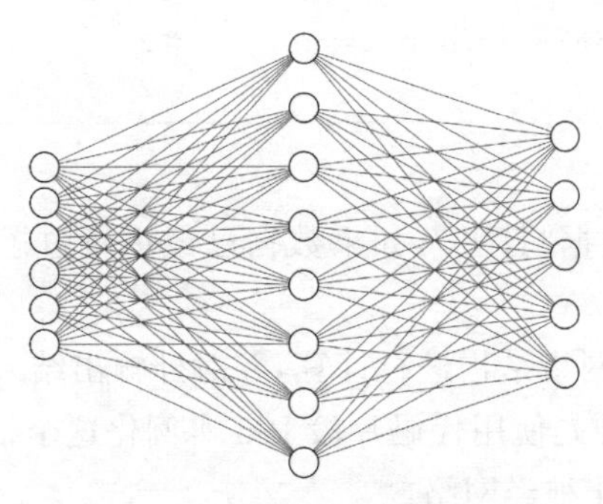

图 B-1 3 层结构的全连接神经网络

在一切开始以前，按 Python 编程的惯例，需要采用代码片段 B-2 引入一些必要的库。

【代码片段 B-2】 引入必要库。

```
import torch
from torch import nn
```

【说明】

nn 里包含所有构成神经网络的基础类，基础类都可以通过采用"nn. 模块名"的方式来调用。

再利用代码片段 B-3 来定义一个神经网络的拓扑结构作为神经网络的模型抽象，方便后续调用。

【代码片段 B-3】 定义神经网络的拓扑结构。

```
class NeuralNetwork(nn.Module):
    def __init__(self):
        super(NeuralNetwork, self).__init__()       #1
        self.flatten = nn.Flatten()                 #2
        self.linear_relu_stack = nn.Sequential(
            nn.Linear(6, 8),                        #3
            nn.ReLU(),                              #3
            nn.Linear(8, 5),                        #3
            nn.ReLU()                               #3
        )
```

【说明】

(1) 使用 NeuralNetwork 的父类 nn. Module 来初始化自己的神经网络应用类。

(2) 通常神经网络的输入可能是一张图片或者更高维度的数据，一般使用 Flatten()方法把输入数据转换成一维的数据。如果输入数据已经提前做了转换，这一步可以省略。

(3) 层与层之间采用全连接的方法，并使用 ReLU()作为神经元的激活函数。

有了网络，现在再采用代码片段 B-4 来为网络定义前向计算的方法。

【代码片段 B-4】 定义神经网络的前向计算。

```
class NeuralNetwork(nn.Module):
    def __init__(self):
        ...
    def forward(self, x):
```

```
        x = self.flatten(x)                         #1
        logits = self.linear_relu_stack(x)          #2
        return logits                               #2
```

【说明】

(1) 前向运算前，先将数据“打平”，如果数据已经进行过了预处理，这一步便不会产生什么效果。

(2) 采用之前定义好的网络结构进行计算，并对外输出结果。

有了抽象的模型，接着便是使用代码片段B-5实例化这个抽象模型。

【代码片段B-5】 实例化神经网络。

```
model = NeuralNetwork()
```

接着就是利用代码片段B-6为模型定义损失函数和采用什么优化算法来做反向梯度计算。

【代码片段B-6】 定义损失函数和反向传播的优化算法。

```
loss_fn = nn.CrossEntropyLoss()                                    #1
optimizer = torch.optim.SGD(model.parameters(), lr = 1e - 3)       #2
```

【说明】

(1) 在例子中采用最常见的交叉熵作为损失函数。

(2) 反向梯度算法也不做优化，采用最通用的反向传播算法。

最后就是要准备开始对网络进行训练了。监督训练是最基本的神经网络训练，代码片段B-7演示了如何装载PyTorch自带的数据集，实际应用时，读者需要自己实现与样例类似的方法。

【代码片段B-7】 装载PyTorch自带的数据集。

```
from torch.utils.data import DataLoader          #1
from torchvision import datasets                 #2

training_data = datasets.FashionMNIST(
    root = "data",
    train = True,                                #3
    download = True,                             #4
    transform = ToTensor()
)

test_data = datasets.FashionMNIST(
    root = "data",
    train = False,                               #3
    download = True,                             #4
    transform = ToTensor()
)

batch_size = 64                                  #5
train_dataloader = DataLoader(training_data, batch_size = batch_size)     #6
test_dataloader = DataLoader(test_data, batch_size = batch_size)          #6
```

【说明】

(1) 引入数据装载工具,它的作用就是自动装载训练用到的输入数据与样例标签。

(2) PyTorch 也自带了丰富的数据集,例子中使用记录了手写数字的 MNIST 数据集。

(3) datasets 通过 train 参数来控制输出是训练集还是测试集。

(4) datasets 由于太大,并没有跟随库一起安装,一般都是使用到的时候才会下载。

(5) 神经网络的训练基于大数据,实际应用场景中很难一次性装载全部数据,基本上全部都是采用批量训练的模式,batch_size 设置了一批次的数据规模。

(6) 初始化训练神经网络时的数据装载器。

训练的方法基本上是模式固定的,如果没有特殊需求,基本上都可以套用代码片段 B-8 关于训练函数的写法。

【代码片段 B-8】 训练模型。

```
def train(dataloader, model, loss_fn, optimizer):
    size = len(dataloader.dataset)                          #1
    for batch, (X, y) in enumerate(dataloader):             #2
        X, y = X.to(device), y.to(device)                   #3
        pred = model(X)                                     #4
        loss = loss_fn(pred, y)                             #5
        optimizer.zero_grad()                               #6
        loss.backward()                                     #7
        optimizer.step()                                    #8
        if batch % 100 == 0:                                #9
            loss, current = loss.item(), batch × len(X)
            print(f"loss: {loss:> 7f} [{current:> 5d}/{size:> 5d}]")
```

【说明】

(1) 获取训练集的大小,仅在展示信息时使用,不是必需的。

(2) 小批量从 dataloader 中取数据出来训练。

(3) 把数据塞入 device 里,需要注意,训练数据的大小不要超过 device 设备的内存。

(4) 将训练集输入网络做前向计算。

(5) 计算损失函数。

(6) 对于小批量的训练,需要在每一批次训练时将上一批次的梯度清空,否则上一批次的梯度会被继承下来,通常这不会产生严重的影响,但是可能会降低训练学习的效率。

(7) 反向传播计算梯度。

(8) 根据反向梯度的计算结果更新神经网络的参数。

(9) 每 100 次小批量训练后输出一次训练情况。

训练完成后,需要通过测试集来验证网络的泛化能力,写测试方法通常来说比较简单,如代码片段 B-9 所示,它的很多部分和训练过程是类似的。

【代码片段 B-9】 测试神经网络的泛化能力。

```
def test(dataloader, model, loss_fn):
    size = len(dataloader.dataset)
    model.eval()      #1
    test_loss, correct = 0, 0
```

```
    with torch.no_grad():    #2
        for X, y in dataloader:
            X, y = X.to(device), y.to(device)
            pred = model(X)
            test_loss += loss_fn(pred, y).item()
            correct += (pred.argmax(1) == y).type(torch.float).sum().item()
    test_loss /= size
    correct /= size
    print(f"Test Error: \n Accuracy: {(100*correct):>0.1f}%, Avg loss: {test_loss:>8f} \n")
```

【说明】

(1) 如果神经网络里有 Dropouts 层或 BatchNorm 层，这些层的计算方式在训练和测试评估时是不同的，PyTorch 的 eval()就是显式地告诉模型，现在是训练时刻还是评估时刻。如果开启了 eval 模式，下次训练时还需要调整回 train 模式，直接用模型调用 train()方法就好了。由于是演示关系，前面在 train()函数里并没有使用 train()方法，读者可以自己添加。

(2) 由于在评估模型时记录反向梯度传播时使用的数据是没有意义的，为了提高计算效率，可以显式地关闭记录梯度的过程。通常 eval()和 no_grad()是成对出现的。

一切准备工作都已经就绪，接着就可以使用代码片段 B-10 开始训练神经网络并测试训练后的泛化能力。

【代码片段 B-10】 训练神经网络和测试泛化能力。

```
epochs = 5    #1
for t in range(epochs):
    print(f"Epoch {t+1}\n-------------------------------")
    train(train_dataloader, model, loss_fn, optimizer)    #2
    test(test_dataloader, model, loss_fn)    #3
print("Done!")
```

【说明】

(1) 将数据集反复使用 5 次。

(2) 先进行模型的训练。

(3) 对模型进行评估。

当模型训练到一个令人满意的程度后，利用代码片段 B-11 就可以把模型保存下来了，当然有保存就有装载，PyTorch 有非常方便的工具提供了这两个功能。

【代码片段 B-11】 保存和装载神经网络模型。

```
torch.save(model.state_dict(), "model.pth")    #1
model = NeuralNetwork()    #2
model.load_state_dict(torch.load("model.pth"))    #3
```

【说明】

(1) save()方法可以方便地保存模型参数。

(2) 这里 save()方法使用了 state_dict()参数，因此只保存神经网络的参数，而不包括模型的结构本身，如果要装载参数的话，需要先实例化网络，不同的网络结构的参数是不能装载其他网络结构的参数的。

(3) load_state_dict()把 save()方法保存的 state_dict()参数装载回网络，如果连模型也想保存的话，只需要使用 save(model, "model.pth")即可，恢复完整的模型则采用 model = torch.load("model.pth")来进行恢复。

PyTorch 使用自己格式的张量结构，就和 TensorFlow 也有自己的张量结构一样。代码片段 B-12 演示了如何产生一个 PyTorch 的张量。

【代码片段 B-12】 产生一个 PyTorch 张量。

```
data = [[1, 2],[3, 4]]
x_data = torch.tensor(data)
```

很多时候直接使用 PyTorch 或者 TensorFlow 的张量在计算时并不如使用 NumPy 方便，所以 PyTorch 也提供了 NumPy 的转换函数。代码片段 B-13 演示了如何将 NumPy 结构转换成 PyTorch 张量，再从 PyTorch 张量转换回 NumPy 结构的方法。

【代码片段 B-13】 将 NumPy 结构转换成 PyTorch 张量。

```
np_array = np.array(data)
x_np = torch.from_NumPy(np_array)
np_array = x_np.NumPy()
```

如果读者已经熟悉了 Keras 的用法，会发现 PyTorch 和 Keras 在使用上是十分相似的，在了解了基本用法后，二者之间的相互过渡将十分方便。

附录C

反向传播算法

本附录的目的是帮助想利用反向传播自己计算神经网络梯度的读者，这里不对算法做过多解释，而是直观地帮助读者知道如何使用该算法，希望读过附录C后，读者能自行计算任何形状的神经网络梯度。

C.1 命名约定

神经网络由于结构复杂，如果不规范命名，往往搞不清楚公式中的符号到底指代网络中的哪部分。一般可以将神经网络的拓扑结构画成图C-1的样子。

其中，把神经元按层分组，上图从左至右依次是第一层、第二层神经元组。而信号线也是从左至右称为第一组参数、第二组参数，以此类推。第 n 层的神经元组的输入就是 n 组参数，输出就是 $n+1$ 组参数。本文将给出反向梯度通用算法的说明。

C.2 正文

大部分的书籍中会把单个神经元描述成如公式(C-1)所示的形式。

$$Y_i=\sigma(\sum A_i x_i+b_i) \tag{C-1}$$

用矩阵来描述由多个这样的神经元组成的一层神经元组如公式(C-2)所示(一层指竖着的一排)。

$$\boldsymbol{Y}=\sigma(\boldsymbol{A}\times\boldsymbol{X}+\boldsymbol{B}) \tag{C-2}$$

神经网络的形状如图C-2所示。

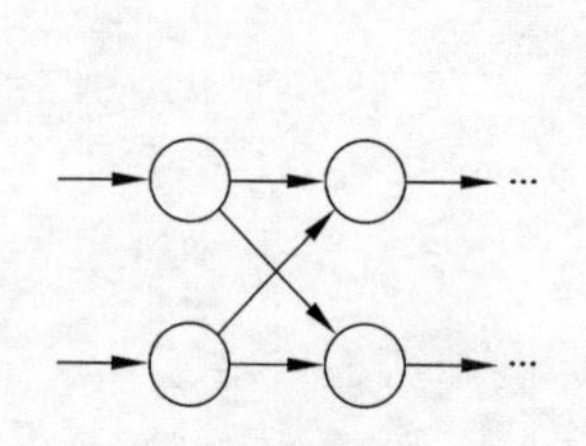

图C-1　神经网络拓扑示例1

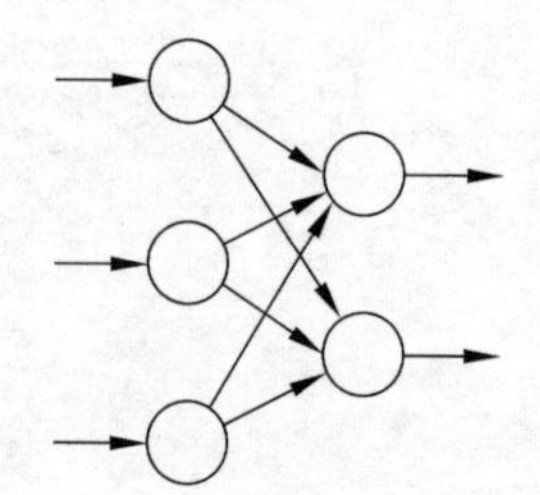
图C-2　神经网络拓扑示例2

以最右边的输出层为例解释上面那个公式。其中，$\boldsymbol{Y}$ 是 2×1 矩阵，对应神经元组输出；$\boldsymbol{A}$ 是 3×2 矩阵，对应输入权重；$\boldsymbol{X}$ 是 3×1 矩阵，表示输入；$\boldsymbol{B}$ 是 2×1 矩阵，表示神经元的

偏置。如果使用这个数学模型来考虑问题，面对反向传播时，需要把 $\boldsymbol{A}\times\boldsymbol{X}$ 和 $\boldsymbol{B}$ 割裂开来处理，因为它们的数学形式是不同的。为了思维的一致性，可以调整一下神经网络的结构，使得可以使用公式(C-3)来表示前面的式子。

$$\boldsymbol{Y}=\sigma(\boldsymbol{A}\times\boldsymbol{X}) \tag{C-3}$$

如图 C-3 所示，涉及的每一层需要额外放置一个偏置输入 1。

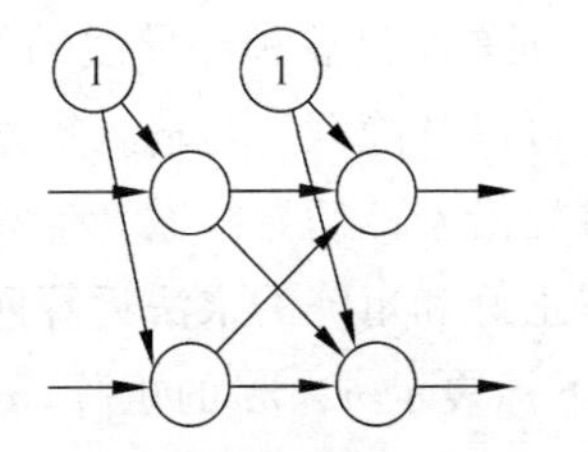

图 C-3　加入偏置的神经网络拓扑

为了便于理解反向传播，还需要对上面的网络画法再做进一步改进，简单起见，如图 C-4 所示，去掉了偏置，只考虑输入相关，且每层仅包含两个神经元。

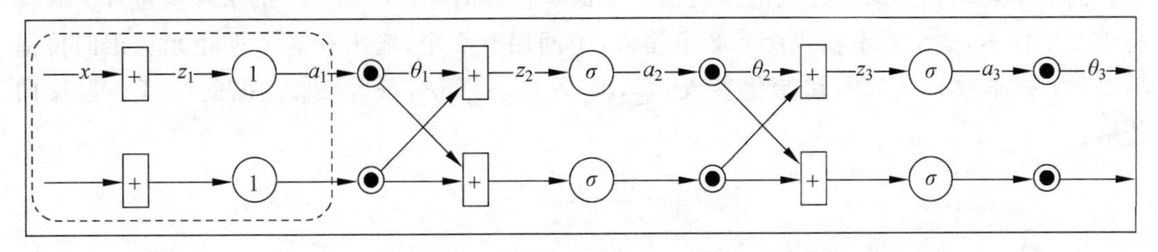

图 C-4　神经网络运算拆解

图 C-4 把原来直线相连的信号传递线，分步进行了拆分，并做了标记命名。需要注意，为了节省画图时间，省去了偏置量，但是读者需要明白，它们和神经网络的输入是一样的，需要被平等无差别地对待。这个神经网络，有一个输入层、一个隐藏层和一个输出层。其中，a 表示神经元的计算输出，与传统记法不同，把输入层的输入 $\boldsymbol{X}$ 看作第一个输出 a_1（虚线框框起的输入层），即把神经网络的输入层也看作一个神经网络层，它的神经元是常数变换（×1），神经导线的权重是 1。θ 表示神经导线的权重值。反向传播运算的目的就是找到一组 θ，使得神经网络的损失（误差）函数最小，而且反向传播的目的，就是为了求 θ 的梯度。z 是每个神经元的输入，它是前一层 a 与神经导线权重 θ 的乘积的和。每层输入乘以权重的值，即神经网络的基本运算 $\boldsymbol{A}\times\boldsymbol{X}$ 的值。σ 是单个神经元的运算（激活）函数，可以是 sigmoid 或者别的，可以不用特别关心。由于不讨论正向传播，这里只关心如何计算反向传播，图 C-5 是根据反向传播对图 C-4 的正向运算方向进行的反转拆解。

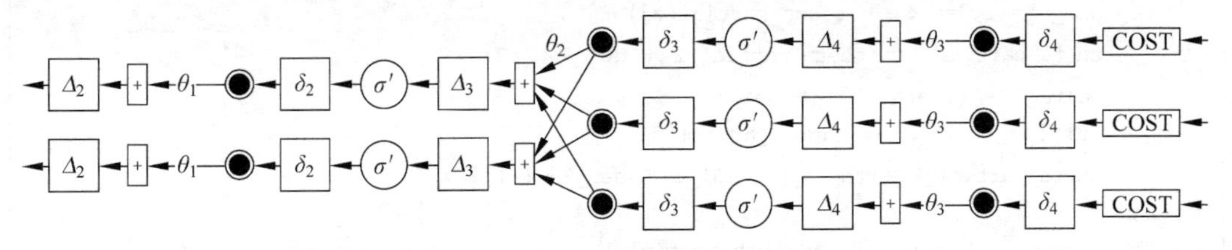

图 C-5　神经网络的反向传播拆解

为了图示方便，图 C-5 省略了一些正向传播时需要计算的量。反向传播是为了求梯度，梯度即导数，因此神经元的计算变成了 $\sigma'(z)$ 求导。顾名思义，反向传播就要反着来进行计算。一切都要从图示最右边的 COST 误差函数开始计算。需要特别留意，δ 表示误差，是反向运算的核心参数，δ_4 数值上等于 COST 对 a_3 求偏导，而后下一层（从右往左看）的 δ 就是上一层的 Δ 经过 $\sigma'(z)$ 运算后得到的。例如，公式(C-4)。

$$\delta_3=\Delta_4\times\sigma'(z) \tag{C-4}$$

而 Δ 则是 δ 沿着神经导线的发散汇总值。

可以从隐藏层与输入层之间的网络关系来理解何谓发散汇总。如图 C-4 所示，δ_3 在节点●处沿着神经导线做 θ 计算后发散到不同的神经元上，然后在方形加号处进行汇总，这个过程正好和矩阵的乘法运算匹配，可以用 $\Delta_{21}^3=(\theta_{32}^2)^{\mathrm{T}}\times\delta_{31}^3$ 来表示。其中，δ^3 对应原来的 δ_3，下标表示 $n\times m$ 的矩阵，n 表示右边的神经元个数，m 表示左边的神经元个数，因为反向传播，这么记更自然。要计算出每个 θ 的梯度（导数），最终的运算就是 $\theta_b'=\delta_{b+1}\times a_b$。根据这个式子，图 C-5 中的 $\theta_2'=\delta_3\times a_2$。

说一句题外话，神经网络采用批量训练，需要一次性求出一个批中的所有导数 θ' 后再求它们的平均值作为最后返回的梯度值。下面将模拟演算一次图 C-5 的求梯度过程。假设有 100 个样本，每个样本输入层有 2 个输入，中间层有 2 个，输出有 3 个神经元。正向传播后得到：样本数 $m=100$，初始化参数 $\theta_{22}^1,\theta_{32}^2,a_{21}^1,z_{21}^2,a_{21}^2,z_{31}^3,a_{31}^3$。据此计算一遍反向传播：

$$\theta_{31}^4=\frac{\partial \mathrm{COST}}{\partial a_3}$$

$$\Delta_{31}^4=\delta_{31}^4$$

$$\delta_{31}^3=\Delta_{31}^4\times\sigma'(z_{31}^3)$$

$$\theta'^2_{32}=\delta_{31}^3\times(a_{21}^2)^{\mathrm{T}}$$

$$\Delta_{21}^3=\theta_{32}^{2\ \mathrm{T}}\times\delta_{31}^3$$

$$\delta_{21}^2=\Delta_{21}^3\times\sigma'(z_{21}^2)$$

$$\theta'^1_{22}=\delta_{21}^2\times(a_{21}^1)^{\mathrm{T}}$$

代码片段 C-1 是上面一系列运算的伪代码。

【代码片段 C-1】 计算反向传播的伪代码。

```
For i = 1:100
    del_4 = derivative_Cost / derivative_a3
    Delta_4 = del_4
    del_3 = Delta_4 . * sigma_partial(z3)
    theta_partial_2 = theta_partial_2 + del_3 * (a2)^T
    Delta_3 = (theta_2)^T * del_3
    del_2 = Delta_3 . * sigma_partial(z2)
    theta_partial_1 = theta_partial_1 + del_2 * (a1)^T
End
theta_partial_1 = (1/m) . * theta_partial_1
theta_partial_2 = (1/m) . * theta_partial_2
```

需要注意，求 θ 的导数 θ' 时，由于是对一个批次样本进行计算，所以 θ' 是取累加值，一个批量都算完后再求 θ' 的均值。另外，在整个步骤中，$\delta_4=\dfrac{\partial \mathrm{COST}}{\partial a_3}$ 要根据损失（代价）函数来手工导出式子，一些神经网络框架会提供自动求导，但是知道怎么算的还是有益的，如果损失函数是交叉熵，那么 δ_3 正好等于 $y-a_3$（样本期望－实际网络输出）。

C.3 进一步讨论

如果把神经网络简化地看作这样一个函数：$A(X_1,X_2)=F(G(X_1,T(X_2)))$，分别对$X_1$和$X_2$求偏导得$A'(X_1)=F'\times G'(X_1)$和$A'(X_2)=F'\times G'\times T'(X_2)$。在求$A$的时候，需要先计算$T$，再计算$G$，最后计算$F$。在求偏导时，先求$F'$，再求$G'$，最后再是$T'$。这和反向传播的理念是一样的。另外，可以发现，要求$A'\times X_2$，需要求$F'\times G'$，这个结果再计算$A'\times X_1$时已经计算过了，因此结合之前的说明可以发现，这个$F'\times G'$其实就是对应算法中的δ。而上一层的输出a则对应T'作用于X_2上的系数。

C.4 拓展

在使用梯度下降法时，当神经网络隐藏层特别多的时候很容易发生梯度消失的情况（梯度=0）。为了克服这个问题，有人引入了残差网络。一个残差块的神经元如C-6所示。

如图C-6所示的残差网络的数学计算公式是式(C-5)。

$$Y=X+\sigma(X) \tag{C-5}$$

利用之前提到的算法，只需要把$X+\sigma(X)$看作一个新的$Y=\sigma(X)$即可，这样在利用反向传播求图C-6的残差网络权重参数时，可以将其拆解成如图C-7所示的形式，然后根据之前的算法，逐步运算即可。

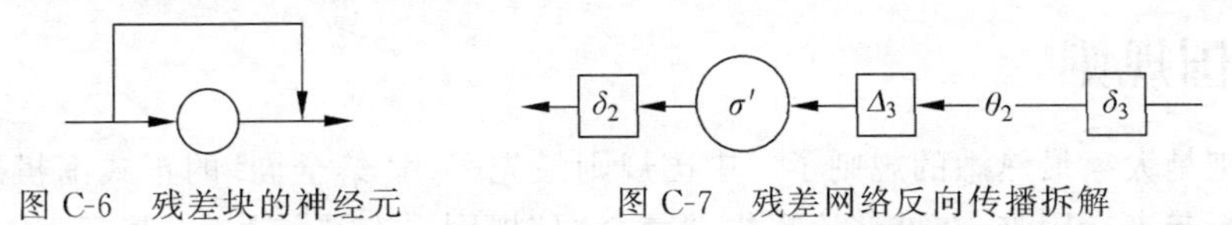

图C-6 残差块的神经元　　图C-7 残差网络反向传播拆解

附录D

不同地区的围棋规则

围棋是目前世界上对弈人数最多的棋类游戏之一。围棋发源于中国，传说是帝尧发明的。在春秋战国时期就已经有了关于围棋的记载。隋唐时经朝鲜传入日本，之后流传到欧美各国。

围棋流行于世界各地，在传播的过程当中，不同的地区逐渐衍生出了适合当地的围棋规则。当今七个比较有影响力的规则是：中国规则、日本规则、应氏规则、新西兰规则、美国规则、智运会规则和 Tromp-Taylor 规则。在最基本的规则方面（如轮流落子、黑先白后、气尽提子），这些规则没什么区别。

D.1 中国规则

中国规则是大家最熟悉的规则了。中国规则最先采用"禁全同"的正式围棋规则，但是由于人工执行起来有困难，在许多比赛中，"禁全同"规则没有严格执行，甚至于在规则文本中对一些特例指明了可以使用替代方案。中国围棋竞赛规则是 2002 年颁布的，到目前为止还没有更新过，详细的内容可以参考中国棋院在线网站。

D.2 日本规则

日本和韩国现在仍然使用的是日本规则，虽然韩国棋院也制定过韩国规则，但是和日本规则几乎是一模一样的。值得指出的是，新的日本规则比老的日本规则有了一些新的规定，使得日本规则更加理论化。例如，将"双活棋"定义为有单官存在的活棋，而"双活棋"围住的目不计点，这样一来，严格按照这个规则的话，单官是必须要下的。日本规则最近一版是 1989 年制定的，详细内容可以参考日本棋院的网站。

D.3 应氏规则

由应昌期先生创立的应氏规则是围棋的三大规则之一，而且在非东亚地区也有较大的影响力。应氏规则的文本非常艺术化，但也因为艺术化，应氏规则的一些描述难免有些模糊。美国围棋协会网站上载有该规则的全文。

D.4 新西兰规则

新西兰是非东亚国家中最先制定围棋规则的国家之一，新西兰规则对美国规则也有影响。新西兰围棋协会在 1986 年发布了该规则。

D.5　美国规则

美国规则不仅在美国使用，在欧洲也有很大的影响力。英国规则和法国规则在本质上都是美国规则。详细内容可以参考美国围棋协会 1991 年发布的规则文本。

D.6　智运会规则

2008 年智力运动会(智运会)使用的围棋规则创新地使用“首虚”概念来实现收后还子，使得数子法也能贴 6.5 目。其英文版本和中文版本可分别在美国围棋协会网站上和百度百科上找到。

D.7　Tromp-Taylor 规则

在人工智能流行的时代，计算机所使用的规则也是必须要提的，Tromp-Taylor 规则就是一个被人工智能广泛使用的围棋规则。Tromp-Taylor 规则比较简洁，而且使用了逻辑化的语言，计算机实现起来比较方便。John Tromp 的个人网页上给出了详细的描述。

这七个规则的主要区别在于是否采用禁全同、是否禁止自杀、终局条件、死活判定方法、计点方式、等效贴点值。其中，前面三项可以归类为行棋规则，后面三项可以归类为胜负规则。行棋规则相较于胜负规则更加基本，因为一盘棋怎么下、是否下完依据的是行棋规则，而下完之后判断胜负依据胜负规则。表 D-1 汇总和比较了上面提到的这些规则。

表 D-1　七种主要围棋规则汇总

规则名称	禁全同	禁自杀	终局条件	死活判定	计点方式	贴目
中国	PSK	禁止	两虚后判定	双方协商	数子	7.5
日本	不采用	禁止	两虚后判定	裁判判定	数目	6.5
应氏	不明确	不禁止	两虚后判定	提证死活	数子	7.5
新西兰	SSK	不禁止	双方协商	双方协商	数子	7
美国	SSK	禁止	两虚后判定	双方协商	等手比目	7.5
智运会	SSK	禁止	两虚后判定	双方协商	数子	6.5
Tromp-Taylor	PSK	不禁止	两虚后判定	两虚后均为活子	数子	0

注：

SSK：落子后，如果使得局面与本局中之前出现过的局面相同，且是同一方行棋，那么这样的着法不合法。

PSK：落子后，如果使得局面与本局中之前出现过的局面相同，那么这样的着法不合法。

可以看到，很多规则都使用禁全同来表述打劫规则，但日本规则还是没有采用禁全同。在是否禁止“自杀”方面，各个规则也有分歧。终局条件方面，很多规则都采用“先暂停再判定死活最后终局”的模式，Tromp-Taylor 规则在使用协议死活时也是这个模式，而原始的 Tromp-Taylor 规则简单粗暴地将“两虚”作为终局条件。死活判定方面各个规则也不太一样，但大多是“协商死活，争议实战解决”的模式，而日本规则下死活仍然依赖判例和裁判。计点方式上，除了传统的数子法和数目法，美国规则使用了“等手比目”，智运会规则使用“首虚”实现“收后还子”。各个规则的等效贴点值基本是 6.5 或 7.5，新西兰规则贴 7 点允许和棋。